工程建设理论与实践丛书

GAOCENG JIANZHU JIEGOU
SHEJI YU SHIGONG

高层建筑结构

设计与施工

胡群华 刘 彪 罗来华 主编

华中科技大学出版社
http://press.hust.edu.cn
中国·武汉

图书在版编目(CIP)数据

高层建筑结构设计与施工/胡群华,刘彪,罗来华主编.—武汉:华中科技大学出版社,
2022.10
    ISBN 978-7-5680-8798-8

Ⅰ.①高… Ⅱ.①胡… ②刘… ③罗… Ⅲ.①高层建筑-结构设计 ②高层建筑-
建筑施工 Ⅳ.①TU973 ②TU974

中国版本图书馆 CIP 数据核字(2022)第 209382 号

高层建筑结构设计与施工

Gaoceng Jianzhu Jiegou Sheji yu Shigong

胡群华　刘　彪　罗来华　主编

策划编辑:周永华
责任编辑:陈　忠
封面设计:王　娜
责任监印:朱　玢
出版发行:华中科技大学出版社(中国·武汉)　　电话:(027)81321913
　　　　　武汉市东湖新技术开发区华工科技园　　邮编:430223
录　　排:华中科技大学惠友文印中心
印　　刷:武汉科源印刷设计有限公司
开　　本:710mm×1000mm　1/16
印　　张:22.25
字　　数:400 千字
版　　次:2022 年 10 月第 1 版第 1 次印刷
定　　价:98.00 元

编 委 会

主　编　胡群华（浙江中南建设集团有限公司）
　　　　　刘　彪（北京城建设计发展集团股份有限公司）
　　　　　罗来华（中铁城市规划设计研究院有限公司）

副主编　张　振（开建环境建设集团有限公司）
　　　　　刘　涛（中铁十八局集团北京工程有限公司）
　　　　　未江朝（中铁十八局集团建筑安装工程有限公司）
　　　　　王　宏（珠海市规划设计研究院）

编　委　揭晓余（北京城建集团有限责任公司）
　　　　　王　龙（四川坤嘉混凝土有限公司）
　　　　　徐　强（天津天华北方建筑设计有限公司）
　　　　　周宏波（江西省建筑设计研究总院集团有限公司）
　　　　　马　超（济南四建（集团）有限责任公司）
　　　　　张宏亮（北京中奥建工程设计有限公司）
　　　　　吴　濛（中冶地勘岩土工程有限责任公司）
　　　　　皮黎蕾（四川国恒建筑设计有限公司）

前　　言

　　高层建筑是现代城市发展状况的一个重要标志,在一定程度上代表了城市的经济发展和居民生活水平。随着生活水平的提高,人们对高层建筑的功能需求已不再停留于经济性和实用性,更多地开始追求建筑功能的多样性、建筑的安全性、建筑的宜居适用性以及美观特性,等等。但安全性是所有功能中最重要的,这就要求设计人员要保障建筑结构设计的质量,施工方要领会设计意图,保证施工环节的规范性,确保施工质量,在达到安全性的前提下才能满足人们对建筑的多样性需求,保障建筑的价值,进而促进建筑领域的进一步发展。

　　本书共 11 章,主要内容包括:绪论,高层建筑结构设计,深基坑工程施工,桩基础施工,大体积混凝土、现浇混凝土结构、装配式混凝土结构以及高层钢结构施工,防水工程施工,建筑幕墙施工及案例解析。本书在全面系统地介绍高层建筑施工的基本知识、基本理论和决策方法的基础上,力求科学地反映现代高层建筑施工中的新理论、新方法和新工艺。

　　本书主要用于土木工程专业(建筑工程方向、岩土与地下工程方向和土木工程材料方向)、管理科学与工程专业(工程管理方向、信息管理与信息系统方向)本科生、专科生及相关专业教学,也可作为相关岗位培训教材和土木工程施工技术人员的参考书。

　　本书在编写过程中,参考并引用了一些公开出版发行的文献,不能一一标明出处,在此对所有作者表示诚挚的谢意! 由于编写时间紧张,编者水平有限,书中的疏漏之处在所难免,敬请同行专家及阅读本书的读者批评指正,以便日后修订和改进。

目 录

第1章 绪 论

1.1 高层建筑发展概况

1.1.1 古代高层建筑

高层建筑在古代就有,我国古代建造的很多高塔就属于高层建筑。如 523 年建于河南省登封市的嵩岳寺塔,共 10 层,高达 40 m,为砖砌单筒体结构。704 年改建的西安大雁塔,共 7 层,高达 64 m。1055 年建于河北定县的开元寺塔,共 11 层,高达 82 m,为砖砌双筒体结构,更为罕见。此外,还有建于 1056 年、共 9 层、高达 67 m 的山西应县木塔等。这些高塔皆为砖砌或木制的筒体结构,外形为封闭的八边形或十二边形。这种形状有利于抗风和抗地震,也有较大的刚度,在结构体系上是很合理的。

同时,我国古代也出现了高层框架结构。如 984 年建于天津市蓟州区的独乐寺观音阁即为高 22.5 m 的木框架结构,高 40 m 的河北承德普宁寺的大乘阁等也为木框架结构。我国这些现存的古代高层建筑,经受了几百年甚至上千年的风雨侵蚀和地震等的考验,至今仍基本完好。这充分显示了我国劳动人民的智慧,也表明了我国古代的高层建筑已有较高的设计和施工水平。

在国外,古代也建有高层建筑。古罗马帝国的一些城市曾用砖石承重结构建造 10 层左右的建筑。1100—1109 年,意大利的博洛尼亚城曾建造 41 座砖石承重结构的塔楼,其中的塔楼高达 98 m。19 世纪前后,西欧一些城市还用砖石承重结构建造了 10 层左右的高层建筑。

古代高层建筑受当时技术经济条件的限制,不论是承重的砖墙或筒体结构,壁都很厚,使用空间小,并且建筑物越高,这个问题就越突出。如 1891 年在美国芝加哥建造的蒙纳德诺克大厦,为 16 层的砖墙结构,其底部的砖墙厚度竟达 1.8 m。这种小空间的高层建筑不能适应人们生活和生产活动的需要。因此,采用高强和轻质材料,发展各种大空间的抗风、抗震结构体系,就成为高层建筑

1

结构发展的必然趋势。

1.1.2　近代与现代国外高层建筑的发展

近代高层建筑是从 19 世纪以后逐渐发展起来的,这与采用钢铁结构作为承重结构有关。

建于 1801 年的英国曼彻斯特棉纺厂,高 7 层,率先采用了铸铁框架作为建筑物内部的承重骨架。1843 年美国长岛的黑港灯塔也采用了熟铁框架结构。这就为将钢铁材料用于承重结构开辟了一条途径。1883 年美国芝加哥的 11 层保险公司大楼,率先采用了由铸铁柱和钢梁组成的金属框架来承受全部荷重,外墙只是自承重,这是近代高层建筑结构的萌芽。

1889 年,美国芝加哥的一幢 9 层大楼率先采用钢框架结构;1903 年,法国巴黎的 Franklin 公寓采用了钢筋混凝土结构。与此同时,美国辛辛那提城一幢 16 层的大楼也采用了钢筋混凝土框架结构,开始了将钢、钢筋混凝土框架用于高层建筑的时代。此后,从 19 世纪 80 年代末至 20 世纪初,一些国家又兴建了一批高层建筑,使高层建筑的发展实现了新的飞跃,不但建筑物的高度跃至 50 层,而且在结构中采用了剪力墙和钢支撑,使建筑物的使用空间显著扩大。

19 世纪末至 20 世纪初是近代高层建筑发展的初始阶段,这一时期的高层建筑结构虽然有了很大的进步,但因受到建筑材料和设计理论等的限制,一般结构的自重较大,而且结构形式也较单调,多为框架结构。

近代高层建筑的迅速发展,是从 20 世纪 50 年代开始的。轻质高强材料的发展、新的设计理论和电子计算机的应用,以及新的施工机械和施工技术的出现,都为大规模、较经济地修建高层建筑提供了可能。与此同时,城市人口密度的猛增,越来越高的地价,使建筑物向高空发展成为客观需要,因此很多国家都大规模地建造高层建筑。到目前为止,在很多国家的城市中,高层建筑占整个城市建筑面积的 30%～40%。

目前,美国的高层建筑数量较多,160 m 以上的就有很多幢。如 1973 年建成的 110 层、高达 443 m 的西尔斯大厦(美国芝加哥),1972 年建于纽约的 110 层、高达 412 m 的世界贸易中心双塔大厦(已毁),1931 年建于纽约的 102 层、高达 381 m 的帝国大厦等,都是闻名于世的高层建筑。其他如英国、法国、日本、加拿大、澳大利亚、新加坡、俄罗斯、波兰、南非等国家也都修建了许多高层建筑。

1.1.3　国内近现代高层建筑的发展

我国高层建筑的建造始于 20 世纪初。我国于 1906 年建造了上海和平饭店南楼,于 1922 年建造了天津海河饭店(12 层),于 1929 年建造了上海和平饭店北楼(11 层)和锦江饭店北楼(14 层),于 1934 年建造了上海国际饭店(24 层)和上海大厦(20 层)以及广州爱群大厦(15 层)。

20 世纪 50 年代,我国在北京、广州、沈阳、兰州等地建造了一批高层建筑。20 世纪 60 年代,我国在广州建造了 27 层、高达 87.6 m 的广州宾馆。20 世纪 70 年代,北京、上海、天津、广州、南京、武汉、青岛、长沙等地兴建了一定数量的高层建筑,其中广州于 1977 年建成的 33 层、高达 115 m 的白云宾馆,是当时除港澳台地区外国内最高的建筑。进入 20 世纪 80 年代,我国的高层建筑蓬勃发展,各大、中城市和一批县级城市都兴建了大量高层建筑。金茂大厦、中天广场、地王大厦等高度在 100 m 以上的超高层建筑也得到了兴建。

1.2　高层建筑结构设计的基本要求

高层建筑的结构形式复杂且多样化,按材料可以分为配筋砌体结构、钢筋混凝土结构、钢结构和钢-混凝土混合结构等。其中砌体结构强度较低,抗拉、抗剪性能较差,难以抵抗水平作用产生的弯矩和剪力,因而一般情况下采用配筋砌体;钢筋混凝土结构强度较高、抗震性能好,并且具有良好的可塑性;钢结构强度较高、自重较轻,符合轻质高强的特点,具有良好的延性和抗震性能,并能满足建筑上大跨度、大空间的要求;钢-混凝土混合结构一般是钢框架与钢筋混凝土筒体结构的组合,在结构体系和层次上能将两者的优点结合起来。

高层建筑常见的结构体系有框架结构、剪力墙结构、框架-剪力墙结构、板-柱剪力墙结构和筒体结构等。随着层数和高度的不断增加,水平作用(包括地震和风荷载)对高层建筑结构安全的控制作用越来越显著。结构体系与建筑的承载能力、抗侧刚度、抗震性能、材料用量和造价有着密切的关系。不同的建筑功能要求需要设立不同的结构体系。

高层建筑结构设计的基本原则:注重概念设计、结构选型与平面和立面布置规则,使得结构构件具有必要的承载力、刚度、稳定性、延性等方面的性能。应选择性能好且经济效益好的结构体系,加强体系构造措施。高层建筑的抗震设防烈度必须按照国家规定的权限审批和颁发的文件确定。一般情况下,抗震设防烈度应采用根据中国地震动参数区划图确定的地震基本烈度。抗震设计的高层混凝土建筑应按《建筑工程抗震设防分类标准》(GB 50223—2008)的规定确定其抗震设防类别。概念设计是指根据理论与试验研究结果和工程经验等所形成的基本设计原则和设计思想进行建筑和结构的总体布置并确定细部构造的过程。

结构规则指结构体型规则、平面布置均匀、对称并具有很好的抗扭刚度,竖向质量和刚度无突变。结构不规则包括水平不规则和竖向不规则。

(1)水平不规则类型。

①扭转不规则:楼层的最大弹性水平位移(或层间位移)大于该楼层两端弹性水平位移(或层间位移)平均值的1.2倍。

②凹凸不规则:结构平面凹进的一侧尺寸大于相应投影方向总尺寸的30%。

③楼板局部不连续:楼板的尺寸和平面刚度急剧变化,例如,有效楼板宽度小于该楼层楼板典型宽度的50%,或开洞面积大于该层楼面积的30%,或较大的楼层错层。

(2)竖向不规则类型。

①侧向刚度不规则:该层的侧向刚度小于相邻上一层的70%,或小于其上相邻三个楼层侧向刚度平均值的80%;除顶层外,局部收进的水平向尺寸大于相邻下一层的25%。

②竖向抗侧力构件不连续:竖向抗侧力构件(柱、抗震墙、抗震支撑)的内力由水平转换构件(梁、桁架等)向下传递。

③楼层承载力突变:抗侧力结构的层间受剪力小于相邻上一楼层的80%。

高层建筑不应该采用严重不规则的结构体系,并应符合下列规定。

(1)结构的竖向和水平布置宜使结构具有合理的刚度和承载力分布,避免因刚度和承载力局部突变或结构扭转效应而形成薄弱部位。

①构件在强烈地震下不存在强度安全储备,构件的实际承载能力分析是判断薄弱部位的依据。

②要使楼层(部位)的实际承载能力和设计计算的弹性受力的比值在总体上保持一个相对均匀的变化,一旦楼层(部位)的比值有突变时,塑性内力重分布会导致塑性变形的集中。

③要防止在局部上加强而忽视了整个结构各部位刚度、承载力的协调。

④在抗震设计中有意识、有目的地控制薄弱层（部位），使之有足够的变形能力又不使薄弱层发生转移，这是提高结构总体抗震性能的有效手段。

（2）抗震设计时宜具有多道防线。

①一个抗震结构体系应由若干个延性较好的分体系组成，并由延性较好的结构构件连接协同工作。例如：框架-剪力墙结构由延性框架和剪力墙两个分体系组成；双肢或多肢剪力墙体系由若干个单肢墙分体系组成。

②强烈地震之后往往伴随多次余震，如只有一道防线，在第一次破坏后再遭余震，建筑将会因损伤积累倒塌。抗震结构体系应有最大可能数量的内部、外部冗余度，有意识地建立一系列分布的屈服区，主要耗能构件应有较高的延性和适当刚度，以使结构能吸收和耗散大量的地震能量，提高结构抗震性能，避免大震时倒塌。

③适当处理结构构件的强弱关系，同一楼层内宜使主要耗能构件屈服后，其他抗侧力构件仍处于弹性阶段，使"有效屈服"保持较长阶段，保证结构的延性和抗倒塌能力。

④在抗震设计中某一部分结构设计过强，可能造成结构的其他部位相对薄弱，因此在设计中不合理地加强部分结构以及在施工中以大带小、改变抗侧力构件配筋的做法，都需要慎重考虑。

高层建筑设计中，尽量避开地震高发地段，以及对建筑抗震不利的地段，应选取对建筑抗震有利的地段。当无法避开时，应采取有效措施。对建筑抗震有利、一般、不利和危险地段的划分如下。

有利地段：稳定基岩，坚硬土，开阔、平坦、密实、均匀的中硬土等。

一般地段：不属于有利、不利和危险地段。

不利地段：软弱土，液化土，条状凸出的山嘴，高耸孤立的山丘，陡坡，陡坎，河岸和边坡的边缘，平面分布上成因、岩性、状态明显不均匀的土层（含故河道、疏松的断层破碎带、暗埋的塘浜沟谷和半填半挖地基），高含水量的可塑黄土，地表存在结构性裂缝等。

危险地段：地震时可能发生滑坡、崩塌、地陷、地裂、泥石流等及发震断裂带上可能发生地表错位的部位。

高层建筑混凝土结构宜采取措施减小混凝土收缩、徐变、温度变化、基础差异沉降等非荷载效应的不利影响。房屋高度不低于 150 m 的高层建筑外墙宜采用各类建筑幕墙。高层建筑的填充墙、隔墙等非结构构件宜采用各类轻质材料，构造上应与主体结构可靠连接，并应满足承载力、稳定和变形要求。

1.3　高层建筑施工技术的发展

随着高层建筑的不断增加,施工技术得到了很大的发展,并在实践中总结,形成了较为先进的施工技术体系。

1.3.1　高层建筑基础施工技术

从 20 世纪 90 年代以后,高层建筑越建越高,基础也就越做越深,这样就促进了基础施工技术的发展。

在基础工程方面主要有基础结构、深基坑支护、大体积混凝土浇筑、深层降水等的施工。

高层建筑多采用桩基础、筏形基础、箱形基础、桩基与箱形基础或桩基与筏板基础的复合基础这几种结构形式。

在桩基础方面,混凝土方桩、预应力混凝土管桩、钢管桩等预制打入桩皆有应用,有的桩长已超过 70 m。近年来混凝土灌注桩有很大发展,在钻孔机械、桩端压力注浆、成孔扩孔、动力试验、扩大桩径等方面都有很大提高,大直径钻孔灌注桩应用得越来越多,并在软土、淤泥质土地区也有成功应用的案例。

筏形基础、箱形基础、桩基与箱形基础或桩基与筏板基础的复合基础,能形成空间大的底盘,使地下空间得到很好的利用,结构刚度好,在 20 世纪 90 年代以后有大量应用。

近年来,由于深基坑的增多,支护技术发展得很快,多采用钢板桩、混凝土灌注桩、地下连续墙、深层搅拌水泥土桩、土钉等进行支护;施工工艺有很大改进,支撑方式有传统的内部钢管(或型钢)支撑,也有在坑外用土锚拉固的方式;内部支撑形式也有多种,有十字交叉支撑、环状(拱状)支撑和混凝土支撑,也采用"中心岛"式开挖的斜撑;土锚的钻孔、灌浆、预应力张拉工艺也有很大提高。

大体积混凝土裂缝控制的计算理论日益完善,为减少或避免产生温度裂缝,各地都采用了一些有效措施。商品混凝土和泵送技术的推广,使得万余立方米以上的大体积混凝土浇筑也不再困难,在测温技术和信息化施工方面也积累了很多经验。

在深基坑施工降低地下水水位方面,现已能利用轻型井点、喷射井点、真空泵、深井泵和电渗井点技术进行深层降水,而且在预防由降水引起附近地面沉降方面也有一些有效措施。

1.3.2　高层建筑结构施工技术

在结构工程方面,已形成组合模板、大模板、爬升模板和滑升模板的成套工艺,钢结构超高层建筑的施工技术也有了长足的进步。在组合模板方面,除 55 系列钢模板外,推广了肋高 70 mm、75 mm 的中型组合钢模板;55、63、70、75、78、90 系列的钢框竹(木)胶合板模板,板块尺寸更大,使用更方便;研究推广了早拆体系,以减少模板配置数量。大模板工艺在剪力墙结构和筒体结构中已得到广泛应用,形成了"全现浇""内浇外挂""内浇外砌"的成套工艺,且已向大开间建筑方向发展。楼板除各种预制板、现浇板外,还应用了各种配筋的薄板叠合楼板。爬升模板首先在上海得到应用,工艺已成熟,不仅可用于浇筑外墙,内墙浇筑也可使用。在提升设备方面已有手动、液压和电动提升设备,有带爬架的,也有无爬架的,与升降脚手架结合应用,优点更为显著。滑模工艺不仅可用于高耸结构、剪力墙或筒体结构的高层建筑施工,还可用于一些特种结构(如沉井等)施工,在支承杆的稳定以及施工期间墙体的强度和稳定计算方面也有很大改进。此外,一些特种模板也有发展,如上海金茂大厦施工用的"分体组合自动调平整体提升式钢平台模板系统"和"新型附着升降脚手架和大模板一体化系统"等。

在钢筋技术方面,推广了钢筋对焊、电渣压力焊、气压焊以及机械连接(套筒挤压、锥螺纹和直螺纹套筒连接),并且在植筋方面也有很大发展。

在混凝土技术方面,除大力发展预拌混凝土外,近年来还推广了预拌砂浆;在高性能混凝土和特种混凝土(纤维混凝土、聚合物混凝土、防辐射混凝土、水下不分散混凝土等)方面也有提高。

在脚手架方面,针对高层建筑施工的需要研制了自升降的附着式升降脚手架,已推广使用,效果良好。

在超高层钢结构施工方面,无论是厚钢板焊接技术,还是高强度螺栓和安装工艺都日益完善,国产的 H 型钢钢结构已成功地用于高层住宅。

此外,砌筑技术、防水技术和高级装饰装修方面也都有长足进步。随着我国高层和超高层建筑的进一步发展,传统技术水平会进一步提高,一些新结构、新技术、新材料也将不断出现。

1.3.3　高层建筑施工管理

高层建筑层数多、工程量大、技术复杂、工期长、涉及许多单位和专业,故必

须在施工全过程实施科学的组织管理,特别要解决好以下问题:

(1)施工现场管理体制;

(2)施工与设计的结合;

(3)施工组织设计的编制;

(4)施工准备工作;

(5)施工技术管理;

(6)质量、安全和消防管理。

第2章　高层建筑结构设计

2.1　框架结构设计

2.1.1　一般规定

1. 双向梁柱抗侧力体系

框架结构应设计成双向梁柱抗侧力体系。主体结构除个别部位外,不要采用铰接。"个别部位"意指在不危及结构整体机制的前提下,个别框架梁的梁端部位可采用"塑性铰"。

2. 单跨框架

抗震设计的框架结构不可以采用单跨框架。单跨框架是指每层每榀框架只有两根框架柱和一根框架梁。单跨框架结构是指整栋建筑全部采用单跨框架的结构,不包括仅局部为单跨框架的框架结构和框架-剪力墙结构中的单跨框架。抗震设计时,框架结构不应采用冗余度低的单跨框架结构。多层及高层建筑结构中的单跨框架结构震害严重。单跨框架可在框架-剪力墙结构等多道防线结构中采用。

3. 填充墙及隔墙

框架结构的填充墙及隔墙宜选用轻质隔墙。抗震设计时,框架结构如采用砌体填充墙,其布置应符合下列规定。

(1)避免上、下层刚度变化过大。在结构设计中应要求上、下层建筑隔墙有规律地均匀变化,否则有可能会因为隔墙布置引起上、下层抗侧刚度的过大变化。

(2)避免形成短柱。在框架柱之间嵌砌隔墙容易形成框架短柱,设计时应特

别注意,可按《砌体结构通用规范》(GB 55007—2021)的要求,在填充墙与框架柱之间设缝。在无法避免的情况下,应对短柱采取减小轴压比、全层通高加密箍筋等加强措施。

(3)减少因抗侧刚度偏心而造成的结构扭转。结构设计时应特别注意填充墙平面布置不均匀、不对称造成的结构扭转。

4. 框架结构的楼梯间

抗震设计时,框架结构的楼梯间应符合下列规定。

(1)楼梯间的布置应尽量减小其造成的结构平面不规则。本条规定是对楼梯设计的最基本要求,不仅适用于框架结构的楼梯,同样也适用于其他各类结构的楼梯。楼梯间的设置应遵循均匀对称原则,避免在房屋端部、角部设置楼梯间,以免造成结构刚度的较大改变,以及结构的扭转不规则。

(2)宜采用现浇钢筋混凝土楼梯,楼梯结构应具有足够的抗倒塌能力。震害调查表明,楼梯间设置不当或抗震措施不到位时,其抗震"安全岛"和"主要疏散通道"的作用难以发挥。

(3)宜采取措施减小楼梯对主体结构的影响。一般情况下,为了减小楼梯构件对主体结构刚度的影响,可将楼梯平台与主体结构脱开(或在每梯段下端梯板与平台或楼层之间设置水平隔离缝),以切断楼梯平台板与主体结构的水平传力途径,使每层楼梯平台板支撑在楼面梁上且对结构的侧向刚度影响降到最低。

(4)当钢筋混凝土楼梯与主体结构整体连接时,应考虑楼梯对地震作用及其效应的影响,并应对楼梯构件进行抗震承载力验算。当钢筋混凝土楼梯与主体结构整体连接时,楼梯板起斜撑的作用,对主体结构的刚度、承载力及整体结构的规则性影响很大,所以应当考虑楼梯对地震作用及其效应的影响,并对楼梯构件进行抗震承载力验算。而在其他各类结构(如框架-剪力墙结构、框架-核心筒结构、剪力墙结构)中,由于结构自身刚度较大,楼梯的斜撑作用对主体结构的影响较小。当楼梯四周设置混凝土剪力墙时,楼梯对主体结构的影响可以忽略。

5. 砌体填充墙及隔墙

抗震设计时,砌体填充墙及隔墙应具有自身稳定性,并应符合下列规定。

(1)砌体的砂浆强度等级不应低于 MU5,当采用砖及混凝土砌块时,砌块的强度等级不应低于 MU5；采用轻质砌块时，砌块的强度等级不应低于 MU2.5；墙顶应与框架梁或楼板密切结合。砖及混凝土砌块是指轻质砌块以外的所有砌块，一般常用作外墙及卫生间填充墙体材料，砌块的强度等级较高（不应低于 MU5 级）。内墙一般采用轻质砌块，且约束条件较好，砌块强度等级可以适当降低（不应低于 MU2.5 级）。结构设计时，应加强构造柱与框架梁或楼板的连接（必要时应加密构造柱布置），可根据需要（填充墙的稳定需要、填充墙与其顶部梁板的连接需要等）在墙顶设置钢筋混凝土压顶梁（与构造柱交圈）。

（2）砌体填充墙应沿框架柱全高每隔 500 mm 左右设置 2 根直径 6 mm 的拉筋，抗震设防烈度为 6 度时拉筋宜沿墙全长贯通，抗震设防烈度为 7 度、8 度、9 度时拉筋应沿墙全长贯通。

（3）墙长大于 5 m 时，墙顶与梁（板）宜有钢筋拉结；墙长大于 8 m 或层高的 2 倍时，宜设置间距不大于 4 m 的钢筋混凝土构造柱；墙高超过 4 m 时，墙体半高处（或门洞上皮）宜设置与柱连接且沿墙全长贯通的钢筋混凝土水平系梁。

（4）楼梯间采用砌体填充墙时，应设置间距不大于层高且不大于 4 m 的钢筋混凝土构造柱，并采用钢丝网砂浆面层加强。

6. 砌体墙承重

框架结构按抗震设计时，应不采用部分由砌体墙承重的混合形式。框架结构中的楼（电）梯间及局部凸出屋顶的电梯机房、楼梯间、水箱间等，应采用框架承重，不要采用砌体墙承重。高层建筑结构严格禁止在同一结构单元中混杂不同结构体系。因为在同一结构单元中采用不同的结构体系，其抗侧刚度、变形能力等相差很大，将对建筑的抗震产生不利影响，结构抗震设计中将难以估计结构的地震反应。

7. 框架梁、柱中心线

框架梁、柱中心线宜重合。当梁、柱中心线不能重合时，在计算中应考虑偏心对梁柱节点核心区受力和构造的不利影响，以及梁荷载对柱的偏心影响。梁、柱中心线之间的偏心距，抗震设防烈度为 9 度时不应大于柱截面在该方向宽度的 1/4，非抗震设计和抗震设防烈度为 6～8 度时不宜大于柱截面在该方向宽度的 1/4，如偏心距大于该方向柱宽的 1/4，可采取增设梁的水平加腋等措施。设置水平加腋后，仍须考虑梁柱偏心的不利影响。

8. 次梁

不与框架柱(包括框架-剪力墙结构中的柱)相连的次梁(包括与剪力墙的墙厚度方向相连的梁),可按非抗震设计。例如,梁端箍筋不需要按抗震要求加密,仅需满足抗剪强度的要求,其间距也可按非抗震构件的要求;箍筋无须弯135°,90°即可;纵筋的锚固、搭接等都可按非抗震设计确定。

2.1.2 截面设计

1. 柱端弯矩设计值

抗震设计时,除顶层、柱轴压比小于0.15者及框支梁柱节点外,框架的梁、柱节点处考虑地震作用组合的柱端弯矩设计值应符合下列要求:

(1)一级框架结构及抗震设防烈度为9度时的框架:

$$\sum M_c = 1.2 \sum M_{bua} \qquad (2.1)$$

(2)其他情况:

$$\sum M = \eta_c \sum M_b \qquad (2.2)$$

式中:$\sum M_c$ 为节点上、下柱端截面顺时针或逆时针方向组合弯矩设计值之和,上、下柱端的弯矩设计值,可按弹性分析的弯矩比例进行分配,kN·m;$\sum M_b$ 为节点左、右梁端截面逆时针或顺时针方向组合弯矩设计值之和,当抗震等级为一级且节点左、右梁端均为负弯矩时,绝对值较小的弯矩应取零,kN·m;$\sum M_{bua}$ 为节点左、右梁端逆时针或顺时针方向实配的正截面抗震受弯承载力所对应的弯矩值之和,可根据实际配筋面积(计入受压钢筋和梁有效翼缘宽度范围内的楼板钢筋)和材料强度标准值并考虑承载力抗震调整系数计算,kN·m;η_c 为柱端弯矩增大系数,对框架结构,二、三级分别取1.5和1.3,对其他结构中的框架,一、二、三、四级分别取1.4、1.2、1.1和1.1(特一级为1.68)。

2. 柱端截面剪力设计值

抗震设计的框架柱、框支柱端部截面的剪力设计值,一、二、三、四级时应按下列公式计算:

(1)一级框架结构及抗震设防烈度为9度时的框架:

$$V = 1.2(M_{cua}^t + M_{cua}^b)/H_n \qquad (2.3)$$

（2）其他情况：

$$V = \eta_{vc}(M_c^t + M_c^b)/H_n \qquad (2.4)$$

式中：M_c^t、M_c^b 分别为柱上、下端顺时针或逆时针方向截面组合的弯矩设计值，应符合规定，kN·m；M_{cua}^t、M_{cua}^b 分别为柱上、下端顺时针或逆时针方向实配的正截面抗震受弯承载力所对应的弯矩值，可根据实配钢筋面积、材料强度标准值和重力荷载代表值产生的轴向压力设计值并考虑承载力抗震调整系数计算，kN·m；H_n 为柱的净高，m；η_{vc} 为柱端剪力增大系数，对框架结构，二级、三级分别取 1.3、1.2，对其他结构类型的框架，一级、二级分别取 1.4 和 1.2，三级、四级均取 1.1。

3. 框架梁端部剪力设计值

抗震设计时，框架梁端部截面组合的剪力设计值，一、二、三级应按下列公式计算，四级时可直接取考虑地震作用组合的剪力设计值。

（1）一级框架结构及抗震设防烈度为 9 度时的框架：

$$V = 1.1(M_{bua}^l + M_{bua}^r)/l_n + V_{Gb} \qquad (2.5)$$

（2）其他情况：

$$V = \eta_{vb}(M_b^l + M_b^r)/l_n + V_{Gb} \qquad (2.6)$$

式中：M_b^l、M_b^r 分别为梁左、右端逆时针或顺时针方向截面组合的弯矩设计值。当抗震等级为一级且梁两端弯矩均为负弯矩时，绝对值较小一端的弯矩应取零，kN·m；M_{bua}^l、M_{bua}^r 分别为梁左、右端逆时针或顺时针方向实配的正截面抗震受弯承载力所对应的弯矩值，可根据实配钢筋面积（计入受压钢筋，包括有效翼缘宽度范围内的楼板钢筋）和材料强度标准值并考虑承载力抗震调整系数计算，kN·m；l_n 为梁的净跨，m；V_{Gb} 为梁在重力荷载代表值（9 度时还应包括竖向地震作用标准值）作用下，按简支梁分析的梁端截面剪力设计值；η_{vb} 为梁端剪力增大系数，一、二、三级分别取 1.3、1.2 和 1.1。

2.1.3　框架梁构造设计

1. 主梁截面尺寸设计

框架结构的主梁截面高度可按计算跨度 1/18～1/10 确定，梁净跨与截面高度之比不宜小于 4。梁的截面宽度不宜小于梁截面高度的 1/4，也不宜小于 200 mm。当梁高较小或采用扁梁时，除应验算其承载力和受剪截面要求外，尚应满

足刚度和裂缝有关要求。在计算梁的挠度时,可扣除梁的合理起拱值;对现浇梁板结构,宜考虑梁受压翼缘的有利影响。

当楼板与梁的钢筋相互交织且混凝土又同时浇灌时,楼板相当于梁的翼缘,使得梁的截面抗弯刚度大于矩形梁的截面抗弯刚度,所以宜考虑梁受压翼缘的有利影响。

2. 梁的纵筋配置

梁的纵向钢筋配置,尚应符合下列规定。

(1)抗震设计时,梁端纵向受拉钢筋的配筋率不宜大于 2.5% 且不应大于 2.75%;当梁端受拉钢筋配筋率大于 2.5% 时,受压钢筋的配筋率不应小于受拉钢筋的一半。

(2)沿梁全长顶面和底面应至少配置两根纵向配筋,一、二级抗震设计时钢筋直径不应小于 14 mm,且分别不应小于梁两端顶面和底面纵向配筋中较大截面面积的 1/4,三、四级抗震设计和非抗震设计时钢筋直径不应小于 12 mm。

(3)一、二、三级抗震等级的框架梁内贯通中柱的每根纵向钢筋的直径,对矩形截面柱,不宜大于柱在该方向截面尺寸的 1/20,对圆形截面柱,不宜大于纵向钢筋所在位置柱截面弦长的 1/20。

3. 框架梁箍筋配置(抗震设计时)

抗震设计时,框架梁的箍筋尚应符合下列构造要求。

(1)沿梁全长箍筋的面积配筋率应符合下列规定。

一级：$\rho_{sv} \geqslant 0.30 f_t / f_{yv}$。

二级：$\rho_{sv} \geqslant 0.28 f_t / f_{yv}$。

三、四级：$\rho_{sv} \geqslant 0.26 f_t / f_{yv}$。

其中,ρ_{sv} 为框架梁沿梁全长箍筋的面积配筋率。

(2)在箍筋加密区范围内的箍筋肢距:一级不宜大于 200 mm 和 20 倍箍筋直径的较大值,二、三级不宜大于 250 mm 和 20 倍箍筋直径较大值,四级不宜大于 300 mm。

(3)箍筋应有 135°弯钩,弯钩端头直段长度不应小于 10 倍的箍筋直径和 75 mm 的较大值。

(4)在纵向钢筋搭接长度范围内的箍筋间距,钢筋受拉时不应大于搭接钢筋较小直径的 5 倍,且不应大于 100 mm,钢筋受压时不应大于搭接钢筋较小直径的 10 倍,且不应大于 200 mm。

(5)框架梁非加密区箍筋最大间距不宜大于加密区箍筋间距的 2 倍。

4. 梁的纵筋与箍筋的连接

框架梁的纵向钢筋不可以与箍筋、拉筋及预埋件等焊接。之所以如此规定,是因为梁的纵筋(包括柱的纵筋)与箍筋、拉筋等作十字交叉形的焊接时,容易使纵筋变脆,对抗震不利。当采用焊接封闭箍时,应特别注意避免出现箍筋与纵筋焊接在一起的情况。

5. 梁上开洞

(1)实际工程中,应限制梁上开洞(以避免结构完成后设备安装过程中,对梁上洞口的随意扩大),优先考虑在梁上设置钢套管,同时,应限定梁上洞口或套管的设置区域,沿梁长度方向应限定在梁弯矩和剪力较小的区段,梁截面高度方向应限定在梁高的中部区域,避免对钢筋混凝土受压区的过大损伤。

(2)"梁跨中 1/3 区段"不一定是设置洞口和套管的最适宜位置,应避免在跨中正弯矩最大的区域设置洞口或套管,洞口或套管设置的合理位置应该在梁弯矩和剪力较小的区段,一般情况下,可将梁净跨分为 5 段,其中的 2、4 区段为设置洞口或套管的适宜区域。

(3)对"开洞较大"的情况,应根据工程经验确定,当无可靠工程经验时,当洞口高度不小于梁高的 1/3 且不小于 200 mm 时,可确定为开洞较大。

2.1.4　框架柱构造要求

1. 柱截面尺寸设计

柱截面尺寸宜符合下列规定。

(1)矩形截面柱的边长,非抗震设计时不宜小于 250 mm,抗震设计时,四级不宜小于 300 mm,一、二、三级时不宜小于 400 mm;圆柱直径,非抗震和四级抗震设计时不宜小于 350 mm,一、二、三级时不宜小于 450 mm。

(2)柱的剪跨比宜大于 2。

(3)柱截面高度与宽度的比值不宜大于 3。

楼梯柱的构造措施:相关规定中包含了一种特殊的结构柱——楼梯柱,宜按抗震设计的框架柱要求采取相应的构造措施,楼梯柱的箍筋宜全高加密,其抗震

等级应根据具体情况确定。

(1)当框架柱兼作楼梯柱时,该框架柱的抗震等级宜比相应框架的抗震等级提高一级采用,且不低于三级。

(2)当楼梯柱由楼面梁支撑时,该楼梯柱的抗震等级应根据楼梯柱支撑楼梯平台的数量,按单层(楼梯柱支撑单个楼梯平台)或多层(楼梯柱支撑多个楼梯平台)框架结构的框架柱确定(抗震等级:不超过 2 层时按四级,超过 2 层时按三级)。

楼梯柱的截面面积要求:楼梯柱的截面宽度不应小于 200 mm,截面面积不应小于框架柱的截面面积要求;当楼梯柱截面宽度受限时,可相应加大柱截面长度,如抗震等级为四级的矩形楼梯柱,其截面宽度为 200 mm,则截面长度不应小于 450 mm,以使楼梯柱的总截面面积不小于 300 mm×300 mm。

2. 对框架柱纵向钢筋配置的规定

柱的纵向钢筋配置,尚应满足下列规定。

(1)抗震设计时,宜采用对称配筋。

(2)截面尺寸大于 400 mm 的柱,一、二、三级抗震设计时,其纵向钢筋间距不宜大于 200 mm;抗震等级为四级和非抗震设计时,柱纵向钢筋间距不宜大于 300 mm;柱纵向钢筋净距均不应小于 50 mm。

(3)全部纵向钢筋的配筋率,非抗震设计时不宜大于 5% 且不应大于 6%,抗震设计时不应大于 5%。

(4)一级抗震等级且剪跨比不大于 2 的柱,其单侧纵向受拉钢筋的配筋率宜不大于 1.2%。

(5)边柱、角柱及剪力墙端柱考虑地震作用组合产生小偏心受拉时,柱内纵筋总截面面积应比计算值增加 25%。

3. 柱箍筋加密区的范围

抗震设计时,柱箍筋加密区的范围应符合下列规定:

(1)底层柱的上端和其他各层柱的两端,应取矩形截面柱的长边尺寸(或圆形截面柱之直径)、柱净高的 1/6 和 500 mm 三者中最大值范围;

(2)底层柱刚性地面上、下各 500 mm 的范围;

(3)底层柱柱根以上 1/3 柱净高的范围;

(4)剪跨比不大于 2 的柱和因填充墙等形成的柱净高与截面高度之比不大

于 4 的柱全高范围；

(5)一级、二级框架角柱的全高范围；

(6)需要提高变形能力的柱的全高范围。

4. 柱箍筋构造要求(抗震设计)

抗震设计时,柱箍筋设置尚应符合下列规定。

(1)箍筋应为封闭式,其末端应做成 135°弯钩且弯钩末端平直段长度不应小于 10 倍的箍筋直径,且不应小于 75 mm。

(2)箍筋加密区的箍筋肢距,一级不宜大于 200 mm,二、三级不宜大于 250 mm 和 20 倍箍筋直径的较大值,四级不宜大于 300 mm。每隔一根纵向钢筋宜在两个方向有箍筋约束,采用拉筋组合箍时,拉筋宜紧靠纵向钢筋并勾住封闭箍筋。

(3)柱非加密区的箍筋,其体积配箍率不宜小于加密区的一半,其箍筋间距不应大于加密区箍筋间距的 2 倍,且一、二级不应大于 10 倍纵向钢筋直径,三、四级不应大于 15 倍纵向钢筋直径。

5. 柱箍筋构造要求(非抗震设计)

非抗震设计时,柱中箍筋应符合以下规定:

(1)周边箍筋应为封闭式;

(2)箍筋间距不应大于 400 mm,且不应大于构件截面的短边尺寸和最小纵向受力钢筋直径的 15 倍;

(3)箍筋直径不应小于最大纵向钢筋直径的 1/4,且不应小于 6 mm;

(4)当柱中全部纵向受力钢筋的配筋率超过 3%时,箍筋直径不应小于 8 mm,箍筋间距不应大于最小纵向钢筋直径的 10 倍,且不应大于 200 mm,箍筋末端应做成 135°弯钩且弯钩末端平直段长度不应小于 10 倍箍筋直径;

(5)当柱每边纵筋多于 3 根时,应设置复合箍筋;

(6)柱内纵向钢筋采用搭接做法时,搭接长度范围内箍筋直径不应小于搭接钢筋较大直径的 1/4,在纵向受拉钢筋的搭接长度范围内的箍筋间距不应大于搭接钢筋较小直径的 5 倍,且不应大于 100 mm,在纵向受压钢筋的搭接长度范围内的箍筋间距不应大于搭接钢筋较小直径的 10 倍,且不应大于 200 mm。当受压钢筋直径大于 25 mm 时,尚应在搭接接头端面外 100 mm 的范围内各设置两道箍筋。

6. 箍筋配筋形式

柱箍筋的配筋形式，应考虑浇筑混凝土的工艺要求，在柱截面中心部位应留出浇筑混凝土所用导管的空间。因为在高层建筑现浇混凝土柱施工时，一般是采用导管将混凝土直接引入柱底部，然后随着混凝土的浇筑将导管逐渐上提，直至浇筑完毕。因此，布置柱箍筋时，需在柱中心位置留出不少于 300 mm×300 mm 的空位，以便于施工。

2.1.5 钢筋的连接和锚固

1. 受力钢筋的连接接头规定

受力钢筋的连接接头应符合下列规定。

(1)受力钢筋的连接接头宜设置在构件受力较小部位；抗震设计时，宜避开梁端、柱端箍筋加密区范围。钢筋连接可采用机械连接、绑扎搭接或焊接。

(2)当纵向受力钢筋采用搭接做法时，在钢筋搭接长度范围内应配置箍筋，其直径不应小于搭接钢筋较大直径的 1/4。当钢筋受拉时，箍筋间距不应大于搭接钢筋较小直径的 5 倍，且不应大于 100 mm；当钢筋受压时，箍筋间距不应大于搭接钢筋较小直径的 10 倍，且不应大于 200 mm。当受压钢筋直径大于 25 mm 时，尚应在搭接接头两个端面外 100 mm 范围内各设置两道箍筋。

2. 纵向受力钢筋的锚固与连接(抗震设计)

抗震设计时，钢筋混凝土结构构件纵向受力钢筋的锚固与连接，应符合下列要求。

(1)纵向受拉钢筋的最小锚固长度 l_{aE} 应按下列规定采用。

一、二级抗震等级：$l_{aE}=1.15l_a$。

三级抗震等级：$l_{aE}=1.05l_a$。

四级抗震等级：$l_{aE}=1.00l_a$。

(2)当采用绑扎搭接接头时，其搭接长度应不小于下式的计算值：

$$l_{lE}=\zeta l_{aE} \tag{2.7}$$

式中：ζ 为受拉钢筋搭接长度修正系数；l_{lE} 为抗震设计时受拉钢筋的搭接长度，m。

(3)受拉钢筋直径大于 25 mm、受压钢筋直径大于 28 mm 时，不宜采用绑扎

搭接接头。

(4)现浇混凝土框架梁、柱纵向受力钢筋的连接方法,应符合下列规定。

①框架柱:一、二级抗震等级及三级抗震等级的底层,宜采用机械连接接头,也可采用绑扎搭接或焊接接头;三级抗震等级的其他部位和四级抗震等级,可采用绑扎搭接或焊接搭接。

②框支梁、框支柱:宜采用机械连接接头。

③框架梁:一级宜采用机械连接接头,二、三、四级可采用绑扎搭接或焊接接头。

(5)位于同一连接区段内的受拉钢筋接头面积百分率不宜超过 50%。

(6)当接头位置无法避开梁端、柱端箍筋加密区时,应采用满足等强度要求的机械连接接头,且钢筋接头面积百分率不宜超过 50%。

(7)钢筋的机械连接、绑扎搭接及焊接,尚应符合现行有关标准的规定。

2.2　剪力墙结构设计

2.2.1　一般规定

1. 剪力墙结构的布置

剪力墙结构应具有适宜的侧向刚度,其布置应符合下列规定。

(1)平面布置宜简单、规则,宜沿两个主轴方向或其他方向双向布置,两个方向的侧向刚度不宜相差过大。抗震设计时,不应采用仅单向有墙的结构布置。

(2)宜自下而上连续布置,避免刚度突变。

(3)门窗洞口宜上下对齐、成列布置,形成明确的墙肢和连梁;宜避免造成墙肢宽度相差悬殊的洞口设置;抗震设计时,一、二、三级剪力墙的底部加强部位不宜采用上下洞口不对齐的错洞墙,全高均不宜采用洞口局部重叠的叠合错洞墙。

2. 剪力墙的长度

剪力墙长度不宜过长,较长的剪力墙宜设置跨高比较大的连梁将其分成长度较均匀的若干墙段,各墙段的高度与长度之比不宜小于 3,墙段长度不宜大于8 m。

在实际工程中,剪力墙的长度应基本均匀,墙肢长度应不相差过大,应总体保持在相当的水平,以使各剪力墙墙肢受力均匀。

剪力墙墙肢长度较长可分为两种情况:①墙肢本身长度较长,如墙肢长度超过 8 m;②相对于其他墙肢而言,剪力墙墙肢长度相对较长。实际工程中不仅应对第一种情况进行处理,而且还应当注意对相对较长的墙肢进行适当开洞处理。

对于长度较长墙肢的处理,通常是通过开设洞口将长墙分成长度较小、较均匀的联肢墙(注意:并非将墙肢长度分得越短越好,而是各个墙肢长度与平面内所有抗震墙的总体墙肢长度越接近越好),应使剪力墙的总高度与墙段长度之比不小于 3。而对洞口宜采用约束弯矩较小、跨高比较大的连梁,使连梁具有适当的刚度并具有足够的耗能能力。

3. 剪力墙底部加强部位的范围

抗震设计时,剪力墙底部加强部位的范围,应符合下列规定:

(1)底部加强部位的高度,应从地下室顶板算起;

(2)底部加强部位的高度可取底部两层和墙体总高度的 1/10 二者的较大值,部分框支剪力墙结构底部加强部位的高度应符合《建筑设计防火规范》(GB 50016—2014)(以下简称《建规》)的规定;

(3)当结构计算嵌固端位于地下一层底板或以下时,底部加强部位宜延伸到计算嵌固端。

"剪力墙底部加强部位":墙体底部可能出现塑性铰的高度范围,采取提高其受剪承载力,加强其抗震构造措施,使其具有较大的弹塑性变形能力,从而提高整个结构的抗地震倒塌能力。与之类似的还有剪力墙的总加强范围和约束边缘构件的范围两个概念,应该注意区分。

"剪力墙的总加强范围":底部加强部位及其向下延伸至嵌固端的下一层(当嵌固端在基础顶面时,延伸至基础顶面)。

"约束边缘构件的范围":下至嵌固端以下一层底,上至加强部位的上一层顶(对塔楼中与裙房相连的剪力墙,上至裙房屋面的上一层顶)。

4. 楼面梁的支承

楼面梁不宜支承在剪力墙或核心筒的连梁上。

"楼面梁"指承受较大竖向荷载的主梁(框架梁或次梁),而不一定仅指结构设计中的框架梁。其目的在于确保主梁具有足够的承受竖向荷载的能力。

进行结构设计时,可采取以下措施。

(1)结构设计中可以调整楼面梁的结构布置,采取楼层梁移位或与墙斜交及设置过渡梁等措施,避免楼面主梁支承在连梁上。

(2)当楼面主梁必须以连梁作为支承时,对主梁端应按铰接处理,地震作用时主梁及连梁承受竖向荷载的能力应有足够的保证。

(3)必要时,应在连梁内设置型钢或钢板。

5. 与楼面梁相连的剪力墙、扶壁柱、暗柱

当剪力墙或核心筒墙肢与其平面外相交的楼面梁刚接时,可沿楼面梁轴线方向设置与梁相连的剪力墙、扶壁柱或在墙内设置暗柱,并应符合下列规定:

(1)设置沿楼面梁轴线方向与梁相连的剪力墙时,墙的厚度不宜小于梁的截面宽度;

(2)设置扶壁柱时,其截面宽度不应小于梁宽,其截面高度可计入墙厚;

(3)墙内设置暗柱时,暗柱的截面高度可取墙厚,暗柱的截面宽度可取梁宽加 2 倍墙厚;

(4)楼面梁的水平钢筋应伸入剪力墙或扶壁柱,伸入长度应符合钢筋锚固要求;

(5)暗柱或扶壁柱应设置箍筋,箍筋直径,一级时不应小于 8 mm,四级及非抗震设计时不应小于 6 mm,且均不应小于纵向钢筋直径的 1/4;箍筋间距,一、二、三级时不应大于 150 mm,四级及非抗震设计时不应大于 200 mm。

2.2.2　截面的设计及构造

1. 剪力墙的厚度

剪力墙的截面厚度应符合下列规定。

(1)应符合《建规》墙体稳定验算要求。

(2)一、二级剪力墙:底部加强部位不应小于 200 mm,其他部位不应小于 160 mm;一字形独立剪力墙底部加强部位不应小于 220 mm,其他部位不应小于 180 mm。

(3)三、四级剪力墙:不应小于 160 mm,一字形独立剪力墙的底部加强部位尚不应小于 180 mm。

(4)非抗震设计时不应小于 160 mm。

(5)剪力墙井筒中,分隔电梯井或管道井的墙肢截面厚度可适当减小,但不宜小于 160 mm。

2. 短肢剪力墙的设计

抗震设计时,短肢剪力墙的设计应符合下列规定。

(1)短肢剪力墙截面厚度除应符合《建规》要求外,底部加强部位尚不应小于 200 mm,其他部位尚不应小于 180 mm。

(2)一、二、三级短肢剪力墙的轴压比,分别宜不大于 0.45、0.50、0.55,一字形截面短肢剪力墙的轴压比限值应相应减少 0.1。

(3)短肢剪力墙的底部加强部位应按规定调整剪力设计值,其他各层一、二、三级时剪力设计值应分别乘以增大系数 1.4、1.2 和 1.1。

(4)短肢剪力墙边缘构件的设置应符合《建规》的规定。

(5)短肢剪力墙的全部竖向钢筋的配筋率,底部加强部位一、二级不宜小于 1.2%,三、四级不宜小于 1.0%;其他部位一、二级不宜小于 1.0%,三、四级不宜小于 0.8%。

(6)不宜采用一字形短肢剪力墙,不宜在一字形短肢剪力墙上布置平面外与之相交的单侧楼面梁。

3. 剪力墙的配筋

高层剪力墙结构的竖向和水平分布钢筋不应单排配置。剪力墙截面厚度不大于 400 mm 时,可采用双排配筋;大于 400 mm,但不大于 700 mm 时,宜采用三排配筋;大于 700 mm 时,宜采用四排配筋。各排分布钢筋之间拉筋的间距应不大于 600 mm,直径应不小于 6 mm。

为防止混凝土表面出现收缩裂缝,同时使剪力墙具有一定的平面外抗弯能力,高层建筑的剪力墙不允许单排配筋。高层建筑的剪力墙厚度大,当剪力墙厚度超过 400 mm 时,如果仅采用双排配筋,形成中部大面积的素混凝土,将导致剪力墙截面应力不均匀,因此,要采用三排或四排钢筋(每排钢筋包含水平分布钢筋及竖向分布钢筋)。截面设计所需要的配筋可分布在各排中,靠墙面的配筋可略大。

4. 双肢剪力墙

抗震设计的双肢剪力墙,其墙肢不宜出现小偏心受拉;当任一墙肢为偏心受拉时,另一墙肢的弯矩设计值及剪力设计值应乘以增大系数 1.25。

(1)剪力墙墙肢出现小偏心受拉时,墙肢极易出现裂缝,一旦出现水平通缝,必将严重降低其抗剪承载力,导致抗侧刚度严重退化,抗剪承载力不足。当该墙肢为双肢剪力墙的墙肢时,荷载(或作用)产生的剪力将转移到另一墙肢而导致另一墙肢的抗剪承载力不足。

(2)试验表明,在双肢剪力墙中,受压墙肢分配的剪力为双肢墙总剪力的70%~90%;双肢墙在极限状态下,由轴力拉压形成的抗倾覆力矩为外荷载(或作用)总倾覆力矩的 40%~70%。因此,应提高受压墙肢的设计剪力以提高墙肢的受剪承载力并适当加大墙肢的纵向钢筋。

(3)考虑地震作用的往复性,实际上双肢剪力墙中的两个墙肢都应该采取加强措施。

(4)实际工程中,对于重要工程及关键部位的墙肢,要关注其在设防地震作用下,墙肢由受压墙肢转变为受拉墙肢的情况,必要时应采取相应的结构措施。

5. 墙肢组合弯矩、剪力设计值

一级剪力墙的底部加强部位以上部位,墙肢的组合弯矩设计值和组合剪力设计值应乘以增大系数,弯矩增大系数可取 1.2,剪力增大系数可取 1.3。对弯矩(或剪力)的放大,是再放大对墙肢组合的弯矩(或剪力)的计算值。目的是通过配筋方式迫使一级剪力墙的塑性铰区位于墙肢的底部加强部位(底部加强部位不提高抗弯承载力,而是在底部加强部位以上采取提高墙肢抗弯和抗剪承载力的加强措施)。

6. 底部加强部位剪力墙的剪力设计

底部加强部位剪力墙截面的剪力设计值,一、二、三级时应按式(2.8)调整,抗震设防烈度为 9 度时一级剪力墙应按式(2.9)调整,二、三级的其他部位及四级时可不调整。

$$V = \eta_{vw} V_w \tag{2.8}$$

$$V = 1.1 \frac{M_{wua}}{M_w} V_w \tag{2.9}$$

式中:V 为底部加强部位剪力墙截面剪力设计值,kN;V_w 为底部加强部位剪力墙截面考虑地震作用组合的剪力设计值,kN;M_{wua} 为剪力墙正截面抗震受弯承载力,应考虑承载力抗震调整系数 γ_{RE}、采用实配纵筋面积、材料强度标准值和组合的轴力设计值等计算,有翼墙时应计入墙两侧各一倍翼墙厚度范围内的纵向

钢筋,kN;M_w为底部加强部位剪力墙底截面弯矩的组合计算值;η_{vw}为剪力增大系数,一级取1.6,二级取1.4,三级取1.2。

7. 边缘构件的设置

(1)以底层墙肢的轴压比作为判别是否设置约束边缘构件的依据,是建立在墙肢在底部加强部位高度范围内截面不变(或均匀变化)基础上的,也就是在底部加强部位的高度范围内,墙肢的最大轴压比应出现在墙底截面。底部加强部位及相邻上一层的剪力墙,当侧向刚度无突变时,墙的厚度不宜改变。对复杂工程,当剪力墙墙底截面的轴压比不是最大值时,应以底部加强部位高度范围内墙肢的最大轴压比数值来确定是否设置约束边缘构件。

(2)在剪力墙的约束边缘构件和构造边缘构件之间设置过渡层,可以避免剪力墙边缘构件设置的突变,实现平稳过渡。实际工程中,对复杂结构、结构设计的关键部位等均可参考相关规定,灵活设置剪力墙的过渡层,以避免剪力墙刚度及承载力的突变,改善结构的延性,提高剪力墙的抗震能力。

(3)实际工程中,在剪力墙底部加强部位以上楼层,由于剪力墙厚度变化过大(墙厚减小过于剧烈,实际工程中应加以避免),墙肢轴压比很大,此时,应注意设置约束边缘构件或至少应设置过渡层。

(4)结构设计中,为避免设置剪力墙约束边缘构件,常采用加厚底部加强部位剪力墙的做法,此时,应注意底部加强部位以上改变墙厚引起的轴压比变大的问题,当轴压比较大时,应考虑设置过渡层。

8. 剪力墙竖向和水平分布筋的最小配筋率

剪力墙竖向和水平分布钢筋的配筋率,一、二、三级时均不应小于0.25%,四级和非抗震设计时均不应小于0.20%。

9. 剪力墙竖向和水平分布筋直径及间距

剪力墙的竖向和水平分布钢筋的间距均不宜大于300 mm,直径不应小于8 mm。剪力墙的竖向和水平分布钢筋的直径不宜大于墙厚的1/10。

限制剪力墙分布钢筋间距和强制规定最小配筋率一样,都是避免墙肢的脆性破坏,可提高墙肢的抗震性能。

10. 顶层及楼电梯间剪力墙等

房屋顶层剪力墙、长矩形平面房屋的楼梯间和电梯间剪力墙、端开间纵向剪力墙以及端山墙的水平和竖向分布钢筋的配筋率均不应小于 0.25％，间距均不应大于 200 mm。

结构重要部位的剪力墙，其水平和竖向分布筋的配筋率宜适当提高，对温度、收缩应力较大的部位，水平分布筋的配筋率宜适当提高。

11. 对于剪压比不符合限值连梁的处理

(1)减小连梁截面高度或采取其他减小连梁刚度的措施。

(2)抗震设计剪力墙连梁的弯矩可塑性调幅；内力计算时已经按《建规》规定降低了刚度的连梁，其弯矩值不宜再调幅，或限制再调幅范围。此时，应取弯矩调幅后相应的剪力设计值校核其是否满足规定；剪力墙中其他连梁和墙肢的弯矩设计值宜视调幅连梁数量的多少而相应适当增大。

(3)当连梁破坏对承受竖向荷载无明显影响时，可按独立墙肢的计算简图进行第二次多遇地震作用下的内力分析，墙肢截面按两次计算的较大值计算配筋。

12. 连梁及墙的开洞处理

剪力墙开小洞口和连梁开洞应符合下列规定。

(1)剪力墙开有边长小于 800 mm 的小洞口且在结构整体计算中不考虑其影响时，应在洞口上、下和左、右配置补强钢筋，补强钢筋的直径应不小于 12 mm，截面面积应分别不小于被截断的水平分布钢筋和竖向分布钢筋的面积。

(2)穿过连梁的管道宜预埋套管，洞口上、下截面的有效高度不宜小于梁高的 1/3，且不宜小于 200 mm；被洞口削弱的截面应进行承载力验算，洞口处应配置补强纵向钢筋和箍筋，补强纵向钢筋的直径不应小于 12 mm。

2.3　框架-剪力墙结构设计

2.3.1　一般规定

1. 框架-剪力墙结构相应的设计方法

框架-剪力墙结构采用的形式有片式剪力墙、带边框剪力墙、与框架分离式剪力墙、混合式剪力墙。

抗震设计的框架-剪力墙结构,应根据在规定的水平力作用下结构底层框架部分承受的地震倾覆力矩与结构总地震倾覆力矩的比值,确定相应的设计方法,并应符合下列要求。

(1)框架部分承受的地震倾覆力矩不大于结构总地震倾覆力矩的10%时,按剪力墙结构设计,此时,剪力墙的抗震等级可按剪力墙结构确定,其侧向位移控制指标按剪力墙结构采用。房屋的最大适用高度按框架-剪力墙结构确定,框架部分应按框架-剪力墙结构进行设计。

(2)当框架部分承受的地震倾覆力矩大于结构总地震倾覆力矩的10%但不大于50%时,按框架-剪力墙结构的规定进行设计。其中,剪力墙是结构的主要抗侧力构件,是结构抗震的第一道防线,框架部分是次要的抗侧力构件,是抗震设防的第二道防线。

(3)当框架部分承受的地震倾覆力矩大于结构总地震倾覆力矩的50%但不大于80%时,按框架-剪力墙结构设计,其最大适用高度可比框架结构适当增加,框架部分的抗震等级和轴压比限值宜按框架结构的规定采用,剪力墙部分的抗震等级和轴压比限值宜按框架-剪力墙结构的规定采用。当结构的层间位移角不满足框架-剪力墙结构的规定时,可按照有关规定进行结构抗震性能分析和论证。在进行结构设计时,由于其抗震性能较差,应尽量避免使用该种结构体系。

其实,影响框架-剪力墙结构体系的因素有很多,如倾覆力矩比、剪力分摊比等,其中倾覆力矩比是一个主要因素。在实际工程中对地震倾覆力矩比进行计算时,应以“规范算法”为主,即以《建筑抗震设计规范》(GB 50011—2010)规定的简化公式计算”为主,必要时可采用“轴力算法”进行补充及比较计算,即按倾覆力矩的定义,考虑弯矩、剪力及轴力等的综合影响。对于一般结构(竖向规则)可只考察底层的倾覆力矩比,而对于复杂结构、超限建筑工程等,宜审核其底部加强部位每一层的倾覆力矩比。

2. 框架-剪力墙结构的结构布置原则

框架-剪力墙结构的布置要注意遵守以下原则。

(1)框架-剪力墙结构应设计成双向抗侧力体系;抗震设计时,结构两主轴方向均应布置剪力墙。

(2)框架-剪力墙结构中,主体结构构件之间除个别节点外不应该采用铰接,“个别节点”主要是指梁(连梁)的端节点,如当梁与剪力墙厚度方向相连时剪力墙连梁、剪力墙与框架柱之间的连梁等;梁与柱或柱与剪力墙的中线宜重合;框架梁、柱中心线之间有偏离时,应符合《建规》的有关规定。

(3)框架-剪力墙结构中剪力墙的布置宜符合下列规定:

①剪力墙宜均匀布置在建筑物的周边附近、楼梯间、电梯间、平面形状变化及恒载较大的部位,间距不宜过大;

②平面形状凹凸较大的部位,宜在凸出部分的端部附近布置剪力墙;

③纵、横剪力墙宜组成 L 形、T 形和[形等形式;

④剪力墙宜均匀,即剪力墙分布和剪力墙截面尺寸均匀,应避免剪力墙截面尺寸过大而吸收过大的地震作用,因此单片剪力墙底部承担的水平剪力不宜超过结构底部总水平剪力的 30%;

⑤剪力墙宜贯通建筑物的全高,避免刚度突变;剪力墙开洞时,洞口宜上下对齐;

⑥楼(电)梯间等竖井宜尽量与靠近的抗侧力结构结合布置;

⑦抗震设计时,剪力墙的布置宜使结构各主轴方向的侧向刚度接近。

通过满足以上规定,剪力墙的布置可以达到均匀、分散以及对称、周边布置的要求。

均匀、分散:剪力墙宜片数较多,均匀、分散地布置在建筑平面上。

对称:剪力墙在结构单元的平面上应尽可能对称布置,使水平作用线尽可能靠近刚度中心,避免产生过大的扭转。

周边布置:剪力墙尽可能布置在建筑平面周边,以加大其抗扭转的力臂,提高其抵抗扭转的能力。

(4)长矩形平面或平面有一部分较长的建筑中,其剪力墙的布置尚应符合下列要求。

①横向剪力墙沿长方向的间距宜满足相关要求,当剪力墙之间的楼盖有较大开洞时,剪力墙的间距应适当减小。控制剪力墙间距主要有两个目的:一是保证楼盖平面内的刚性。楼盖必须有足够的平面内刚度,才能将水平剪力传递到两端的剪力墙,发挥剪力墙作为主要抗侧力结构的作用。二是减小框架的负担。楼盖弯曲变形将导致框架侧移增大,框架水平剪力成倍增大。

②纵向剪力墙不宜集中布置在房屋的两端。纵向剪力墙布置在平面的尽端时,会对楼盖造成约束作用,楼板中部的梁板容易因混凝土收缩和温度变化而出现裂缝。这种现象在工程实践中普遍存在,应在设计时予以重视。

3. 板柱-剪力墙结构的结构布置原则

板柱-剪力墙结构的布置应符合下列规定。

(1)应同时布置筒体或两主轴方向的剪力墙以形成双向抗侧力体系,并避免结构刚度偏心,其中剪力墙或筒体应分别符合有关规定,且宜在对应剪力墙或筒体的各楼层处设置暗梁。

(2)抗震设计时,房屋的周边应设置边梁形成框架梁,房屋的顶层及地下室顶板宜采用梁板结构。

(3)有楼(电)梯间等较大开洞时,洞口周围宜设置框架梁或边梁。

(4)无梁板可根据承载力和变形要求采用无柱帽板或有柱帽板形式。当采用托板式柱帽时,托板的长度和厚度应按计算确定,且各方向长度不宜小于板跨度的 1/6,其厚度不宜小于无梁板厚度的 1/4;抗震设防烈度为 7 度时宜采用有柱托板,8 度时应采用有柱托板,此时托板各方向长度尚应不小于同方向柱截面宽度与 4 倍板厚度之和,托板总厚度尚应不小于 16 倍柱纵筋直径。当无柱托板且无梁板受冲切承载力不足时,可采用型钢剪力架(键),此时板的厚度不应小于200 mm。

4. 各层板柱、剪力墙抗剪承载力要求

抗风设计时,板柱-剪力墙结构中各层筒体或剪力墙应能承担不小于 80% 相应方向该层承担的风荷载作用下的剪力;抗震设计时,板柱-剪力墙结构中各层横向及纵向剪力墙能承担相应方向该层的全部地震剪力;各层板柱部分除应符合有关抗震构造要求外,尚应能承担不少于该层相应方向 20% 的地震剪力。

2.3.2 截面设计及构造

1. 框架-剪力墙结构、板柱-剪力墙结构中剪力墙最小配筋要求

框架-剪力墙结构、板柱-剪力墙结构中,剪力墙的竖向、水平分布钢筋的配筋率,抗震设计时均不应小于 0.25%,非抗震设计时,均不应小于 0.20%,并应至少双排布置。各排分布钢筋之间设置拉筋,拉筋的直径不应小于 6 mm、间距不应大于 600 mm。

2. 带边框剪力墙的构造要求

带边框剪力墙的构造应符合下列规定。

(1)带边框剪力墙的截面厚度应符合《建规》的墙体稳定性计算要求,且应符合下列规定:

①抗震设计时,一、二级剪力墙的底部加强部位不应小于 200 mm;

②除①之外的其他情况下不应小于 160 mm。

(2)剪力墙的水平钢筋应全部锚入边框柱内,锚固长度不应小于 l_a(非抗震设计)或 l_{aE}(抗震设计)。

(3)与剪力墙重合的框架梁可保留,也可以做成宽度与墙厚相同的暗梁,暗梁截面高度可取墙厚的 2 倍或与该幅框架梁截面等高,暗梁的配筋可按构造配置且符合一般框架梁相应抗震等级的最小配筋要求。

(4)剪力墙截面宜按工字形设计,其端部的纵向受力钢筋应配置在边框柱截面内。

(5)边框柱截面宜与该榀框架其他柱的截面相同,边框柱应符合有关框架柱构造配筋要求;剪力墙底部加强部位边框柱的箍筋宜沿全高加密;当带边框剪力墙上的洞口紧邻边框柱时,边框柱的箍筋宜沿全高加密。

3. 板柱-剪力墙结构截面设计要求

板柱-剪力墙结构设计应符合下列规定。

(1)结构分析中规则的板柱结构可用等代框架法,其等代梁的宽度宜采用垂直于等代框架方向两侧柱距各 1/4;有条件时或对不规则结构,宜采用连续体有限元空间模型进行更准确的计算分析。

(2)楼板在柱周边临界截面的冲切应力不宜超过 $0.7f_y$,超过时应配置抗冲切钢筋(包括箍筋、弯起钢筋和剪力架等)或抗剪栓钉,抗剪栓钉的布置相对灵活,施工较方便,且具有良好的抗冲切性能,还能节约钢材,应优先选用;当地震作用导致柱上板带支座弯矩反号时,还应进行反向复核。板柱节点冲切承载力可按现行国家标准《混凝土结构设计规范》(GB 50010—2010)的相关规定进行验算,并应考虑节点不平衡弯矩作用下产生的剪力影响。

(3)板柱-剪力墙结构中,沿两个主轴方向均应布置通过柱截面的板底连续钢筋,且钢筋的总截面面积应符合下式的要求:

$$A_s \gg N_G / f_y \qquad (2.10)$$

式中:A_s 为通过柱截面的板底连续钢筋的总截面面积,mm^2;N_G 为该层楼面重力荷载代表值作用下的柱轴向压力设计值,kN,抗震设防烈度为 8 度时尚应计入竖向地震影响;f_y 为通过柱截面的板底连续钢筋的抗拉强度设计值。

2.4 高层筒体结构设计

2.4.1 一般规定

1.筒体结构设计基本原则

(1)研究表明,筒中筒结构的空间受力性能与其高度和高宽比有关。筒中筒结构的高度不宜低于 80 m,高宽比不应小于 3。

(2)可以同时采用框架-核心筒结构和框架-剪力墙结构时,应优先考虑采用抗震性能相对较好的框架-核心筒结构,以提高结构的抗震性能;但对于高度不超过 60 m 的框架-核心筒结构,可按框架-剪力墙结构进行设计,适当降低核心筒和框架的构造强度,减小经济成本。

(3)当相邻层的柱不贯通时,应设置转换梁等构件,防止结构竖向传力路径被打断而引起结构侧向刚度的突变,并形成薄弱层。

(4)筒体结构的角部属于受力较为复杂的部位,在竖向力作用下,楼盖四周外角要上翘,但受外框筒或外框架的约束,楼板处常会出现斜裂缝,因此筒体结构的楼盖外角宜设置双层双向钢筋,单层单向配筋率不宜小于 0.3%,钢筋的直径不应小于 8 mm,间距不应大于 150 mm,配筋范围不宜小于外框架(或外筒)至内筒外墙中距的 1/3 和 3 m。

(5)核心筒或内筒的外墙与外框柱间的中距,非抗震设计大于 15 m、抗震设计大于 12 m 时,宜采取增设内柱等措施。这样能有效加强核心筒与外框筒的共同作用,使基础受力较为均匀,同时避免设置较高的楼面梁;但当距离不是很大时,应避免设置内柱,防止造成内柱对核心筒竖向荷载的"屏蔽",从而影响结构的抗震性能。

(6)进行抗震设计时,框筒柱和框架柱的轴压比限值可按框架-剪力墙结构的规定采用。

(7)楼盖主梁不宜搁置在核心筒或内筒的连梁上。这是因为连梁作为主要的耗能构件,在地震作用下将产生较大的塑性变形,当连梁上有承受较大楼面荷载的梁时,还会使连梁产生较大的附加剪力和扭矩,易导致连梁的脆性破坏。在实际工程中,可改变楼面梁的布置方式,采取楼面梁与核心筒剪力墙斜交连接或设置过渡梁等办法避让。

2. 核心筒或内筒设计原则

(1)核心筒或内筒中剪力墙截面形状宜简单,在进行简化处理时,可以提高计算分析的准确性;限于与结构简化计算假定及结构计算模型的合理性相差较大,截面形状复杂的墙体直接得出的计算结果往往难以运用,为此应进行必要的补充分析计算,并进行包络设计,可按应力进行截面校核。

(2)为避免出现小墙肢等薄弱环节,核心筒或内筒的外墙不宜在水平方向连续开洞,且洞间墙肢的截面高度不宜小于 1.2 m;当出现小墙肢时,还应按框架柱的构造要求限制轴压比、设置箍筋和纵向钢筋,同时由于剪力墙与框架柱的轴压比计算方法不同,对小墙肢的轴压比限制应按两种方法分别计算,并进行包络设计;另外当洞间墙肢的截面高度与厚度之比小于 4 时,宜按框架柱进行截面设计。

(3)筒体结构核心筒或内筒设计应符合下列规定:

①墙肢宜均匀、对称布置;

②筒体角部附近不宜开洞,当不可避免时,筒角内壁至洞口的距离不应小于 500 mm 和开洞墙截面厚度的较大值;

③筒体墙应按《建规》验算墙体稳定性,且外墙厚度不应小于 200 mm,内墙厚度不应小于 160 mm,必要时可设置扶壁柱或扶壁墙;

④筒体墙的水平、竖向配筋不应少于两排,其最小配筋率应符合《建规》的相关规定;

⑤抗震设计时,核心筒、内筒的连梁宜配置对角斜向钢筋或交叉暗撑。

3. 筒体结构中框架的地震剪力要求

抗震设计时,在满足楼层最小剪力系数要求后,筒体结构的框架部分按侧向刚度分配的楼层地震剪力标准值应符合下列规定。

①框架部分分配的楼层地震剪力标准值的最大值不宜小于结构底部总地震剪力标准值的 10%。

②当框架部分分配的地震剪力标准值的最大值小于结构底部总地震剪力标

准值的 10％时,各层框架部分承担的地震剪力标准值应增大到结构底部总地震剪力标准值的 15％;此时,各层核心筒墙体的地震剪力标准值宜乘以增大系数1.1,但可不大于结构底部总地震剪力标准值,墙体的抗震构造措施应按抗震等级提高一级后采用,已为特一级的可不再提高。

③当某一层框架部分分配的地震剪力标准值小于结构底部总地震剪力标准值的 20％,但其最大值不小于结构底部总地震剪力标准值的 10％时,应按结构底部总地震剪力标准值的 20％和框架部分楼层地震剪力标准值中最大值的 1.5倍二者的较小值进行调整。

④按以上②或③条调整框架柱的地震剪力后,框架柱端弯矩及与之相连的框架梁端弯矩、剪力应进行相应的调整。

⑤有加强层时,加强层框架的刚度突变,常引起框架剪力的突变,因此上述框架部分分配的楼层地震剪力标准值的最大值不应包括加强层及其上、下层的框架剪力,即其不作为剪力调整时的判断依据,加强层的地震剪力不需要调整。

2.4.2 框筒结构的剪力滞后现象

框筒是由建筑外围的深梁、密排柱和楼盖构成的筒状结构。在水平荷载作用下,同一横截面各竖向构件的轴力分布,与按平截面假定的轴力分布有较大的出入。图 2.1 为某框筒在水平荷载下各竖向构件的轴力分布图。其中虚线表示符合平截面假定的轴力分布,实线表示框筒的实际轴力,可以看出,角柱的轴力明显比按平截面假定的轴力大,而其他柱的轴力则比按平截面假定的轴力小,且离角柱越远,轴力的减小越明显。这种现象叫做“剪力滞后”现象。

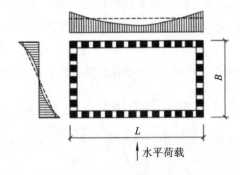

图 2.1　框筒结构的轴力分布

事实上,剪力滞后现象在结构构件中普遍存在。如宽翼缘的 T 形、工字形及箱形截面梁中,均存在剪力滞后现象。下面以箱形截面为例,对剪力滞后现象进行解释。

图 2.2 是箱形截面的剪应力的分布情况,图中箭头代表剪应力的方向。腹板的剪应力分布与一般矩形截面类似,呈抛物线分布。翼缘部分既有竖向的剪应力,又有水平方向的剪应力。其中竖向剪应力很小,可以忽略(图中未标出);水平方向的剪应力沿宽度方向线性变化,当翼缘很宽时,其数值会很大。水平剪应力分布不均匀会引起平截面发生翘曲,即使得纵向应变在翼缘宽度范围内不相等,因而其正应力沿宽度方向不再均匀分布(应变不再符合平截面假定)。靠近腹板位置的正应力大,远离腹板位置的正应力小,即出现"剪力滞后"现象。

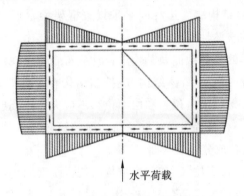

水平荷载

图 2.2　箱形截面的切应力分布

对于框筒结构,剪力滞后使部分中柱的承载能力得不到发挥,结构的空间作用减弱。裙梁的刚度越大,剪力滞后效应越小;框筒的宽度越大,剪力滞后效应越明显。为减小剪力滞后效应,应限制框筒的柱距、控制框筒的长宽比。同时,设置斜向支撑和加劲层也是减小剪力滞后效应的有效措施。在框筒结构竖向平面内设置 X 形支撑,可以增大框筒结构的竖向剪切刚度,减小截面剪切应力不均匀引起的平面外的变形,从而减小剪力滞后效应。在钢框筒结构中常采用这种方法。加劲层则一般设置在顶层和中间设备层。

2.4.3　框架-核心筒结构

根据框架-核心筒结构的受力特点,对其所采取的结构措施与一般框架-剪力墙结构有明显的差异,具体如下。

(1)核心筒宜贯通建筑物全高。核心筒的宽度不宜小于筒体总高的 1/12,当筒体结构设置角筒、剪力墙或增强结构整体刚度的构件时,核心筒的宽度可适当减小。工程经验表明,当核心筒宽度尺寸过小时,结构的整体技术指标(如层

间位移角)将难以满足规范的要求。

（2）抗震设计时，核心筒墙体设计尚应符合下列规定：

①底部加强部位主要墙体的水平和竖向分布钢筋的配筋率均不宜小于0.30%；

②底部加强部位角部墙体约束边缘构件沿墙肢的长度宜取墙肢截面高度的1/4，约束边缘构件范围内应主要采用箍筋；

③底部加强部位以上角部墙体宜按《建规》的相关规定设置约束边缘构件；

④底部加强部位及相邻上一层，当侧向刚度无突变时，不宜改变墙体厚度。

（3）框架-核心筒结构的周边柱间必须设置框架梁。工程实践表明，设置周边梁，可提高结构的整体性。

（4）核心筒连梁的受剪截面及其构造设计应符合相关规定。

（5）对内筒偏置的框架-筒体结构，应控制结构在考虑偶然偏心影响的规定地震力作用下，最大楼层水平位移和层间位移不应大于该楼层平均值的 1.4 倍，结构扭转为主的第一自振周期 T_1 与平动为主的第一自振周期 T_1 之比不应大于 0.85，且 T_1 的扭转成分不宜大于 30%。

（6）当内筒偏置、长宽比大于 2 时，结构的抗扭刚度偏小，其扭转与平动的周期比将难以满足规范的要求，宜采用框架-双筒结构，双筒可增强结构的抗扭刚度，减小结构在水平地震作用下的扭转效应。

（7）在框架-双筒结构中，双筒间的楼板作为协调两侧筒体的主要受力构件，因传递双筒间的力偶会产生较大的平面剪力，因此，对双筒间开洞楼板应提出更为严格的构造要求：其有效楼板宽度不宜小于楼板典型宽度的 50%，洞口附近楼板应加厚，并应采用双层双向钢筋，每层单向配筋率不应小于 0.25%，并要求其按弹性板进行细化分析。

2.4.4 筒中筒结构

筒中筒结构设计时应满足如下一些特殊规定。

1. 筒中筒结构平面选型

（1）筒体结构的空间作用与筒体的形状有关，采用合适的平面形状可以减小剪力滞后现象，使结构可以更好地发挥空间受力性能。筒中筒结构的平面外形宜选圆形、正多边形、椭圆形或矩形等，内筒宜居中。

（2）矩形平面的长宽比不宜大于 2，这也是为了避免剪力滞后现象。

（3）为改善空间结构的受力性能、减小剪力滞后现象，三角形平面宜切角，外筒的切角长度不宜小于相应边长的 1/8，其角部可设置刚度较大的角柱或角筒；内筒的切角长度不宜小于相应边长的 1/10，切角处的筒壁宜适当加厚。

2. 筒中筒结构截面及构造设计要求

（1）内筒的宽度可为高度的 $1/15 \sim 1/12$，如有另外的角筒或剪力墙，内筒平面尺寸还可适当减小。内筒宜贯通建筑物全高，竖向刚度宜均匀变化。

（2）外框筒应符合下列规定：

①柱距宜不大于 4 m，框筒柱的截面长边应沿筒壁方向布置，必要时可采用 T 形截面；

②洞口面积不宜大于墙面面积的 60%，洞口高宽比宜与层高与柱距的比值相近；

③外框筒梁的截面高度可取柱净距的 1/4；

④角柱截面面积可取中柱的 $1 \sim 2$ 倍。

（3）外框筒梁和内筒连梁是筒中筒结构中的主要受力构件，在水平地震作用下，梁端承受着弯矩和剪力的反复作用。由于梁高大、跨度小，应采取比一般框架梁更为严格的抗剪措施。《建规》规定，外框筒梁和内筒连梁的构造配筋应符合下列要求：

①非抗震设计时，箍筋直径不应小于 8 mm；抗震设计时，箍筋直径不应小于 10 mm；

②非抗震设计时，箍筋间距不应大于 150 mm；抗震设计时，箍筋间距沿梁长不变，且不应大于 100 mm，当梁内设置交叉暗撑时，箍筋间距不应大于 200 mm；

③框筒梁上、下纵向钢筋的直径均不应小于 16 mm，腰筋的直径不应小于 10 mm，腰筋间距不应大于 200 mm。

（4）跨高比不大于 2 的外框筒梁和内筒连梁宜增配对角斜向钢筋。跨高比不大于 1 的外框筒梁和内筒连梁应采用交叉暗撑，且应符合下列规定。

①梁的截面宽度不宜小于 400 mm。

②全部剪力应由暗撑承担。每根暗撑应由不少于 4 根纵向钢筋组成，纵筋直径不应小于 14 mm，其总面积 A_s 应按下列公式计算：

持久、短暂设计状况

$$A_s \geqslant \frac{V_b}{2f_y \sin\alpha} \tag{2.11}$$

地震设计状况

$$A_s \gg \frac{\gamma_{RE} V_b}{2 f_y \sin\alpha} \tag{2.12}$$

式中:α 为暗撑与水平线的夹角。

③两个方向暗撑的纵向钢筋应采用矩形箍筋或螺旋箍筋绑成一体,箍筋直径不应小于 8 mm,箍筋间距不应大于 150 mm。

④纵筋伸入竖向构件的长度应不小于 l_{al},非抗震设计时 l_{al} 可取 l_a,抗震设计时 l_{al} 宜取 $1.15l_a$。

2.5 地下室和基础设计

2.5.1 一般规定

高层建筑设置地下室,可以加大建筑物的埋深,加强其侧向约束,提高建筑物的稳定性,对其抗风和抗震都有利,因此高层建筑宜设地下室。对于一些特殊工程(如岩石地基上的高层建筑),不方便设置地下室时,应加强对高层建筑稳定性的验算,必要时应采用抗震性能优化设计,对高层建筑的稳定性可按中震验算。

1. 高层建筑的场址选择

在地震区,高层建筑宜避开对抗震不利的地段;当条件不允许避开不利地段时,应采取可靠措施,使建筑物在地震时不致由于地基失效而破坏,或者产生过量下沉或倾斜。

实际工程中,当条件不容许避开不利地段时,应确定不利地段的性质,采取地基加固处理、采用桩基础或整体性较好的筏板基础等措施,避免地震时地基失效或产生过量下沉或倾斜。

2. 高层建筑基础的一般要求

1)基础设计总体要求

(1)在进行高层建筑基础设计时,应综合考虑建筑场地的工程地质(土层结构及分布、岩土的工程力学性能)和水文地质状况(地下水的类型及其分布)、上部结构的类型和房屋高度、施工技术和经济条件等因素,确保建筑物不致发生过量沉降或倾斜,满足建筑物正常使用要求;还应了解邻近地下构筑物及各项地下设施的位置和标高等,减少与相邻建筑物的相互影响。

(2)基础设计宜采用当地成熟可靠的技术,如对于湿陷性黄土地基的处理,可根据湿陷的程度结合当地经验确定采用灰土换填方法、素土桩或灰土桩法处理。

(3)宜考虑基础与上部结构相互作用的影响。基础与上部结构是不可分割的两部分,上部结构对地基的沉降及基础内力的影响明显,而地基的沉降也会使上部结构构件产生塑性内力重分布,导致上部结构实际受力状态改变。

在一般工程结构设计中,对于上部结构和地基基础多采用分离式设计方法,即上部结构设计时,不考虑地基沉降对上部结构的影响(上部结构的嵌固端为绝对嵌固,未考虑地基沉降的影响),而地基基础设计时又不考虑上部结构的作用。这种设计方法沿用至今,未出现明显的工程问题,说明上部结构实际存在较大的空间作用,上部结构塑性内力重分布的潜力要比预期的大,同时也说明采用弹性计算模型与地基的实际工作状况还存在较大的差异。对于特殊工程,在采用传统设计方法的同时,应采用考虑上部结构与地基基础相互影响的设计方法进行补充设计。

(4)基础施工期间需要降低地下水位的,应采取避免影响邻近建筑物、构筑物、地下设施等安全和正常使用的有效措施。同时还应注意施工降水的时间要求,避免停止降水后水位过早上升,使建筑物发生上浮等问题。同时,在特殊情况下,如暴雨造成基坑实际水位急剧升高,应采取必要应急措施。

(5)高层建筑主体结构基础底面形心宜与永久作用重力荷载重心重合;当采用桩基础时,桩基的竖向刚度中心宜与高层建筑主体结构永久重力荷载重心重合。这主要是为了减小基础的倾斜,由于高层建筑质心高、荷载重,对基础底面难免会有偏心,在建筑物沉降的过程中,其总重量对基础底面形心将会产生新的倾覆力矩增量,而此倾覆力矩增量又产生新的倾斜增量,这样反复,直至地基变形稳定为止。若基础底面形心与荷载重心有较大偏心距,则很可能产生影响建筑物安全的倾斜。

2)基础形式的选择

高层建筑应采用整体性好、能满足地基的承载力和建筑物容许变形要求并能调节不均匀沉降的基础形式;宜采用筏形基础或带桩的筏形基础,必要时可采用箱形基础。当地质条件好且能满足地基承载力和变形要求时,也可采用交叉

梁基础或其他形式的基础;当地基承载力或变形不能满足设计要求时,可采用桩基或复合地基。

3)基础埋深的确定

基础应有一定的埋置深度。在确定埋置深度时,应综合考虑建筑物的高度、体型、地基土质、抗震设防烈度等因素。在软土、抗震设防烈度高、场地条件差的情况下,应采用较大的埋置深度。

埋置深度一般取室外地坪至基础底面的距离,当基础采用下反的局部加厚板或承台时,基础埋深只算至基础底面,即不考虑局部加厚的影响;当主楼下基础底板或承台板整体加厚时,基础埋深可算至加厚的基础板底面。

根据《建规》规定,埋置深度宜符合下列要求:

(1)天然地基或复合地基,可取房屋高度的 1/15;

(2)桩基础,可取房屋高度的 1/18(桩长不计在内)。

当建筑物采用岩石地基或采取有效措施时(如在柱下设置锚杆、反柱帽等),在满足地基承载力、稳定性要求及规定的前提下,基础埋深可比上述两条的规定适当放松,放松的幅度应根据工程经验确定,当无工程经验时,在满足《建筑地基基础设计规范》(GB 50007—2011)(以下简称《地基规范》)要求的情况下,可取不小于 0.5 m。当地基可能产生滑移时,应采取有效的抗滑移措施。

4)基础底面应力要求

根据《建规》规定:在重力荷载与水平荷载标准值或重力荷载代表值与多遇水平地震标准值共同作用下,高宽比大于 4 的高层建筑,基础底面不宜出现零应力区;高宽比不大于 4 的高层建筑,基础底面与地基之间零应力区面积不应超过基础底面面积的 15%,质量偏心较大的裙楼与主楼可分开计算基底应力。

然而,在结构设计时往往发现,以高宽比作为控制基础底面与地基土之间零应力区面积的限值并不妥当。对于整体式基础来说,只可用于基础尺寸与上部结构相同的情形;同时,按上述条文规定对基础底面与地基土之间零应力区面积进行控制时,当建筑高宽比的数值在 4 附近时,控制标准跳跃太大,不连续;另外,在规定对地基的零应力区面积限值时,未规定基础形式。当地基零应力区面积限值相同时,不同基础形式下的限值标准应各不相同;条文中对"质量偏心较大"未给出具体要求。

为既满足规范条文的要求,又方便实际的结构设计,提出以下几点建议。

(1)考虑到地下室的扩展及基础的"飞挑"都有利于房屋的稳定,对整体式基础(如箱基和筏基),按房屋高度 H 与基础底面有效宽度 B 的比值来确定零应力区的限值更加合理。当地下室较大时,B 的取值宜不大于房屋宽度 b 及其两侧相关范围内的宽度之和;对非整体式基础(如单独基础、局部联合基础等),可按规范的规定进行,即以"房屋的高宽比"控制零应力区的限值要求。

(2)考虑到连续性要求,建议当 $H/B>4$ 时,按图 2.3(a)控制基础底面的零应力区面积;当 $H/B\leqslant 3$ 时,按图 2.3(b)控制基础底面的零应力区面积;$3<H/B\leqslant 4$ 时,可按线性内插法确定基础底面的零应力区面积。

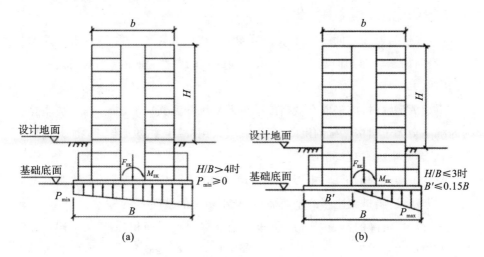

图 2.3　基底零应力区限值要求

(3)"质量偏心距较大"可按《地基规范》来理解。

(4)当主楼和裙房采用不同的基础形式,或基础的刚度明显不同,或质量偏心较大时,裙房与主楼的基底应力区可分别计算。

(5)当基础双向受力时,可按两个单向受力基础分别验算(注意:按单向受力基础验算时,每个方向的轴力均应取总轴力),两方向均应满足零应力区面积的限值要求。

5)主楼与裙房基础间沉降缝设置

高层建筑的基础和与其相连的裙房的基础间设置沉降缝时,可以减小两者的沉降差,但裙房的结构内力及沉降量仍受到主楼基础的沉降影响,同时设置沉降缝不利于高层建筑的结构稳定以及抗震性能,因此,设置沉降缝时,应考虑高层主楼基础有可靠的侧向约束及有效埋深,并可以采取一些措施消除其不利影响。常用的措施有以下几点:

（1）裙房不设地下室或减少裙房地下室的层数以及增加主楼地下室的层数，使主楼基础仍有一定的埋置深度及侧向约束；

（2）裙房与主楼地下室墙壁之间，当采用缝内填砂做法时，在考虑地下室的防水做法后应留有一定的净宽（一般不宜小于 500 mm），并用砂填实沉降缝，以利于地下室土压力的传递及地下室的侧向约束；当采用外墙反贴防水时，应留足适当的防水做法厚度（一般不宜小于 200 mm）；

（3）紧靠主楼的裙房框架梁，应适当考虑沉降差产生的内力，或采取消除这些内力的措施，如裙房后施工等；

（4）主楼与窗井之间一般不设沉降缝，并在窗井顶部设置与主梁相连的拉梁，以提高挡土墙的侧向刚度，也可采用间断式的窗井，使主楼基础仍具有一定的侧向约束。

不设沉降缝时，应采取有效措施减少差异沉降及其影响。一般来说，主楼基础的沉降会大于裙房基础的沉降，所以一般采用"减少主楼沉降"和"加大裙房沉降"相结合的措施来减少沉降差异。

减少主楼沉降的措施：主楼下进行地基处理（如 CFG 桩等），采取调整基底压力的办法，适当扩大主楼的基底面积，减小裙房的基底面积。

加大裙房沉降的措施：严格控制裙房柱下基础的底面积等；裙房采用整体刚度相对偏小的基础形式，如不采用筏基而采用独立柱基或条形基础，有防水要求时，裙房地下室可采用另加防水板的方法，此时防水板下宜铺设干焦渣或聚苯胶板等松散材料（注意独立柱基下持力层地基承载力特征值，应以防水板及其以上室内地面荷重的折算土层高度作为基础的有效埋深来修正），以利于防水板自由下沉；裙房基础也可置于压缩性较高的土层上，以调整两者的沉降差。

2.5.2　地下室设计

1. 上部结构的嵌固部位

地下室大部分位于地面以下，对上部结构具有嵌固作用。在进行上部结构计算时，嵌固部位的选取应根据地下室刚度确定。

当取高层建筑地下室顶板作为上部结构的嵌固部位时，应符合下列规定。

（1）地下室顶板应避免开设大洞口，其混凝土强度等级应符合有关规定；楼盖设计应符合《建规》的有关规定。

（2）地下一层与相邻上层的侧向刚度比应符合《建规》的相关规定。

（3）地下室顶板对应于地上框架柱的梁柱节点设计应符合下列要求之一：

①地下一层柱截面每侧的纵向钢筋面积除应符合计算要求之外，应不少于地上一层对应于柱每侧纵向钢筋面积的 1.1 倍；地下一层梁端顶面和底面的纵向钢筋应比计算值增大 10% 采用；

②地下一层柱每侧的纵向钢筋面积不小于地上一层对应柱每侧纵向钢筋面积的 1.1 倍且地下室顶板梁柱节点左右梁截面与下柱上端同一方向实配的受弯承载力之和不小于地上一层对应于柱下端实配的受弯承载力的 1.3 倍。其中，梁端截面实配的受弯承载力应根据实配钢筋面积（计入受压钢筋）和材料强度标准值等确定，柱端实配的受弯承载力应根据轴力设计值、实配钢筋面积及材料强度标准值等确定。

（4）地下室至少一层与上部对应的剪力墙墙肢端部边缘构件的纵向钢筋截面面积应不小于地上一层对应的剪力墙墙肢边缘构件的纵向钢筋截面面积。

2. 地下室的抗浮设计

高层建筑地下室设计，应综合考虑上部荷载、岩土侧压力及地下水的不利影响。其中，地下水往往是百害而无一利的。当地下水具有腐蚀性时，地下室外墙及底板应采取相应的防腐蚀措施；当存在地下水时，地下室必须进行结构抗浮验算，并满足整体抗浮和局部抗浮的要求。关于地下室抗浮验算，国家规范和各地方规范及相关专门规范提出了不同的要求，应根据工程所在地和工程的具体情况执行相应的规定。当工程所在地无具体规范时，可参考执行国家《地基规范》的规定。

当局部抗浮不能满足要求时，应通过增加结构的刚度（主要是局部抗浮不足部位及其周围结构），由周围结构承担局部抗浮不足而多余的水浮力。

当整体抗浮不满足要求时，一般可从"抗"和"消"两个方面采取措施。其中，属于"抗"方面的方法主要有两种：①自重平衡法，即采用回填土、石或混凝土（或重度不小于 30 kN/m^3 的钢渣混凝土）等手段来平衡地下水浮力；②抗力平衡法，即设置抗拔锚杆或抗拔桩来全部消除或部分消除地下水浮力对结构的影响。而属于"消"方面的方法主要是浮力消除法，即采取疏、排水措施，使地下水位保持在预定的标高之下，减小或者消除地下水对建筑（构筑）物的浮力，从而达到建筑（构筑）物抗浮的目的。上述属于"抗"范畴的方法能解决大部分工程的抗浮问题，但对地下水浮力很大的工程投资大，费用高；而属于"消"范畴的方法处理得

当,可以获得比较满意的经济、技术效果。因此,在进行抗浮设计时,应根据工程需要,选择适当的方法,有时需要综合采用上述方法,实现建筑(构筑)物的抗浮。

3. 地下室的构造设计

(1)高层建筑地下室宜不设置变形缝。当地下室长度超过伸缩缝最大间距时,可考虑利用混凝土后期强度,降低水泥用量;也可每隔30～40 m设置贯通顶板、底部及墙板的施工后浇带。后浇带宜设置在柱距三等分的中间范围内以及剪力墙附近,其方向宜与梁正交,沿竖向应在结构同跨内;底板及外墙的后浇带宜增设附加防水层;后浇带封闭时间宜滞后45 d以上,其混凝土强度等级应提高一级,并宜采用无收缩混凝土,低温入模。

(2)高层建筑主体结构地下室底板与扩大地下室底板交界处,其截面厚度和配筋应适当加强。

(3)高层建筑地下室外墙设计应满足水土压力及地面荷载侧压作用下承载力要求,其竖向和水平分布钢筋应双层双向布置,间距不宜大于150 mm,配筋率不宜小于0.3%。

(4)高层建筑地下室外周回填土应采用级配砂石、砂土或灰土,并分层夯实。

(5)有窗井的地下室,应设外挡土墙,挡土墙与地下室外墙之间应有可靠连接。

2.5.3 基础设计

1. 基础设计概述

(1)高层建筑基础设计应以减小长期重力荷载作用下地基变形、差异变形为主。计算地基变形时,传至基础底面的荷载效应采用正常使用极限状态下荷载效应的准永久组合,不计入风荷载和地震作用;按地基承载力确定基础底面积及埋深或按桩基承载力确定桩数时,传至基础或承台底面的荷载效应采用正常使用状态下荷载效应的标准组合,相应的抗力采用地基承载力特征值或桩基承载力特征值;风荷载组合效应下,最大基底反力不应大于承载力特征值的1.2倍,平均基底反力不应大于承载力特征值;地震作用组合效应下,地基承载力验算应按现行国家标准《建筑抗震设计规范》(GB 50011—2010)的规定执行。

(2)高层建筑结构基础嵌入硬质岩石时,可在基础周边及底面设置砂质或其他材质褥垫层,垫层厚度可取50～100 mm;不宜采用肥槽填充混凝土做法。

2. 筏形基础

1)筏形基础尺寸

筏形基础的平面尺寸应根据地基土的承载力、上部结构的布置及其荷载的分布等因素确定。当满足地基承载力要求时,为避免加剧盆式沉降并有利于外包防水,筏形基础的周边不宜向外有较大的伸挑、扩大。当需要外挑时,有肋梁的筏基宜将梁一同挑出,且保证基础必要的刚度和承载力。

(1)平板式筏基的板厚可根据受冲切承载力计算确定,板厚宜不小于 400 mm。冲切计算时,应考虑作用在冲切临界截面重心上的不平衡弯矩所产生的附加剪力(可依据《地基规范》规定)。当个别柱的冲切力较大而不能满足板的冲切承载力要求时,可将该柱下的筏板局部加厚或配置抗冲切钢筋。

(2)梁板式筏基的梁高取值应包括底板厚度在内,梁高不宜小于平均柱距的 1/6。确定梁高时,应综合考虑荷载大小、柱距、地质条件等因素,并满足承载力的要求。

2)筏形基础内力计算

筏板基础的计算主要有两种计算方法:弹性地基梁法和倒楼盖法。

按倒楼盖法计算时,地基反力可视为均匀分布,其值应扣除底板及其地面自重,并可仅考虑局部弯曲作用。常在以下情况下采用倒楼盖法计算。

(1)当地基比较均匀、上部结构刚度较好、上部结构柱间距及柱荷载的变化不超过 20%时,按倒楼盖法进行计算。

(2)对剪力墙结构,由于其上部刚度较大,可以忽略整体弯曲的影响,对其筏板基础也可仅考虑局部弯曲作用,按倒楼盖法计算。

当不符合上述情况时,宜按弹性地基梁法进行计算。

经分析表明,不考虑整体弯曲的筏板计算,其内力和变形均小于考虑整体弯曲的弹性地基梁法的计算结果。结构设计时,应根据工程的实际情况,灵活把握,必要时可按仅考虑局部弯曲的倒楼盖法与考虑整体弯曲的弹性地基梁法进行包络设计。

3)筏形基础构造要求

(1)筏形基础应采用双向钢筋网片分别配置在板的顶面和底面,受力钢筋直径不宜小于 12 mm,为保证基础混凝土的施工质量,钢筋间距不宜小于 150 mm,也不宜大于 300 mm。

（2）当梁板式筏基的肋梁宽度小于柱宽时，可将肋梁在柱边加腋并满足构造要求，具体做法可参见《地基规范》规定。

（3）对于梁板式筏基，墙、柱的纵向钢筋应穿过肋梁，并且满足钢筋锚固长度的要求。

3.桩基础

1）桩基础概述

桩基可采用钢筋混凝土预制桩、灌注桩或钢桩。桩基承台可采用柱下单独承台、双向交叉梁、筏形承台、箱形承台。桩基选择和承台设计应根据上部结构类型、荷载大小、桩穿越的土层、桩端持力层土质、地下水位、施工条件和经验、制桩材料供应条件等因素综合考虑。

2）桩基础承载力及变位要求

根据《建规》规定，桩基的竖向承载力、水平承载力和抗拔承载力设计，应符合现行行业标准《建筑桩基技术规范》（JGJ 94—2008）的有关规定。

对沉降有严格要求的建筑的桩基础以及采用摩擦型桩的桩基础，应进行沉降（竖向变位）计算。其中对沉降有严格要求的桩基础一般包括甲级设计等级的桩基础、建筑体型复杂或桩端以下存在软弱土层的乙级设计等级的桩基础；受较大永久水平作用或对水平变位要求严格的建筑桩基，应验算其水平变位。

按正常使用极限状态验算桩基沉降时，荷载效应应采用准永久组合；验算桩基的横向变位、抗裂、裂缝宽度时，根据使用要求和裂缝控制等级分别采用荷载的标准组合、准永久组合并考虑长期作用影响。

3）桩基础结构布置及构造要求

（1）桩的布置应符合下列要求。

①等直径桩的中心距不应小于3倍桩横截面的边长或直径；扩底桩中心距不应小于扩底直径的1.5倍，且两个扩大头间的净距不宜小于1 m。

②布桩时，宜使各桩承台承载力合力点与相应竖向永久荷载合力作用点重合，并使桩基在水平力产生的力矩较大方向有较大的抵抗矩。

③平板式桩筏基础，桩宜布置在柱下或墙下，必要时可满堂布置，核心筒下可适当加密布桩；梁板式桩筏基础，桩宜布置在基础梁下或柱下；桩箱基础，宜将桩布置在墙下。直径不小于800 mm的大直径桩可采用一柱一桩。

④应选择较硬土层作为桩端持力层。桩径为 d 的桩端全截面进入持力层的

深度,对于黏性土、粉土不宜小于 $2d$;砂土不宜小于 $1.5d$;碎石类土不宜小于 $1d$。当存在软弱下卧层时,桩端下部硬持力层厚度不宜小于 $4d$。

抗震设计时,桩进入碎石土、砾砂、粗砂、中砂、密实粉土、坚硬黏性土的深度尚应不小于 0.5 m,对其他非岩石类土尚应不小于 1.5 m。

(2)钢桩应符合下列规定:

①钢桩可采用管型或 H 型,其材质应符合国家现行有关标准的规定;

②钢桩的分段长度宜不超过 15 m,焊接结构应采用等强连接;

③钢桩防腐处理可采用增加腐蚀余量措施,当钢管桩内壁同外界隔绝时,可不考虑内壁防腐。钢桩的防腐速率无实测资料时,如桩顶在地下水位以下且地下水无腐蚀性,可取每年 0.03 mm,且腐蚀预留量应不小于 2 mm。

(3)桩与承台的连接应符合下列要求:

①桩顶嵌入承台的长度,对大直径桩不宜小于 100 mm,而对中、小直径的桩不宜小于 50 mm;

②混凝土桩的桩顶纵筋应伸入承台内,其锚固长度应符合《混凝土结构设计规范》(GB 50010—2010)的有关规定。

4.箱形基础

1)箱形基础尺寸

箱形基础的平面尺寸应根据地基土承载力和上部结构布置以及荷载大小等因素确定。外墙宜沿建筑物周边布置,内墙应沿上部结构的柱网或剪力墙位置纵横均匀布置,墙体水平截面总面积不宜小于箱形基础外墙外包尺寸的水平投影面积的 1/10。对基础平面长宽比大于 4 的箱形基础,其纵墙水平截面面积不应小于箱基外墙外包尺寸水平投影面积的 1/18。

箱形基础的高度应满足结构的承载力、刚度及建筑使用功能要求,一般不宜小于箱基长度的 1/20,且不宜小于 3 m,此处,箱基长度不计墙外悬挑板部分。

2)箱形基础内力计算

当地基压缩层深度范围内的土层在竖向和水平方向皆较均匀,且上部结构为平立面布置较规则的框架、剪力墙、框架-剪力墙结构时,箱形基础的顶、底板可仅考虑局部弯曲进行计算;计算时,底板反力应扣除板的自重及其上面层和填土的自重,顶板荷载应按实际情况考虑。整体弯曲的影响可在构造上加以考虑。

箱形基础的顶板和底板钢筋配置除符合计算要求外,纵横方向支座钢筋尚应有 1/3～1/2 贯通配置,跨中钢筋按实际计算的配筋全部贯通。钢筋宜采用机械连接;采用搭接时,搭接长度应按受拉钢筋考虑。

3)箱形基础墙体的门洞设置

箱形基础墙体的门洞宜设在柱间居中部位,洞边至上层柱中心的水平距离不宜小于 1.2 m,洞口上过梁的高度不宜小于层高的 1/5,洞口面积不宜大于柱距与箱形基础全高乘积的 1/6。

墙体洞口周围应设置加强钢筋,洞口四周附加钢筋面积不应小于洞口内被截断钢筋面积的一半,且不少于两根直径为 16 mm 的钢筋,此钢筋应从洞口边缘处延长 40 倍钢筋直径。

4)箱形基础的构造要求

(1)箱形基础的顶板、底板及墙体的厚度,应根据受力情况、整体刚度和防水要求确定。无人防设计要求的箱基,基础底板应不小于 300 mm,外墙厚度应不小于 250 mm,内墙的厚度应不小于 200 mm,顶板厚度应不小于 200 mm。

(2)与高层主楼相连的裙房基础若采用外挑箱基墙或箱基梁的方法,则外挑部分的基底应采取有效措施,使其具有适应差异沉降变形的能力。

(3)箱形基础的顶板、底板及墙体均应采用双层双向配筋。墙体的竖向和水平钢筋直径均不应小于 10 mm,间距均不应大于 200 mm。除上部为剪力墙外,内、外墙的墙顶处宜配置两根直径不小于 20 mm 的通长构造钢筋。

(4)上部结构底层柱纵向钢筋伸入箱基墙体的长度应符合下列要求:

①柱下三面或四面有箱形基础墙的内柱,除柱四角纵向钢筋直通到基底外,其余钢筋可伸入顶板底面以下 40 倍纵向钢筋直径处;

②外柱、与剪力墙相连的柱及其他内柱的纵向钢筋应直通到基底。

第 3 章　深基坑工程施工

3.1　深基坑工程概述

3.1.1　基坑工程设计的一般规定与要求

基坑工程按边坡情况可分为无支护开挖(放坡)和有支护开挖(在支护体系保护下开挖)两种形式。场地开阔、周围环境允许及在技术经济上合理时,宜优先采用放坡开挖或局部放坡开挖;在建筑物稠密地区、不具备放坡开挖条件,或者在技术、经济上不合理时,应采用支护结构的垂直开挖施工。

基坑工程应根据现场实际工程地质、水文地质、场地和周边环境情况,以及施工条件进行设计和组织施工。

基坑工程设计时应考虑的荷载主要有土压力、水压力;地面超载;施工荷载;邻近建筑物的荷载。当围护结构作为主要结构的一部分时,还应考虑人防和地震荷载等,以及其他不利于基坑稳定的荷载等。

基坑工程设计应包括支护体系选型、围护结构的强度设计、变形计算、坑内外土体稳定性计算、渗流稳定性计算、降水要求、挖土要求、监测内容等。在施工中,要确定挖土方法、挖土及支撑的施工工艺流程。

基坑支护结构设计应采用以分项系数表示的承载能力极限状态进行计算。这种极限状态对应于支护结构达到最大承载能力或土体失稳、过大变形导致的支护结构、内支撑或锚固系统、基坑周边环境破坏。对于安全等级为一级及对支护结构变形有限定的二级建筑基坑侧壁,还应对基坑周边环境及支护结构变形进行验算。

3.1.2　基坑支护结构的作用及设计原则

基坑支护是指为了保护地下结构施工和基坑周边环境安全,对基坑侧壁及周边环境采用的支挡、加固与保护措施。它是工程体系中的重要组成部分,其研究内容也是岩土工程的主要技术问题,即支护结构物与岩、土体相互作用,共同承担上部、周围荷载及其自身重量的变形与稳定问题,深基坑支护工程已成为当前工程建设的热点。目前深基坑支护工程建筑的发展趋势是高层化,基坑向更深层发展。在基坑开挖面积增大,宽度超过百米、长度达到上千米时,对整体的稳定性要求更高;在软弱地层中的深基坑开挖易产生较大的位移和沉降,对周围环境可造成较大的影响;深基坑的施工、运行周期越长,对临时性基坑支护的牢固性要求越高;深基坑支护系统不再只是临时性结构,而是参与加固与改善建筑物的基础和地基。

在此种情况下,深基坑支护结构的作用主要体现在以下三个方面。

(1)挡土作用,保证基坑周围未开挖土体的稳定,使基坑内有一个开阔、安全的空间。

(2)控制土体变形作用,保证与基坑相邻的周围建筑物和地下管线在基坑内结构的施工期间不因土体向坑内的位移而受到损害。

(3)截水作用,保证基坑内场地达到无水施工作业条件,不影响周围水位变动。

基坑支护工程设计的总体原则为:严格贯彻执行国家的技术经济政策,做到技术先进、经济合理、安全适用、确保质量。除应满足工程设计要求外,还应做到因地制宜、就地取材、保护环境和节约资源。

基坑支护工程的设计要满足安全性、经济性及适用性三个方面的要求。安全性要求包含两个方面:一是支护结构自身强度满足要求,结构内力必须在材料强度允许范围内;二是支护结构与被支护体之间的作用是稳定的,要求支护结构具有足够的承载力,不能产生过量的变形。经济性及适用性要求是指在设计中通过应用先进的技术和手段,充分把握支护结构特征,通过多方案比较,在施工中采用适当的工艺、工序,使设计更经济合理,既满足规范要求,又不过量配置材料,也不影响支护结构的使用功能,寻求最佳设计方案,使支护结构的成本降到最低。

3.1.3　基坑支护结构的安全等级

基坑支护设计时,应综合考虑基坑周边环境和地质条件的复杂程度、基坑深度等因素,采用基坑支护结构的安全等级。对同一基坑的不同部位,可采用不同的安全等级。

一级:支护结构失效、土体过大变形对基坑周边环境或主体结构施工安全的影响很严重。

二级：支护结构失效、土体过大变形对基坑周边环境或主体结构施工安全的影响严重。

三级：支护结构失效、土体过大变形对基坑周边环境或主体结构施工安全的影响不严重。

3.2　深基坑工程的地下水控制

在基坑工程开挖施工过程中，地下水要满足支护结构和挖土的要求，并且不因地下水水位的变化，给基坑周围的环境和设施带来危害。

3.2.1　地下水的基本特性

高层建筑一般都有地下室，基础埋置较深，面积较大，基坑开挖和基础施工经常会遇到地表和地下水大量侵入的情况，造成地基浸泡，使地基承载力降低或出现管涌、流砂、坑底隆起、坑外地层过度变形等现象，导致破坏边坡稳定，影响邻近建（构）筑物使用安全和工程的顺利进行。因此，为了进行降低地下水水位的计算和保证土方工程施工顺利进行，需要对地下水流的基本性质有所了解。

1.动水压力和流砂

地下水分为潜水和层间水两种。潜水是指从地表算起，第一层不透水层以上的含水层中所含的水，这种水无压力，属于重力水；层间水是指夹于两个不透水层之间的含水层所含的水。如果水未充满此含水层，且没有压力，称为无压层间水；如果水充满此含水层，水则带有压力，称为承压层间水。

在一定的动水压力作用下，细颗粒、颗粒均匀、松散而饱和的砂性土容易产生流砂现象。降低地下水水位、消除动力压力，是防止产生流砂现象的重要措施之一。

2.渗透系数

渗透系数是计算水井涌水量的重要参数之一。水在土中的流动称为渗流，水点运动的轨迹称为"流线"。水在流动时如果流线互不相交，则这种流动称为"层流"；如果水在流动时流线相交，水中发生局部旋涡，这种流动就称为"素流"。

水在土中运动的速度一般不大,因此,其流动属于层流。

土的渗透性取决于土的形成条件、颗粒级配、胶体颗粒含量和土的结构等因素。一般常用稳定流的裘布依公式计算渗透系数。

渗透系数的取值是否正确,将影响井点系统涌水量计算结果的准确性,最好用扬水试验确定。

3.等压流线与流网

水在土中渗流,地下水水头值相等的点连成的面,称为"等水头面"。它在平面上或剖面上表现为"等水头线",等水头线即等压流线。由等压流线和流线所组成的网称为"流网",流网有一个特性,即流线与等压流线正交。

3.2.2 降低地下水水位的方法

基坑工程控制地下水水位的方法有降低地下水水位、隔离地下水两种。降低地下水水位的方法有集水沟明排水及降水井降水。降水井包括轻型井点、喷射井点、电渗井点、管井井点、深井井点、砂(砾)渗井等。隔离地下水的方法包括地下连续墙、连续排列的排桩、隔水帷幕、坑底水平封底隔水等。

对于弱透水地层中的较浅基坑,当基坑环境简单、含水层较薄时,可考虑采用集水沟明排水;在其他情况下宜采用降水井降水,隔水措施或隔水、降水综合措施,基坑工程中降水方案的选择与设计应满足下列要求:

(1)基坑开挖及地下结构施工期间,地下水水位保持在基底以下 0.5~1.5 m;

(2)深部承压水不引起坑底隆起;

(3)降水期间邻近建筑物及地下管线、道路能正常使用;

(4)基坑边坡稳定。

1.常用降水方法的适用范围和条件

深基坑大面积降水方法的类型较多。可根据基坑的规模、深度,场地及周边工程、水文、地质条件,需降水深度,周围环境状况,支护结构种类,工期要求以及技术经济效益等进行综合考虑、分析,经比较后合理选用降水井类型,可以选用其中一种,也可以两种相结合使用。

一般来讲,当土质情况良好,土的降水深度不大时,可采用单层轻型井点;当降水深度超过 6 m,且土层垂直渗透系数较小时,宜用二级轻型井点或多层轻型井点,或在坑中另布井点,以分别降低上层、下层土的水位。当土的渗透系数小于 0.1 m/d 时,可在一侧增加钢筋电极,改用电渗井点降水;当土质较差,降水深度较大,多层轻型井点设备增多,土方量增大,经济上不合算时,采用喷射井点降水较为适宜;如果降水深度不大,土的渗透系数大,涌水量大,降水时间长,可选用管井井点降水;如果降水深度很大,涌水量大,土层复杂多变,降水时间很长,宜选用深井井点或简易的钢筋笼深井井点降水,既有效又经济。当各种井点降水方法影响邻近建筑物产生不均匀沉降和使用安全时,应采用回灌井点或在基坑有建筑物的一侧采用旋喷桩加固土壤和防渗的方法对侧壁和坑底进行加固处理。

2. 常用降水方法及使用特点

1)集水井降水

集水井降水是在开挖基坑时沿坑底周围开挖排水沟,再于坑底设集水井,使基坑内的水经排水沟流向集水井,然后用水泵抽出坑外。但是,在深基坑中,采用该方法容易引起流砂、管涌和边坡失稳等问题,为了防止基底土的细颗粒随水流失,使土结构受到破坏,排水沟及集水井应设置在基础范围之外,距基础边线距离不小于 0.4 m,地下水走向的上游。应根据基坑涌水量大小、基坑平面形状及尺寸,以及水泵的抽水能力,确定集水井的数量和间距。一般每隔 30～40 m 设置一个。集水井的直径或宽度一般为 0.6～0.8 m。集水井的深度随挖土加深而加深,要始终低于挖土面 0.8～1.0 m。井壁用竹、木等材料加固。排水沟深度为 0.3～0.4 m,底宽应不小于 0.2～0.3 m,边坡坡度为 1∶1～1∶1.5,沟底设有 1‰～2‰的纵坡。

当挖至设计标高后,集水井底应低于坑底 1～2 m,并铺设 0.3 m 碎石滤水层,以免在抽水时将泥沙抽出,并防止坑底土被搅动。集水井降水常用的水泵主要有离心泵、潜水泵和泥浆泵。确定水泵类型时,一般取水泵的排水量为基坑涌水量的 1.5～2.0 倍。当基坑涌水量 $Q<20$ m³/h 时,可用隔膜式泵或潜水电泵;当 $Q=20\sim60$ m³/h 时,可用隔膜式/离心式水泵或潜水电泵;当 $Q>60$ m³/h 时,多用离心式水泵。

2)井点降水

井点降水就是在基坑开挖前,预先在基坑四周埋设一定数量的滤水管(井),在基坑开挖前和开挖过程中,利用真空原理,不断抽出地下水,使地下水水位降低到坑底以下,从而从根本上解决地下水涌入坑内的问题。井点可分为以下几种。

(1)轻型井点。利用轻型井点降低地下水水位,是沿基坑周围以一定的间距

埋入井管(下端为滤管),在地面上用水平铺设的集水总管将各井管连接起来,再于一定位置设置真空泵和离心泵,开动真空泵和离心泵后,地下水在真空吸力的作用下,经管进入井管,然后经集水总管排出,这样就降低了地下水水位。

①轻型井点设备。轻型井点设备由井点管、弯联管、集水总管、滤管和抽水设备组成。

②轻型井点的布置。轻型井点的布置应根据基坑的形状与大小、地质和水文情况、工程性质、降水深度等确定。

a.平面布置。当基坑(槽)宽度小于 6 m 且降水深度不超过 6 m 时,可采用单排井点,布置在地下水上游一侧,两端延伸长度以不小于槽宽为宜。当基坑(槽)宽度大于 6 m 或土质不良、渗透系数较大时,宜采用双排井点,布置在基坑(槽)的两侧。当基坑面积较大时宜采用环形井点。考虑运输设备出入道,一般在地下水下游方向布置成不封闭形式。井点管距离基坑壁一般可取 0.7~1.0 m,以防局部发生漏气。井点管间距为 0.8 m、1.2 m、1.6 m,由计算或经验确定。井点管在总管四角部分应适当加密。

b.高程布置。轻型井点的降水深度,从理论上讲可达 10.3 m,但由于管路系统的水头损失,其实际的降水深度一般不宜超过 6 m。

③井点管的埋设。井点管的埋设一般采用水冲法,借助高压水冲刷土体,用冲管扰动土体助冲,将土层冲成圆孔后埋设井点管。整个过程可分为冲孔与埋管两个施工过程。冲孔的直径一般为 300 mm,以保证井管四周有一定厚度的砂滤层;冲孔深度宜比滤管底深 0.5 m 左右,以防冲管拔出时部分土颗粒沉于底部而触及滤管底部。井孔冲成后,立即拔出冲管,插入井点管,并在井点管与孔壁之间迅速填灌砂滤层,以防孔壁塌土。砂滤层的填灌质量是保证轻型井点顺利抽水的关键。一般宜选用干净粗砂,填灌要均匀,并填至滤管顶上 1~1.5 m,以保证水流畅通。井点填砂后,需用黏土封口,以防漏气。井点管埋设完毕后,需进行试抽,以检查有无漏气、淤塞现象,出水是否正常。如有异常情况,检修好后方可使用。

(2)喷射井点。当基坑开挖较深或降水深度大于 6 m 时,必须使用多级轻型井点才可收到预期效果,但需要增大基坑土方开挖量,延长工期并增加设备数量,因此不够经济。此时宜采用喷射井点降水,它在渗透系数为 3~50 m/d 的砂土中应用最为有效,在渗透系数为 0.1~2 m/d 的亚砂土、粉砂、淤泥质土中效果也较显著,其降水深度可达 8~20 m。喷射井点有喷水井点和喷气井点之分,其工作原理相同,只是工作流体不同,前者以压力水作为工作流体,后者以压缩空气作为工作流体。

①喷射井点设备。喷射井点根据其工作时使用液体或气体的不同,分为喷水井点和喷气井点两种。其设备主要由喷射井管、高压水泵(或空气压缩机)和管路系统组成。

②喷射井点的布置与使用。喷射井点的管路布置、井管埋设方法及要求与轻型井点相同。喷射井管间距一般为 2~3 m,冲孔直径为 400~600 mm,深度应比滤管深 1 m 以上。采用喷射井点时,当基坑宽度小于 10 m 时可单排布置;大于 10 m 则双排布置。当基坑面积较大时,宜环形布置。井点间距一般为 2~3 m。埋设时冲孔直径为 400~600 mm,深度应高于滤管底 1 m 以上。使用时,为防止喷射器损坏,需先对喷射井管逐根进行冲洗,开泵时压力要小一些(小于0.3 MPa),以后再逐渐开足,如发现井管周围有翻砂、冒水现象,应立即关闭井管并进行检修。工作水应保持清洁,试抽 2 d 后应更换清水,此后视水质污浊程度定期更换清水,以减轻工作水对喷射嘴及水泵叶轮等的磨损。

喷射井点用作深层降水,其一层井点可把地下水位降低 8~20 m,甚至 20 m以上。

(3)电渗井点。电渗井点是在降水井点管的内侧打入金属棒(钢筋、钢管等),连以导线,以井点管为阴极,以金属棒为阳极,通入直流电后,土颗粒自阴极向阳极移动(称为电泳现象),使土体固结;地下水自阳极向阴极移动(称为电渗现象),使软土地基易于排水。它用于渗透系数小于 0.1 m/d 的土层。

电渗井点是以轻型井点管或喷射井点管作阴极,以 $\phi20~\phi25$ 的钢筋或直径为 50~75 mm 的钢管为阳极,埋设在井点管内侧,与阴极并列或交错排列。

两者的距离,当用轻型井点时为 0.8~1.0 m;当用喷射井点时为 1.2~1.5m。阳极入土深度应比井点管深 500 mm,露出地面 200~400 mm。阴、阳极数量相等,分别用电线连成通路,接到直流发电机或直流电焊机的相应电极上。

电渗井点降水的工作电压宜不大于 60 V。土中通电的电流密度宜为 0.5~1.0 A/m²,为避免大部分电流从土的表面通过,降低电渗效果,通电前应清除阴、阳极之间地面上的导电物,使地面保持干燥,如涂一层沥青则绝缘效果更好。通电时,为避免电解作用产生的气体积聚在电极附近,使土体电阻增大,加大电能消耗,宜采用间隔通电法,即每通电 24 h,停电 2~3 h。在降水过程中,应量测和记录电压、电流密度、耗电量及水位变化。

(4)管井井点。管井井点就是沿开挖的基坑,每隔一定距离(20~50 m)设置一个管井,每个管井单独用一台水泵(潜水泵、离心泵)进行抽水,降低地下水水

位。用此法可降低地下水水位 5～10 m,此法适用于渗透系数较大(土的渗透系数 $K=20～200$ m/d)、地下水量较大的土层。

①管井井点系统的主要设备。主要设备由滤水井管、吸水管和抽水机械等组成。

②管井布置。沿基坑外圈四周呈环形或沿基坑(槽)两侧或单侧呈直线布置。井中心距基坑(槽)边缘的距离,根据所用钻机的钻孔方法而定,当用冲击式钻机并用泥浆护壁时为 0.5～1.5 m;当用套管法时不小于 3 m。管井的埋置深度和间距根据所需降水面积和深度以及含水层的渗透系数与因素而定,埋置深度为 5～10 m,间距为 10～50 m,降水深度为 3～5 m。

(5)深井井点。深井井点降水是在深基坑的周围埋置深于基底的井管,通过设置在井管内的潜水泵将地下水抽出。该方法具有排水量大、降水深、井距大、对平面布置干扰小、不受土层限制等特点。

①深井井点构造。其由深井井管和潜水泵等组成。

②深井井长布置。深井井点一般沿工程基坑(槽)周围距边坡上缘 0.5～1.5 m 呈环形布置;当基坑宽度较小时,也可只在一侧呈直线布置;当为面积不大的独立的深基坑时,可采取点式布置。井点宜深入透水层 6～9 m,通常还应比所需降水的深度深 6～8 m,间距一般相当于埋置深度,为 10～30 m。

③深井施工。成孔方法可采用冲击钻孔、回转钻孔、潜水钻或水冲成孔。孔径应比井管直径大 300 mm,成孔后立即安装井管。井管安放前应清孔,井管应垂直,过滤部分放在含水层范围内。井管与土壁间填充粒径大于滤网孔径的砂滤料。井口下 1 m 左右应用黏土封口。

在深井内安放水泵前应清洗滤井,冲洗沉渣。安放潜水泵时,电缆等应绝缘可靠,并设保护开关控制。抽水系统安装后应进行试抽。

④真空深井井点布置。真空深井泵是近年来在上海等地区应用较多的一种深层降水设备。每一个深井泵由井管和滤管组成,单独配备一台电动机和一台真空泵,开动后达到一定的真空度,则可达到深层降水的目的,其在渗透系数较小的游泥质黏土中也能降水。

这种真空深井泵的吸水口的真空度可达 0.05～0.095 MPa;最大吸水作用半径在 15 m 左右;降水深度可达 8～18 m(井管长度可变);钻孔直径为 $\phi850～\phi1000$;电动机功率为 7.5 kW;最大出水量为 30 L/min。

安装这种真空深井泵时,钻孔设备应用清水作为水源,钻孔深度比埋管深度大 1 m。成孔后应在 2 h 内及时清孔和沉管,清孔的标准是使泥浆比重达到 1.1～

1.15。

　　沉管时应使溢水箱的溢出口高于基坑排水沟系统入水口 200 mm 以上,以便排水。滤水介质用中粗砂与 $\phi10\sim\phi15$ 的细石,先灌入 2 m 高(一般孔深 1 m、用量 1 t)的细石,然后灌入粗砂。灌入粗砂后立即安装真空泵和电动机,随即通电预抽水,直至抽出清水为止。

　　这种深井泵应由专用电箱供电,深井泵由于井管较长,挖土至一定深度后,自由端较长,井管应用附近的支护结构支撑或立柱等连接,予以固定。在挖土过程中,要注意保护深井泵,避免挖土机撞击。

　　这种真空深井泵在软土中,每台泵的降水服务范围约为 200 m²。

3. 井点降水注意事项

　　为了减少井点降水对邻近建筑物及管线等的影响和危害,主要可采取以下几项措施。

　　(1)采用密封形式的挡土墙或采取其他密封措施。如用地下连续墙、灌注桩、旋喷桩、水泥搅拌桩以及用压密注浆形成一定厚度的防水墙等。将井点排水管设置在坑内,井管深度不得超过挡土止水墙的深度,仅将坑内水位降低,而坑外的水位则尽量维持原来的水位。

　　(2)适当调整井点管的埋置深度。在一般情况下,井点管埋置深度应该使坑中的降水曲面在坑底下 0.5～1.0 m,但在没有密封挡土墙的情况下,井点降水不仅会使坑内水位下降,也会使坑外水位下降。如果在降水影响区范围内有建筑物、构筑物、管线需保护,可以在确保基坑不发生涌砂和地下水不从坑壁渗入的条件下,适当地提高井点管的设计标高。另外,井点降水区域还随着降水时间的延长向外、向下扩张,当处在两排井点的坑中时,降水曲面的形成较快,坑外降水曲面扩张较慢。因此,当井点设置较深时,随着降水时间的延长,可适当地控制抽水流量或抽吸真空达到设计要求值;当水位观察井的水位达到设计的控制值时,调整设备使抽水量和抽吸真空度降低,以达到控制坑外降水曲面的目的,这需要通过设置水位观察井来观察水位变化情况,控制水流量和真空度。

　　(3)采用井点降水与回灌相结合的技术。其基本原理与方法是在降水井管与需要保护的建筑和管线之间设置回灌井点、回灌砂井或回灌砂沟,持续不断地用水回灌,形成一道水带,以减小降水曲面向外扩张的程度,保持邻近建筑物、管线等基础下地基土中的原地下水水位,防止土层因失水而沉降。降水与回灌水位曲线应视场地环境条件而定,降水曲线是漏斗形,而回灌曲线是倒漏斗形,降

水与回灌水位曲线应有重叠,为了防止降水和回灌两井相通,还应保持一定的距离,一般宜不小于 6 m,否则基坑内水位无法下降,从而失去降水的作用。回灌井点的深度一般应控制在长期降水曲线以下 1 m,并应设置在渗透性较好的土层中,如果用回灌砂沟,则沟底应设置在渗透性较好的土层内。在降水井点与回灌井点之间应设置水位观察点,或两井内、外都应设置水位观察点,以便能根据水位变化情况,控制好运用、调节水量,以达到既长期保持水幕的作用,又防止回灌水外溢造成危害的目的。

(4)采用注浆固土技术防止水土流失。为了减小坑内井点降水时降水曲面向外扩张的程度,防止邻近建筑物基础下地基土因地下水水位下降,造成水土流失而沉降,在井点降水前,需要在控制沉降的建筑物基础的周边布置注浆孔(每隔 2~3 m 设一个),控制注浆压力,以挤密土层中的孔隙为度,达到降低土的渗透性能,不产生流失的目的,保证基坑邻近建筑物、管线的安全。

3.3 深基坑工程的支护结构

3.3.1 支护结构的分类与类型

1. 支护结构的分类

支护结构的体系很多,工程上常用的典型支护体系按其工作机理和围护墙的形式分为图 3.1 所示的几种类型。

2. 支护结构的类型

(1)悬臂式支护结构。悬臂式支护结构常采用钢筋混凝土排桩墙、木板桩、钢板桩、钢筋混凝土板桩、地下连续墙等形式。悬臂式支护结构依靠足够的入土深度和支护墙体的抗弯能力来维护整体稳定和结构的安全,它对开挖深度很敏感,容易产生较大的变形,而对周围环境产生不利影响,因而适用于土质较好、开挖深度较小的基坑工程。

(2)水泥搅拌桩重力式支护结构。水泥搅拌桩在进行平面布置时常采用格构式重力式挡墙。水泥土与其包围的天然土形成重力式挡墙支挡周围土体,保证基坑边坡稳定。水泥搅拌桩重力式支护结构常应用于软黏土地区开挖深度6 m

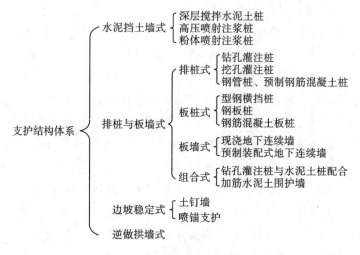

图 3.1　支护结构体系的分类

左右的基坑工程。水泥土抗拉强度低,因此适用于较浅的基坑工程,其变形也较大。水泥搅拌桩重力式支护结构的优点是挖土方便、成本低。

(3)内支撑式支护结构。内支撑式支护结构由支护墙体和内支撑体系两部分组成。支护墙体可采用钢筋混凝土排桩墙、地下连续墙或钢板桩等形式。内支撑体系可采用水平支撑和斜支撑。根据不同开挖深度可采用单层支撑、双层支撑和多层支撑。当基坑面积较大而基坑开挖深度又不太大时,可采用单层斜支撑形式。内支撑式支护结构适用范围广,适用于各种基坑和基坑深度。

(4)拉锚式支护结构。拉锚式支护结构由支护墙体和锚固体系两部分组成。支护墙体同内支撑式支护结构。锚固体系可分为土层锚杆式和拉锚式。土层锚杆式体系需要地基土才能提供较大的锚固力,因此,其较适用于砂土地基或黏土地基。软黏土地基不能提供锚杆较大的锚固力,很少使用。

(5)土钉墙支护结构。土钉一般通过钻孔、插筋和注浆来设置,传统上称为砂浆锚杆,也可采用打入或射入的方式设置。施工时边开挖基坑,边在土坡中设置土钉,在坡面上铺设钢筋网,并通过喷射混凝土形成混凝土面板,进而形成土钉墙支护结构。土钉墙支护结构适用于地下水水位以上或人工降水后的黏性土、粉土、杂填土及非松散砂土、卵石土等,不适用于淤泥质土及未经降水处理地下水水位以下的土层地基中的基坑支护。

(6)门架式支护结构。目前,在工程中常用钢筋混凝土灌注桩、冠梁及连系梁形成门架式支护结构体系。其支护深度比悬臂式支护结构大,适用于基坑开挖深度已超过悬臂式支护结构的合理支护深度的基坑工程。门架式支护结构的合理支护深度可通过计算确定。

(7)拱式组合型支护结构。水泥土抗拉强度小,抗压强度大,形成的水泥土拱可有效利用材料性能。拱脚采用钢筋混凝土桩,承受水泥土传来的土压力,通过内支撑平衡土压力。合理采用拱式组合型支护结构可取得较好的经济效益。

(8)喷锚网支护结构。喷锚网支护结构由锚杆(锚索)、钢筋网喷射混凝土面层与边坡土体组成。其结构形式与土钉墙支护结构类似,受力机理类同土层锚杆,常用于土坡稳定加固,也有人将它归属于放坡开挖。分析计算主要考虑土坡稳定,不适用于含淤泥土和流砂的土层。

(9)加筋水泥土挡墙支护结构。由于水泥土抗拉强度低,水泥土重力式挡墙支护深度小,为克服这一缺点,在水泥土中插入型钢,形成加筋水泥土挡墙支护结构。在重力式支护结构中,为了提高深层搅拌桩水泥土墙的抗拉强度,人们常在水泥土挡墙中插入毛竹或钢筋。

(10)冻结法支护结构。冻结法支护结构通过冻结基坑四周土体,利用冻结土抗剪强度高、挡水性能好的特性,保持基坑边坡稳定。冻结法支护结构对地基土适用范围广,但应考虑其冻融过程对周围的影响、电源以及工程费用等问题。

3.3.2 地下连续墙施工

地下连续墙施工,即在工程开挖土方之前,用特制的挖槽机械在泥浆(又称触变泥浆、安定液、稳定液等)护壁的情况下每次开挖一定长度(一个单元槽段)的沟槽,待开挖至设计深度并清除沉淀下来的泥渣后,将在地面上加工好的钢筋骨架(一般称为钢筋笼)用起重机械吊放入充满泥浆的沟槽内,用导管向沟槽内浇筑混凝土,待混凝土浇至设计标高后,一个单元槽段即施工完毕。各个单元槽段之间由特制的接头连接,形成连续的地下钢筋混凝土墙。地下连续墙施工在我国各地高层建筑基础施工中得到了广泛应用,主要适用于地下水位高的软土地区,也适用于基坑深度大且与邻近的建(构)筑物、道路和地下管线相距很近的情况。

1. 修筑导墙

导墙是地下连续墙挖槽之前修筑的临时结构,主要具有以下作用:起挡土墙作用,防止地表土体不稳定而坍塌;起基准作用,明确挖槽位置与单元槽段的划分;对重物起支撑作用,用于支撑挖槽机、混凝土导管、钢筋笼等施工设备所产生的荷载;防止泥浆漏失;保持泥浆稳定;防止雨水等地面水流入槽内;对相邻结构物起补强作用。导墙一般为现浇的钢筋混凝土结构,但也有钢制的或预制钢筋混凝土的装配式结构,可多次重复使用。不论采用哪种结构,都应具有必要的强度、刚度和精度,且一定要满足挖槽机械的施工要求。

1)确定导墙形式

在确定导墙形式时,应考虑下列因素。

(1)表层土的特性。表层土体是否密实和松散,是否为回填土,土体的物理力学性能如何,有无地下埋设物等。

(2)荷载情况。钢筋的质量,挖槽机的质量与组装方法,挖槽与浇筑混凝土时附近存在的静载与动载情况。

(3)地下水的状况。地下水水位的高低及其水位变化情况。

(4)地下连续墙施工时对邻近建(构)筑物可能产生的影响。

(5)当施工作业面在地面以下时(如在路面以下施工),对先施工的临时支护结构的影响。

2)确定导墙施工程序

导墙施工程序为平整场地→测量定位→挖槽→绑钢筋→支模板(按设计图,外侧可利用土模,内侧用模板)→浇筑混凝土→拆模并设置横撑→回填外侧空隙并碾压。

导墙施工时应注意以下事项。

(1)导墙施工精度直接关系到地下连续墙的精度,要特别注意导墙内侧净空尺寸、垂直精度、水平精度和平面位置等。导墙水平钢筋需连接起来,使导墙成为一个整体,要防止因强度不足或施工不良而发生事故。

(2)导墙的厚度宜为 150~200 mm,墙趾不宜小于 0.20 m,深度多为 1.0~2.0 m。导墙的配筋多为 ϕ12@200。导墙施工接头位置应与地下连续施工接头位置错开。

(3)导墙面应高出地面约 200 mm,防止地面水流入槽内污染泥浆。导墙的内墙面应平行于地下连续墙轴线,对轴线距离的最大允许偏差为 ±10 mm;内、外导墙面的净距应为地下连续墙名义厚度加 40 mm,允许误差为 ±5 mm,墙面应垂直;导墙顶面应水平,全长范围内的高差应小于 10 mm,局部高差应小于 5 mm。导墙的基底应和土面密贴,以防泥浆渗入导墙后面。

(4)现浇钢筋混凝土导墙拆模后,应沿纵向每隔 1 m 左右加设上、下两道木支撑,将两片导墙支撑起来,在导墙的混凝土达到设计强度之前,禁止任何重型

机械和运输设备在旁边行驶,以防导墙受压变形。

2. 做泥浆护壁

地下连续墙的深槽是在泥浆护壁下进行挖掘的。泥浆具有一定的相对密度,可以防止槽壁倒塌和剥落,并防止地下水渗入;泥浆还具有一定的黏度,它能将钻头式挖槽机挖下来的土渣悬浮起来,既便于土渣随同泥浆一同排出槽外,又可避免土渣沉积在工作面上影响挖槽机的挖槽效率;在挖槽过程中,泥浆既可降低钻具的温度,又可起润滑作用而减轻钻具的磨损,有利于延长钻具的使用寿命和提高深槽挖掘的效率。所以,泥浆的费用占工程费用的一定比例。泥浆材料的选用既要考虑护壁效果,又要考虑经济性,应尽可能地利用当地材料。

泥浆通常使用膨润土,还添加掺和物和水,其控制指标应符合下列要求。

(1)泥浆相对密度。新制备的泥浆相对密度应小于 1.05,成槽后相对密度上升,但此时槽内泥浆相对密度不大于 1.15,槽底泥浆相对密度不大于 1.20。

(2)泥浆黏度。黏度是液体内部阻止相对流动的一种特性,一般用漏斗法测量,其方法是将泥浆经过过滤网注入容积为 700 mL 的漏斗内,然后使其从漏斗口流出,泥浆漏满 500 mL 量杯所需的时间(s)即泥浆黏度指标。

(3)泥浆失水量和泥皮厚度。泥浆在槽壁受压力差作用,部分水会渗入土层,其水量称为失水量,可用失水量仪测定,单位为 mL/30 min。在泥浆失水时,于槽壁上形成一层固体颗粒的胶结物,称为泥皮。泥浆失水量为 20~30 mL/30 min,泥皮薄(1~3 mm)而致密时,有利于槽壁稳定。泥皮也可利用失水量仪测定。

(4)泥浆 pH 值。泥浆宜呈弱碱性,当 pH 值为 7 时,泥浆为中性;当 pH 值小于 7 时,泥浆为酸性;当 pH 值大于 7 时,泥浆为碱性。当 pH 值大于 11 时,泥浆会产生分层现象,失去护壁作用。

(5)泥浆的稳定性和胶体率。泥浆的稳定性用稳定计测定,即将泥浆注满量筒,静置 24 h,分别量测上、下部泥浆的相对密度,以其相对密度差值来衡量稳定性。

胶体率测定:将 100 mL 泥浆注入 100 mL 量筒中,用玻璃片盖上,静置 24 h,然后观察上部澄清液的体积,如澄清液为 5 mL,则该泥浆的胶体率为 95%。

3. 挖槽

挖槽是地下连续墙施工中的关键工序。挖槽所用时间占地下连续墙工期的

1/2,故提高挖槽的效率是缩短工期的关键。同时槽壁形状基本上决定了墙体外形,所以,挖槽的精度又是保证地下连续墙质量的关键之一。地下连续墙挖槽的主要工作为划分单元槽段、选择与正确使用挖槽机械、制定防止槽壁坍塌的措施和特殊情况的处理措施等。

1)划分单元槽段

地下连续墙施工时,预先沿墙体长度方向把地下墙划分为许多某种长度的施工单元,这种施工单元称为单元槽段。划分单元槽段就是将各种单元槽段的形状和长度注明在墙体平面图上,它是地下连续墙施工组织设计中的一个重要内容。

单元槽段的长度不得小于一个挖槽段(挖土机械的挖土工作装置的一次挖土长度)。从理论上讲,单元槽段越长越好,这样可以减少槽段的接头数量,增加地下连续墙的整体性和提高防水性能及施工效率。但是单元槽段长度受许多因素限制,在确定单元槽段长度时除考虑设计要求和结构特点外,还应考虑下述各因素:地质条件、地面荷载、起重机的起重能力、单位时间内混凝土的供应能力、工地上具备的泥浆池的容积。

此外,划分单元槽段时还应考虑单元槽段之间的接头位置,一般情况下接头避免设在转角及地下连续墙与内部结构的连接处,以保证地下连续墙有较好的整体性。单元槽段的划分与接头形式有关。单元槽段的长度多取 5~8 m,但也可取 10 m 甚至更长。

2)选择与正确使用挖槽机械

地下连续墙施工所用的挖槽机械,是指在地面上操作,穿过水泥浆向地下深处开挖一条预定断面深槽(孔)的工程施工机械。

由于地质条件十分复杂,地下连续墙的深度、宽度和技术要求也不同,需根据不同的地质条件和工程要求,选用合适的挖槽机械。目前,国内外在地下连续墙施工中常用的挖槽机械,按其工作机理分为挖斗式、冲击式和回转钻头式三大类,每一类又可划分为多种,如图 3.2 所示。

我国在地下连续墙施工中,目前应用较多的是吊索式蛙式抓斗挖槽机、导杆式蛙式抓斗挖槽机、多头钻挖槽机和冲击式挖槽机,尤以前三种应用最多。

4. 清底

沉渣在槽底很难被浇灌的混凝土置换出地面,其留在槽底会使地下墙承载

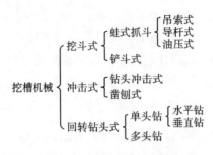

图 3.2　挖槽机械的分类

能力降低,造成墙体沉降;沉渣过多会影响钢筋笼插入位置;沉渣混入混凝土后,会降低混凝土强度,严重影响质量;沉渣集中到单元槽的接头处会严重影响防渗性能;沉渣会降低混凝土的流动性和混凝土浇筑速度,有时还会造成钢筋笼上浮。因此,在挖槽结束后,应将沉淀在槽底的颗粒、在挖槽过程中被排出而残留在槽内的土渣,以及吊放钢筋笼时从槽壁上刮落的泥皮清除干净。

清底方法一般有沉淀法和置换法两种。沉淀法是在土渣基本都沉到槽底之后再进行清底;置换法是在挖槽结束之后,对槽底进行认真清理,然后在土渣还没沉淀之前就用新泥浆把槽内的泥浆置换出来,使槽内泥浆的相对密度保持在1.15 以下。目前我国多用后者,但是无论用哪种方法,都需要做从槽底清除沉淀土渣的工作。

清除槽底沉渣的方法有砂石吸力泵排泥法、压缩空气升液排泥法、潜水泥浆泵排泥法、水枪冲射排泥法、抓斗直接排泥法。常用的是前三种清渣方法。

需要说明的是,运用不同的方法清底的时间各不相同。置换法应在挖槽之后立即进行;对于以泥浆反循环进行挖槽的施工,可在挖槽后紧接着进行清底工作。沉淀法一般在插入钢筋笼之前进行清底,如插入钢筋笼的时间较长,也可在浇筑混凝土之前进行清底。

5. 做接头

地下连续墙是由许多单元槽段连接而成的,因此,槽段间的接头必须满足受力和防渗要求,并使施工简便。下面介绍几种常用的施工接头方法。

(1)接头管接头。接头管接头是当前地下连续墙施工应用较多的一种施工接头方法,其优点是用钢量少、造价低,能满足一般抗渗要求。接头管多用钢管,每节长度为 15 m 左右,采用内钢水连接,既便于运输,又可使外壁平整光滑,易于拔管。

施工时,待一个单元槽段土方挖好后,于槽段端部用吊车放入接头管,然后吊放钢筋笼并浇筑混凝土,浇筑的混凝土强度达到 0.05~0.20 MPa 时(混凝土浇筑后 3~5 h,视气温而定),先将接头管旋转,然后拔出,拔速应与混凝土浇筑速度、混凝土强度增长速度相适应,一般为 2~4 m/h,应在混凝土浇筑结束后 8 h 内将接头管全部拔出。

(2)接头箱接头。接头箱接头能够加强接头处的抗剪能力,并提高抗渗性能,也称为刚性接头。接头箱一端是敞口的,以便放置钢筋笼时水平钢筋可插入接头箱内,而钢筋笼端部焊有一块竖向放置的封口钢板,用以封住接头箱。拔出接头箱后进行下一槽段的施工,此时,两相邻槽段水平钢筋交错搭接,形成刚性接头。

另一种接头箱采用滑板式,其为 U 形接头管。在相邻槽段间插入接头钢板,并与其垂直焊一封口钢板,用以封密滑板式接头箱的敞口。接头钢板上开有大量方孔,以增加钢板与混凝土之间的黏结力。这种接头箱与 U 形接头管的长度均为定值,不能任意对接,故挖槽时应严格控制槽底标高。当槽段浇筑混凝土后,先拔出滑板式接头箱,再拔出 U 形接头管,完成后一槽段施工后便形成钢板接头。

(3)结构接头。地下连续墙与内部结构的楼板、柱、梁、底板等连接的结构接头方法,常用的有以下几种。

①预埋连接钢筋法。预埋连接钢筋法是应用较多的一种方法,它是在浇筑墙体混凝土之前,将设计连接钢筋加热后弯折,预埋在地下连续墙内,待土体开挖后,凿开预埋连接钢筋处的墙面,将露出的预埋连接钢筋弯成设计形状,与后浇结构的受力钢筋连接。为便于施工,预埋连接钢筋的直径不宜大于 22 mm,且弯折时加热宜缓慢进行,以免连接钢筋的强度降低过多。考虑到连接处往往是结构的薄弱处,设计时一般使连接筋有 20% 的余地。

②预埋连接钢板法。这种接头方法是在浇筑地下连续墙的混凝土之前,将预埋连接钢板放入并与钢筋笼固定。结构中的受力钢筋与预埋连接钢板焊接。施工时要注意保证预埋连接钢板后面的混凝土饱满。

③预埋剪力连接件法。剪力连接件的形式有多种,以不妨碍浇筑混凝土、承压面大且形状简单的形式为好。剪力连接件先预埋在地下连续墙内,然后弯折出来与后浇结构连接。

地下连续墙内有时还有其他预埋件或预留孔洞等,可利用泡沫苯乙烯塑料、木箱等覆盖,但要注意不要因泥浆浮力而产生位移或损坏,而且在基坑开挖时要

易于从混凝土面上取下。

6. 加工和吊放钢筋笼

1）加工钢筋笼

钢筋笼根据地下连续墙墙体配筋图和单元槽段的划分来制作,最好按单元槽段做成一个整体。如果地下连续墙很深或受起重设备能力的限制,需要分段制作,吊放时再连接,接头宜用绑条焊接,纵向受力钢筋的搭接长度,无明确规定时可采用 60 倍的钢筋直径。

钢筋笼端部与接头管或混凝土接头面之间应留有 15～20 cm 的空隙。主筋净保护层厚度通常为 7～8 cm,保护层垫块厚 5 cm,在垫块和墙面之间留有 2～3 cm 的间隙。由于用砂浆制作的垫块容易在吊放钢筋笼时破碎且易擦伤槽壁面,近年多用塑料块或薄钢板制作并焊于钢筋上。

制作钢筋笼时,要预先确定浇筑混凝土用导管的位置,这部分要上下贯通,因而周围需增设箍筋和连接筋进行加固。尤其在单元槽段接头附近插入导管时,由于此处钢筋较密集,更需特别加以处理。横向钢筋有时会阻碍插入,所以纵向主筋应放在内侧,横向钢筋放在外侧。纵向钢筋的底端应距离槽底面 10～20 mm,底端应稍向内弯折,以防止吊放钢筋时擦伤槽壁,但向内弯折的程度也应不影响插入混凝土导管。纵向钢筋的净距不得小于 10 cm。

制作钢筋笼时,要根据配筋图确保钢筋的位置、间距及根数正确。纵向钢筋接长宜用气压焊接、搭接焊等。钢筋连接除四周两道钢筋的交点需全部点焊外,其余的可采用 50% 交错点焊。成型用的临时扎结钢丝焊后应全部拆除,地下连续墙与基础底板以及内部结构的梁、柱、墙的连接如采用预留锚固钢筋的方式,锚固钢筋一般采用直径不超过 20 mm 的光圆钢筋。锚固钢筋的布置还要确保混凝土自由流动,以充满锚固钢筋周围的空间。

2）吊放钢筋笼

钢筋笼的起吊、运输和下放过程中不允许产生不能恢复的变形。

钢筋笼起吊应用横吊梁或吊架,吊点布置和起吊方式要防止起吊时引起钢筋笼变形,起吊时不能使钢筋笼下端在地面上拖引,以防下端钢筋弯曲变形。

插入钢筋笼时,最重要的是使钢筋笼对准单元槽段的中心,垂直而又准确地插入槽内。钢筋笼进入槽内时,吊点中心必须对准槽段中心,然后徐徐下降,此时必须注意不要因起重臂摆动而使钢筋笼产生横向摆动,造成槽壁坍塌。

钢筋笼插入槽内后,检查其顶端高度是否符合设计要求,然后将其搁置在导墙上。如果钢筋笼是分段制作的,吊放时需接长,下段钢筋笼要垂直悬挂在导墙上,然后将上段钢筋笼垂直吊起,上、下两段钢筋笼呈直线连接。

如果钢筋笼不能顺利插入槽内,应该重新吊出,查明原因后加以解决。如果需要修槽,则在修槽之后再吊放。不能强行插放,否则会引起钢筋笼变形或使槽壁坍塌,产生大量沉渣。

至于钢筋和混凝土间的握裹力,试验证明泥浆对握裹力的影响取决于泥浆质量、钢筋在泥浆中浸泡的时间以及钢筋接头的形式(焊接、退火钢丝绑扎或镀锌钢丝绑扎)。在一般情况下,泥浆中的钢筋与混凝土之间的握裹力比正常状态下降低 15% 左右。

7. 浇筑混凝土

1)混凝土浇筑前的准备工作

接头管(箱)和钢筋笼就位后,应检查沉渣厚度,并在 4 h 内浇筑混凝土,如超过时间,应重新清底。

2)混凝土配合比的确定

在确定地下连续墙工程中所用混凝土的配合比时,应考虑混凝土采用导管法在泥浆中浇筑的特点。地下连续墙施工所用的混凝土,除满足一般水工混凝土的要求外,还应考虑泥浆中浇筑的混凝土的强度随施工条件变化较大,同时在整个墙面上的强度分散性也大,因此,混凝土应按照比结构设计规定的强度等级提高 5 MPa 进行配合比设计。

混凝土的原材料,为避免分层离析,要求采用粒度良好的河砂,粗集料宜用粒径为 5~25 mm 的河卵石。水泥应采用强度等级为 42.5~52.5 的普通硅酸盐水泥和矿渣硅酸盐水泥;单位水泥用量,粗集料如为卵石,应在 370 kg/m³ 以上,如采用碎石并掺加优良的减水剂,应在 400 kg/m³ 以上,如采用碎石而未掺加减水剂,应在 420 kg/m³ 以上。水胶比不大于 0.60。混凝土坍落度宜为 18~20 cm。

3)浇筑混凝土的注意事项

(1)地下连续墙混凝土用导管法进行浇筑。导管内混凝土和槽内泥浆的压力不同,在导管下口处存在压力差,因而混凝土可以从导管内流出。

(2)为便于混凝土向料斗供料和装卸导管,可用混凝土浇筑机架进行地下连

续墙的混凝土浇筑。机架跨在导墙上沿轨道行驶。

（3）在混凝土浇筑过程中，导管下口总是埋在混凝土内 1.5 m 以上，使从导管下口流出的混凝土将表层混凝土向上推动而避免与泥浆直接接触。但导管插入太深会使混凝土在导管内流动不畅，有时还可能产生钢筋笼上浮，因此无论在何种情况下，导管的最大插入深度也不宜超过 9 m。当混凝土浇筑到地下连续墙顶附近时，导管内混凝土不易流出，一方面要降低浇筑速度，另一方面可将导管的最小埋入深度减小为 1 m 左右，如果混凝土还浇筑不下去，可将导管上下抽动，但上下抽动范围不得超过 30 cm。

（4）浇筑混凝土置换出来的泥浆要进行处理，勿使泥浆溢到地面上。

3.3.3　土层锚杆施工

土层锚杆是土木建筑工程施工中的一项实用新技术，近年来国外已大量将其用于地下结构施工时的护墙（钢板桩、地下连续墙等的支撑），它不仅用于临时支护，而且在永久性建筑工程中也得到了广泛应用。

1. 土层锚杆的构造

锚固支护结构的土层锚杆，通常由锚头、锚头垫座、支护结构、钻孔、防护套管、拉杆（拉索）、锚固体、锚底板（有时无）等组成。

土层锚杆根据主动滑动面，分为自由段（非锚固段）和锚固段。土层锚杆的自由段处于不稳定土层中，要使它与土层尽量脱离，一旦土层有滑动，它可以伸缩，其作用是将锚头所承受的荷载传递到锚固段。

锚固段处于稳定土层中，要使它与周围土层结合牢固，通过与土层的紧密接触将锚杆所受荷载分布到周围土层中。锚固段是承载力的主要来源。锚杆锚头的位移主要取决于自由段。

2. 土层锚杆支护结构的设计分析

支护结构与刚性挡土墙不同，顶端不能自由变位。因此，土层锚杆支护结构上的土压力分布不同于刚性挡土墙上的土压力分布，而与带支撑的钢板桩上的土压力分布相似，土层锚杆支护结构上的土压力分布实际上还与锚杆的数量和分布有关。

在确定土层锚杆支护结构上的荷载时，要充分考虑雨期和地下水水位上升的影响。此外，还要注意土冻胀的影响，特别是对于对冻胀敏感的土更应注意。

有时仅土冻胀所增加的土压力值,就有可能超过正常的土压力。

1)土层锚杆承载能力的影响因素

(1)土层锚杆的承载能力随土层的物理力学性能、力学强度的提高而增加,单位荷载的变形量随土层的力学强度的提高而减小。

(2)在同类土层条件下,土层锚杆的锚固能力随埋置深度的增加而提高。

(3)成孔方式对土层锚杆的承载能力也有一定影响。

(4)灌浆压力对土层锚杆的承载能力有影响,承载能力随着土的渗透性能的增大而增加。灌浆压力对非黏性土中土层锚杆承载能力的影响比黏性土中要显著。

由于影响土层锚杆承载能力的因素众多,用公式计算的结果只能作为参考,必须通过现场实地试验,才能较精确地确定土层锚杆的极限承载能力。

2)土层锚杆的稳定性

锚杆的稳定性分为整体稳定性和深部破裂面稳定性两种,需分别予以考虑。

3)土层锚杆的徐变和沉降

徐变对永久性土层锚杆是一个重要问题,对用于基坑支护的临时性土层锚杆也是一个应考虑的问题。土层锚杆的徐变会降低其承载能力,而当土层锚杆破坏时,一般都有较大的徐变产生。

土层锚杆的徐变,由钢拉杆伸长、土的变形、锚固体伸长、拉杆与锚固体砂浆之间的徐变四个部分组成。对于土层锚杆,土的变形和钢拉杆伸长占主要地位。如土层锚杆过于细长,则锚固体的伸长也不能忽视,而拉杆与锚固体砂浆间的徐变则是微小的。

此外,土层锚杆还存在沉降问题,沉降也会影响土层锚杆的承载能力。实践证明,对土层锚杆施加预应力是减小沉降值的有效方法,土层锚杆预加应力的数值为其设计荷载的 70%～80%,与土的性质、开挖深度等有关。

3. 土层锚杆施工准备工作

土层锚杆施工的主要工作内容有钻孔、安放拉杆、灌浆和张拉锚固。在开工之前还需进行必要的准备工作。

在土层锚杆施工前,应根据设计要求、土层条件和环境条件,合理选择施工设备、器具和工艺方法。做好砂浆的配合比及强度试验、土层锚杆焊接的强度试验,验证能否满足设计要求。

(1)土层锚杆施工必须清楚施工地区的土层分布和各土层的物理力学特性（天然重度、含水量、孔隙比、渗透系数、压缩模量、凝聚力、内摩擦角等），还需了解地下水水位及其随时间的变化情况，以及地下水中化学物质的成分和含量，以便研究对土层锚杆腐蚀的可能性和应采取的防腐措施。

(2)查明土层锚杆施工地区的地下管线、构筑物等的位置和情况，研究土层锚杆施工对邻近建筑物等的影响，同时，也应研究附近的施工对土层锚杆施工带来的影响。

(3)编制土层锚杆施工组织设计，确定施工顺序；保证供水、排水和动力的需要；合理选用施工机具设备，制定机械进场、正常使用和保养维修制度；安排好劳动组织和施工进度计划；施工前应进行技术交底。

4. 钻孔

为了确保从开钻到灌浆完成全过程保持成孔形状，不发生塌孔事故，应根据地质条件、设计要求、现场情况等选择合适的成孔方法和相应的钻孔机具。钻孔机具分为三大类。

(1)冲击式钻机。靠气动冲凿成孔，适用于砂卵石、砾石地层。

(2)旋转式钻机。靠钻具旋转切削钻进成孔，有地下水时可用泥浆护壁或加套管成孔，无地下水时则可用螺旋钻杆直接排土成孔，可用于各种地层，是用得较多的钻机，但钻进速度较慢。

(3)旋转冲击式钻机。旋转冲击式钻机兼有旋转切削和冲击粉碎的优点，效率高、速度快，配上各种钻具套管等装置，可适用于各种软、硬土层，成孔方法主要如下。

①螺旋钻孔干作业法。当土层锚杆处于地下水水位以上，呈非浸水状态时，宜选用不护壁的螺旋钻孔干作业法来成孔，该法对黏土、粉质黏土、密实性和稳定性较好的砂土等土层都适用。但是当孔洞较长时，孔洞易向上弯曲，导致土层锚杆张拉时摩擦损失过大，影响以后锚固力的正常传递。

螺旋钻孔干作业法成孔有两种施工方法：一种方法是钻孔与插入钢拉杆合为一道工序，即钻孔时将钢拉杆插入空心的螺旋钻杆内，随着钻孔的深入，钢拉杆与螺旋钻杆一同到达设计规定的深度，然后边灌浆边退出钻杆，而钢拉杆即锚固在钻孔内；另一种方法是钻孔与插入钢拉杆分为两道工序，即钻孔后，在螺旋钻杆退出孔洞后再插入钢拉杆。后一种方法设备简单，简便易行，采用较多。为加快钻孔施工，可以采用平行作业法进行钻孔和插入钢拉杆。

②压水钻进成孔法。压水钻进成孔法是土层锚杆施工中应用较多的一种钻孔工艺。这种钻孔方法的优点是可以把钻孔过程中的钻进、出渣、固壁、清孔等工序一次完成，可以防止塌孔，不留残土，软、硬土都适用。但采用此法施工，工地如无良好的排水系统，会产生较多积水，有时会给施工带来麻烦。钻进时冲洗液(压力水)从钻杆中心流向孔底，在一定水头压力(0.15～0.30 MPa)下，水流携带钻削下来的土屑从钻杆与孔壁之间的孔隙处排出孔外。钻进时要不断供水冲洗(包括接长钻杆和暂停机时)，而且要始终保持孔口的水位。待钻到规定深度(一般钻孔深度要大于土层锚杆长度 0.5～1.5 m)后，继续用压力水冲洗残留在钻孔中的土屑，直至水流不浑浊为止。

钻进时，如遇到流砂层，应适当加快钻进速度，降低冲孔水压，保持孔内水头压力。对于杂填土地层，应设置护壁套管钻进。

③潜钻成孔法。潜钻成孔法是利用风动冲击式潜孔冲击器成孔，这种工具原来是用来穿越地下电缆的，它长不足 1 m，直径为 78～135 mm，由压缩空气驱动，内部装有配气阀、汽缸和活塞等机械。它利用活塞往复运动作定向冲击，使潜孔冲击器挤压土层向前钻进。它始终潜入孔底工作，冲击功在传递过程中损失小，具有成孔效率高、噪声小等特点，因此，潜钻成孔法宜用于孔隙率大、含水量较低的土层中。

为了控制冲击器，使其在钻进到预定深度时能将其退出孔外，还需配备一台钻机，将钻杆连接在冲击器尾部，待达到预定深度后，由钻杆沿钻机导向架后退，将冲击器带出钻杆。导向架还能控制成孔器成孔的角度。

5.安放拉杆

土层锚杆用的拉杆，常用的有钢管(钻杆用作拉杆)、粗钢筋、钢丝束和钢绞线。其主要根据土层锚杆的承载能力和现有材料的情况来选择。

1)钢筋拉杆

钢筋拉杆由一根或数根粗钢筋组合而成，其长度应为土层锚杆设计长度加上张拉长度。钢筋拉杆防腐蚀性能好，易于安装，当土层锚杆承载能力不是很大时应优先考虑选用。对有自由段的土层锚杆，钢筋拉杆的自由段要做好防腐和隔离处理。防腐层施工时，宜先清除拉杆上的铁锈，再涂一层环氧防腐漆冷底子油，待其干燥后，再涂一层环氧玻璃钢(或玻璃聚氨酯预聚体等)，待其固化后，再缠绕两层聚乙烯塑料薄膜。

土层锚杆的长度一般都在 10 m 以上，有的达 30 m 甚至更长。为了将拉杆

安置在钻孔的中心,在拉杆表面需设置定位器(或撑筋环)。钢筋拉杆的定位器用细钢筋制作,在钢筋拉杆轴心按120°夹角布置,间距一般为2~2.5 m。

2)钢丝束拉杆

钢丝束拉杆可以制成通长一根,它的柔性较好,往钻孔中沉放较方便。但施工时应将灌浆管与钢丝束绑扎在一起同时沉放,否则放置灌浆管有困难。

钢丝束拉杆的自由段需理顺扎紧,然后进行防腐处理。钢丝束拉杆的锚固段也需要用定位器,该定位器为撑筋环。钢丝束拉杆的锚头要能保证各根钢丝受力均匀,按预应力结构锚具选用,常用的有镦头锚具等。

3)钢绞线拉杆

钢绞线拉杆的柔性更好,向钻孔中沉放更容易。锚固段的钢绞线要仔细清除其表面的油脂,以保证与锚固体砂浆有良好的黏结。自由段的钢绞线要套以聚丙烯防护套等进行防腐处理,钢绞线拉杆需用特制的定位架。

6.压力灌浆

土层锚杆插到孔内预定位置后,即可灌浆。灌浆是使土层锚杆和浆液、浆液和土层紧密结合成一体,从而抗拒拉力的最重要工序。在施工时,应将有关数据记录下来,以备将来查用。灌浆的作用是:形成锚固段,将土层锚杆锚固在土层中;防止钢筋拉杆腐蚀;填充土层中的孔隙和裂缝。浆液根据不同的土层设计选用。目前用得最多的是水泥浆和水泥砂浆。灌浆管为钢管或胶管,随拉杆入孔。灌浆方法有一次灌浆法和二次灌浆法两种。

(1)一次灌浆法只用一根灌浆管,利用泥浆泵进行灌浆,灌浆管端距孔底20 cm左右,待浆液流出孔口时,用水泥袋纸等捣塞入孔口,并用湿黏土封堵孔口,严密捣实,再以2~4 MPa的压力进行补灌,要稳压数分钟灌浆才结束。

(2)二次灌浆法要用两根灌浆管(ϕ20镀锌钢管),第一次灌浆用灌浆管的管端距离锚杆末端50 cm左右,将管底出口处用黑胶布等封住,以防沉放时土进入管口。第二次灌浆用灌浆管的管端距离锚杆末端100 cm左右,管底出口处也用黑胶布封住,且从管端50 cm处开始向上每隔2 m左右做出1 m长的花管,花管的孔眼为ϕ8,花管的段数视锚固段长度而定。

第一次灌浆是灌注水泥砂浆,利用普通的单缸活塞式压浆机,其压力为0.3~0.5 MPa,流量为100 L/min。水泥砂浆在上述压力作用下冲出封口的黑胶布流向钻孔。因钻孔后曾用清水洗孔,孔内可能残留部分水和泥浆,但由于灌入的水泥砂浆相对密度较大,能够将残留在孔内的泥浆等置换出来。第一次灌浆量根据孔径和锚固段的长度而定。第一次灌浆后把灌浆管拔出,可以重复使用。

待第一次灌注的浆液初凝后,进行第二次灌浆,利用 BW200-40/50 型等泥浆泵,控制压力为 2 MPa 左右,要稳压 2 min,浆液冲破第一次灌浆体,向锚固体与土的接触面之间扩散,锚固体直径扩大,增加径向压应力。挤压作用导致锚固体周围的土受到压缩,孔隙比减小,含水量减小,内摩擦角增加,因此二次灌浆法可以显著提高土层锚杆的承载能力。

7. 张拉与锚固

土层锚杆灌浆后,待锚固体强度达到设计强度的 80% 以上,便可对锚杆进行张拉和锚固。张拉前,应在施工现场选 2 根或总根数的 2% 进行抗拉拔试验,以确定对土层锚杆施加张力的数值,并在支护结构上安装围檩。张拉用设备与预应力结构张拉所用设备相同。

预加应力的土层锚杆,要正确估算预应力损失。由于土层锚杆与一般预应力结构不同,导致预应力损失的因素主要有以下几项。

(1)张拉时由摩擦造成的预应力损失。

(2)锚固时由锚具滑移造成的预应力损失。

(3)钢材松弛产生的预应力损失。

(4)相邻锚杆施工引起的预应力损失。

(5)支护结构(板、桩、墙等)变形引起的预应力损失。

(6)土体蠕变引起的预应力损失。

(7)温度变化造成的预应力损失。

上述几项预应力损失,应结合工程具体情况进行计算。

8. 锚杆试验

锚杆由锚头、拉杆和锚固体三个部分组成。因此,锚杆的承载能力是由锚头传递荷载的能力、拉杆的抗拉能力和锚固体的锚固能力决定的,其承载能力取决于上述三种能力中的最小值。

拉杆的抗拉能力易于确定,锚头可用预应力混凝土构件的锚具,其传递荷载的能力也易于确定,所以,锚杆试验的主要内容是确定锚固体的锚固能力。

我国对锚杆试验有如下规定。

1)一般规定

(1)锚杆锚固段的浆体强度压到 15 MPa 或达到设计强度等级的 75% 时,方可进行锚杆试验。

(2)加载装置(千斤顶、油泵)的额定拉力必须大于试验拉力,且试验前应进行标定。

(3)加荷反力装置的承载力和刚度应满足最大试验荷载要求。

(4)计量仪表(测力计、位移计等)应满足测试要求的精度。

(5)基本试验和蠕变试验的锚杆数量应不少于 3 根,且试验锚杆的材料、尺寸及施工工艺应与工程锚杆相同。

(6)验收试验锚杆的数量应取锚杆总数的 5%,且不得少于 3 根。

2)基本试验

(1)基本试验最大的试验荷载,不宜超过锚杆承载力标准值的 90%。

(2)锚杆基本试验应采用循环加、卸荷载法,加荷等级与锚头位移测读间隔时间应按规定确定。

(3)锚杆破坏标准。

①后一级荷载产生的锚头位移增量达到或超过前一级荷载产生的位移增量的 2 倍时。

②锚头位移不稳定。

③锚杆杆体拉断。

(4)试验结果应按循环荷载与对应的锚头位移读数列表整理,并绘制锚杆荷载-位移(Q-S)曲线、锚杆荷载-弹性位移(Q-S_e)曲线和锚杆荷载-塑性位移(Q-S_p)曲线。

(5)锚杆弹性变形不应小于自由段长度变形计算值的 80%,且不应大于自由段长度与 1/2 锚固段长度之和的弹性变形计算值。

(6)锚杆极限承载力取破坏荷载的前一级荷载,在最大试验荷载下未达到规定的锚杆破坏标准时,锚杆极限荷载取最大荷载。

3)验收试验

(1)最大试验荷载取锚杆轴向受拉承载力设计值 N_u。

(2)锚杆验收试验加荷等级及锚头位移测读间隔时间应符合下列规定:

①初始荷载宜取锚杆轴向拉力设计值的 10%;

②加荷等级与观测时间宜按规定进行;

③在每级加荷等级观测时间内,测读锚头位移不应少于 3 次;

④达到最大试验荷载后观测 15 min,然后卸荷至 $0.1\ N_u$,并测读锚头位移。

(3)试验结果宜按每级荷载对应的锚头位移列表整理,并绘制锚杆荷载-位移(Q-S)曲线。

(4)锚杆验收标准:

①在最大试验荷载作用下,锚头位移相对稳定;

②应符合上述基本试验中的规定。

3.3.4　土钉支护施工

随着国内高层建筑和基础设施的大规模兴建,深基坑开挖项目越来越多,在基坑开挖中,由于经济、可靠,且施工快速、简便,对场地土层的适应性强,结构轻巧,柔性大,有很好的延性等,土钉支护现已成为桩、墙、撑、锚支护之后的又一项较为成熟的支护技术。但土钉支护也存在一定的局限性:如现场需有允许设置土钉的地下空间;当基坑附近有地下管线或建筑物基础时,在施工时有相互干扰的可能;在松散砂土,软塑、流塑黏性土以及有丰富地下水源的情况下,不能单独使用土钉支护,必须与其他的土体加固支护方法相结合;土钉支护如果作为永久性结构,需要专门考虑锈蚀等耐久性问题。

1. 土钉支护的构造和工作机理

1)土钉支护的构造

土钉支护一般由土钉、面层和防水系统组成。土钉的特点是沿通长与周围土体接触,以群体起作用,与周围土体形成一个组合体,在土体发生变形的条件下,通过与土体接触界面上的黏结力或摩擦力,使土钉被动受拉,并主要通过受拉工作给土体以约束加固或使其稳定。

2)土钉支护的工作机理

土钉与锚杆从表面上看有类似之处,但二者有着不同的工作机理。

锚杆沿全长分为自由段和锚固段,在挡土结构中,锚杆作为桩、墙等挡土构件的支点,将作用于桩、墙上的侧向土压力通过自由段、锚固段传递到深部土体上。除锚固段外,锚杆在自由段长度上受到同样大小的拉力,但是土钉所受的拉力沿其整个长度都是变化的,一般是中间大,两头小,土钉支护中的喷混凝土面层不属于主要挡土部件,在土体自重作用下,它的主要作用只是稳定开挖面上的

局部土体,防止其崩落和受到侵蚀。土钉支护是以土钉和它周围加固了的土体一起作为挡土结构,类似重力式挡土墙。

锚杆一般都在设置时预加拉应力,给土体以主动约束;而土钉一般是不加预应力的,土钉只有在土体发生变形以后才能使它被动受力,土钉对土体的约束需要以土体本身的变形作为补偿,所以不能认为土钉那样的筋体具有主动约束机制。

锚杆的设置数量通常有限,而土钉则排列较密,在施工精度和质量要求上都没有锚杆那样严格。当然锚杆中也有不加预应力,并沿通长注浆与土体黏结的特例,在特定的布置情况下,也就过渡到土钉了。

2. 土钉支护的结构设计分析

1)外部稳定性分析(体外破坏)

整个支护作为一个刚体,发生下列失稳:

(1)沿支护底面滑动;

(2)绕支护面层底端(墙趾)倾覆,或支护底面产生较大的竖向土压力,超过地基土的承载能力;

(3)连同周围和基底深部土体滑动。

2)内部稳定性分析(体内破坏)

当内部稳定性破坏时,土体破坏面就会全部或部分穿过加固了的土体内部。有时将土体破坏面部分穿过加固土体的情况称为混合破坏。内部稳定性分析多采用边坡稳定的概念,与一般土坡稳定的极限平衡分析方法相同,只不过在破坏面上需要计入土钉的作用。

当支护内有薄弱土层时,还要验算沿薄弱层面滑动的可能性。

土钉支护还必须验算施工各阶段,即开挖至各个不同深度时的稳定性。需要考虑的不利情况是已开挖到某一作业面的深度,但尚未能设置这一步的土钉。

3. 土钉支护的施工

1)施工准备

在进行土钉墙施工前,要认真检查原材料,机具的型号、品种、规格,土钉各部件的质量、主要技术性能是否符合设计和规范要求。平整好场地道路,搭设好钻机平台。做好土钉所用砂浆的配合比和强度试验,以及构件焊接强度试验,验证能否满足设计要求。

土钉注浆材料应符合下列规定：

(1)注浆材料宜选用水泥浆或水泥砂浆,其中水泥浆的水胶比宜为 0.5;水泥砂浆配合比(质量比)宜为 1∶1～1∶2,水胶比宜为 0.38～0.45;

(2)水泥浆、水泥砂浆应拌和均匀,随拌随用,一次拌和的水泥浆、水泥砂浆应在初凝前用完。

2)钻孔

根据不同的土质情况,采用不同的成孔作业法进行施工。对于一般土层,当孔深小于等于 15 m 时,可选用洛阳铲或螺旋钻施工;当孔深大于 15 m 时,宜选用土锚专用钻机和地质钻机施工。对饱和土易塌孔的地层,宜采用跟管钻进工艺。掌握好钻机钻进速度,保证孔内干净、圆直,孔径符合设计要求。钻孔时如发现水量较大,要预留导水孔。

土钉成孔施工宜符合下列规定：

(1)孔深允许偏差为±50 mm;

(2)孔径允许偏差为±5 mm;

(3)孔距允许偏差为±100 mm;

(4)成孔倾角允许偏差为±5％。

3)开挖

土钉支护应按设计规定的分层开挖深度及作业顺序施工,在未完成上层作业面的土钉与喷混凝土支护以前,不得进行下一层深度的开挖。当基坑面积较大时,允许在距离四周边坡超过 8～10 m 的基坑中部自由开挖,但应注意与分层作业区的开挖相协调。为防止基坑边坡的裸露土体发生塌陷,对于易塌的土体可考虑采用以下措施：

(1)对修整后的边壁立即喷上一层薄的砂浆或混凝土,待凝结后再进行钻孔;

(2)在作业面上先构筑钢筋网喷混凝土面层,然后进行钻孔并设置土钉;

(3)在水平方向上分小段间隔开挖;

(4)先将作业深度上的边壁做成斜坡以保持稳定,然后进行钻孔并设置土钉;

(5)在开挖前,沿开挖面垂直击入钢筋或钢管,或注浆加固土体。

4)确定排水系统

土钉支护宜在排除地下水的条件下进行施工,应采用恰当的排水系统,包括

地表排水、支护内部排水以及基坑排水,以避免土体处于饱和状态,并减轻作用于面层上的静水压力。

基坑四周支护范围内的地表应加以修整,构筑排水沟和水泥地面,防止地表降水向地下渗透。靠近边坡处的地面应适当垫高,以便于水流远离边坡。一般情况下,可在支护基坑内选用人工降水,以满足基坑工程、基础工程的施工。

5)设置注浆

土钉成孔采用的机具应符合土层的特点,满足成孔要求,在进钻和抽出过程中不引起塌孔。在易塌孔的土体中钻孔时,应采用套管成孔或挤压成孔。钻孔前,应根据设计要求定出孔位并作出标记和编号。孔位允许偏差不大于200 mm,成孔的倾角误差不大于±3°。

当成孔过程中遇有障碍需调整孔位时,不得损害支护原定的安全程度。对成孔过程中取出土体的特征应按土钉编号逐一加以记录并及时与初步设计时所认定的特征加以对比,发现有较大偏差时应及时修改土钉的设计参数。钻孔后要进行清孔检查,对于孔中出现的局部渗水塌孔或掉落松土应立即处理,土钉钢筋置入孔中前,应先装上对中用的定位支架,保证钢筋处于钻孔的中心部位,支架沿钉长的间距为2～3 m,支架的构造应不妨碍浆液自由流动。支架可为金属或塑料件。

土钉钢筋置入孔中后,可采用重力、低压或高压方法注浆填孔。通常宜用0.4～0.6 MPa的低压注浆。压力注浆时应在钻孔口部设置止浆塞(如为分段注浆,止浆塞置于钻孔内规定的中间位置),注满后保持压力3～5 min。

对于下倾的斜孔,采用重力或低压(0.4～0.6 MPa)注浆时应选择底部注浆方式。注浆导管底端应先插入孔底,在注浆的同时匀速缓慢地撤出导管,导管的出浆口应始终处于孔口浆体的表面以下,以保证孔中的气体能全部逸出。

对于水平钻孔,需用口部压力注浆或分段压力注浆,此时必须配排气管,并与土钉钢筋绑牢,在注浆前与土钉钢筋同时送入孔中。注浆用水泥砂浆的水胶比不宜超过0.4～0.45。当用水泥净浆时,水胶比不宜超过0.45～0.5,并应加入适宜的外加剂以促进早凝或控制泌水。

施工时当浆体稠度不能满足要求时,可外加化学高效减水剂,不得任意加大用水量。每次向孔内注浆时,应预先计算所需的浆体体积,并根据注浆泵的冲程数求出实际向孔内注入的浆体体积,以确认注浆的充填程度。实际注浆量必须超过孔的体积。

注浆作业应符合以下规定:

（1）注浆前应将孔内残留或松动的杂土清除干净，注浆开始或中途停止超过30 min 时，应用水或稀水泥浆润滑注浆泵及其管路；

（2）注浆时，注浆管应插至距孔底 250～500 mm 处，孔口部位宜设置止浆塞及排气管；

（3）土钉钢筋应设置定位支架。

6）钢筋网喷混凝土面层

在喷射混凝土前，面层内的钢筋网应牢固地固定在边壁上，并应符合规定的保护层厚度要求。钢筋网片可用插入土中的钢筋固定，在混凝土喷射下不应出现振动。喷射混凝土的射距宜在 0.8～1.5 m 范围内，并从底部逐渐向上部喷射。射流方向一般应垂直指向喷射面，但在钢筋部位，应先喷填钢筋后方，然后再喷填钢筋前方，防止在钢筋背面出现空隙。为了保证施工时的喷射混凝土厚度达到规定值，可在边壁面上垂直打入短的钢筋段作为标志。当面层厚度超过120 mm 时，应分两次喷射。当继续进行下步喷射混凝土作业时，应仔细清除施工缝接合面上的浮浆层和松散碎屑，并喷水使之潮湿。

钢筋网在每边的搭接长度至少不小于一个网格边长。如为搭焊，则焊接长度不小于网筋直径的 10 倍。喷射混凝土完成后应至少养护 7 d，可根据当地环境条件，采取连续喷水、织物覆盖浇水或喷涂养护等养护方法。喷射混凝土的粗集料最大粒径不宜大于 12 mm，水胶比不宜大于 0.45，应通过外加减水剂和速凝剂来调节所需坍落度和早强时间。当采用干法施工时，空压机风量不宜小于9 m³/min，以防止堵管，喷头水压不应小于 0.15 MPa。喷前应对操作人员进行技术考核。

喷射混凝土面层中的钢筋网铺设应符合下列规定。

（1）钢筋网应在喷射一层混凝土后铺设，钢筋保护层厚度不宜小于 20 mm。

（2）采用双层钢筋网时，第二层钢筋网应在第一层钢筋网被混凝土覆盖后铺设。

（3）钢筋网与土钉应连接牢固。喷射混凝土作业应符合下列规定：

①喷射作业应分段进行，同一分段内喷射顺序应自下而上，一次喷射厚度不宜小于 40 mm；

②喷射混凝土时，喷头与受喷面应保持垂直，距离宜为 0.6～1.0 m；

③喷射混凝土终凝 2 h 后，应喷水养护，养护时间根据气温确定，宜为 3～7 d。

7)张拉与锁定土钉

张拉前应对张拉设备进行标定,当土钉注浆固结体和承压面混凝土强度均大于 15 MPa 时方可张拉。锚杆张拉应按规范要求逐级加荷,并按规定的锁定荷载进行锁定。

土钉墙应按下列规定进行质量检测:

(1)土钉采用抗拉试验检测承载力,在同一条件下,试验数量宜不少于土钉总数的 1%,且应不少于 3 根;

(2)墙面喷射混凝土厚度应采用钻孔检测,钻孔数宜每 100 m² 墙面积为一组,每组应不少于 3 个点。

3.4 深基坑工程土方开挖

3.4.1 基坑土方开挖施工的地质勘察和环境调查

1.地质勘察与资料收集

基坑工程的岩土勘察一般不单独进行,应与主体结构的地基勘探同时进行。在制定地基勘察方案时,除满足主体建筑设计要求外,也应同时满足基坑工程设计和施工要求,因此,宜统一规定勘察要求。已经有了勘察资料,但其不能满足基坑工程设计和施工要求时,宜再进行补充勘察。

1)工程地质资料

基坑工程的岩土勘察一般应提供下列资料:

(1)场地土层的成因类型、结构特点、土层性质及夹砂情况;

(2)基坑及围护墙边界附近,场地填土、暗浜、古河道及地下障碍物等不良地质现象的分布范围与深度,并表明其对基坑的影响;

(3)场地浅层潜水和坑底深部承压水的埋藏情况,土层的渗流特性及产生管涌、流砂的可能性;

(4)支护结构设计和施工所需的土、水等参数。

岩土勘察测试的土工参数,应根据基坑等级、支护结构类型、基坑工程的设计和施工要求而定。

对特殊的不良土层,还需查明其膨胀性、湿陷性、触变性、冻胀性、液化势等参数。在基坑范围内土层夹砂变化较复杂时,宜采用现场抽水试验方法测定土层的渗透系数。

内摩擦角和黏聚力宜采用直剪固结快剪试验取得,需提供峰值和平均值。

总应力抗剪强度、有效抗剪强度,宜采用三轴固结不排水剪试验、直剪慢剪试验取得。

当支护结构设计需要时,还可采用专门原位测试方法测定设计所需的基床系数等参数。

2)水文地质资料

基坑范围及附近的地下水水位情况对基坑工程设计和施工有直接影响,尤其在软土地区和附近有水体时影响更大。为此在进行岩土勘察时,应提供下列数据和情况:

(1)地下各含水层的初见水位和静止水位;

(2)地下各土层中,水的补给情况和动态变化情况,以及与附近水体的连通情况;

(3)基坑坑底以下承压水的水头高度和含水层的界面;

(4)当地下水对支护结构有腐蚀性影响时,应查明污染源及地下水流向。

3)地下障碍物勘察重点

地下障碍物的勘察,对基坑工程的顺利进行十分重要。在基坑开挖之前,要弄清基坑范围内和围护墙附近地下障碍物的性质、规模、埋置深度等,以便采取适当措施加以处理。

勘察重点内容如下:

(1)是否存在旧建(构)筑物的基础和桩;

(2)是否存在废弃的地下室、水池、设备基础、人防工程、废井、驳岸等;

(3)是否存在厚度较大的工业垃圾和建筑垃圾。

2.基础周围环境及地下管线等状况勘察

基坑开挖带来的水平位移和地层沉降会影响周围邻近建(构)筑物、道路和地下管线,该影响如果超过一定范围,就会影响其正常使用或带来较严重的后果,所以在基坑工程设计和施工中一定要采取措施,保护周围环境,将该影响控制在允许范围内。

为减少基坑施工带来的不利影响,在施工前要对周围环境进行调查,做到心

中有数,以便采取有针对性的有效措施。

1)基坑周围邻近建(构)筑物状况调查

在大、中城市建筑物稠密地区进行基坑工程施工,宜对下述内容进行调查:

(1)周围建(构)筑物的分布及其与基坑边线的距离;

(2)周围建(构)筑物的上部结构形式、基础结构及埋置深度、有无桩基和对沉降差异的敏感程度,需要时要收集和查阅有关的设计图纸;

(3)周围建筑物是否属于历史文物或近代优秀建筑,或对使用有特殊、严格的要求;

(4)如周围建(构)筑物在基坑开挖之前已经存在倾斜、裂缝、使用不正常等情况,需通过拍片、绘图等手段收集有关资料,必要时请有资质的单位事先进行分析鉴定。

2)基坑周围地下管线状况调查

在大、中城市进行基坑工程施工,基坑周围的主要管线为煤气、上水、下水和电缆管道。

(1)煤气管道。应调查掌握的内容:与基坑的相对位置、埋置深度、管径、管内压力、接头构造、管材、每个管节长度、埋设年代等。

煤气管的管材一般为钢管或铸铁管,管节长度为 4~6 m,管径一般为 100 mm、150 mm、200 mm、250 mm、300 mm、400 mm、500 mm。铸铁管接头构造为承插连接、法兰连接和机械连接;钢管多为焊接或法兰连接。

(2)上水管道。应调查掌握的内容:与基坑的相对位置、埋置深度、管径、管材、管节长度、接头构造、管内水压、埋设年代等。

上水管常用的管材有铸铁管、钢筋混凝土管或钢管,管节长度为 3~5 m,管径为 100~2000 mm。铸铁管接头多为承插式接头和法兰接头;钢筋混凝土管多为承插式接头;钢管多用焊接。

(3)下水管道。应调查掌握的内容:与基坑的相对位置、管径、埋置深度、管材、管内水压、管节长度、基础形式、接头构造、井间距等。

(4)电缆管道。电缆的种类很多,有高压电缆、通信电缆、照明电缆、防御设备电缆等。有的放在电缆沟内,有的架空,有的用共同沟,多种电缆放在一起。应调查掌握的内容:与基坑的相对位置、埋置深度(或架空高度)、规格型号、使用要求、保护装置等。

3)基坑周围邻近地下构筑物及设施调查

如基坑周围邻近有地铁隧道、地铁车站、地下车库、地下商场、地下通道、人防、管线共同沟等,应调查其与基坑的相对位置、埋置深度、基础形式与结构形式、对变形与沉降的敏感程度等。这些地下构筑物及设施往往有较高的要求,进行邻近深基坑施工时要采取有效措施。

4)周围道路状况调查

在城市繁华地区进行基坑工程施工,经常会遇到邻近有道路的情况。这些道路的重要性各不相同,有些是次要道路,有些则属于城市干道。这些道路一旦因为变形过大而遭到破坏,会产生严重后果。为此,在进行深基坑施工之前应调查下述内容:

(1)周围道路的性质、类型、与基坑的相对位置;

(2)交通状况与重要程度;

(3)交通通行规则(单行道、双行道、禁止停车等);

(4)道路的路基与路面结构。

5)周围施工条件调查

基坑现场周围的施工条件对基坑工程设计和施工具有直接影响,因此,事先必须加以调查了解。

(1)了解施工现场周围的交通运输、商业规模等特殊情况,了解在基坑工程施工期间对土方和材料、混凝土等运输有无限制,必要时是否允许阶段性封闭施工等,这些对选择施工方案有影响。

(2)了解施工现场附近对施工产生的噪声和振动的限制。如对施工噪声和振动有严格的限制,则影响桩型选择和支护结构的爆破拆除。

(3)了解施工场地条件,明确是否有足够场地供运输车辆运行、堆放材料、停放施工机械、加工钢筋等,以便确定是全面施工、分区施工,还是用逆筑法施工。

3. 施工工程的地下结构设计资料调查

主体工程地下结构设计资料是基坑工程设计的重要依据之一,应对其进行收集和了解。基坑工程施工图设计多在主体工程设计结束之后,基坑工程施工之前进行,但为了使基坑工程设计与主体工程之间协调,使基坑工程的实施更加经济,对大型深基坑工程,应在主体结构设计阶段就着手进行,以便协调基坑工程与主体工程结构之间的关系。如地下结构用逆筑法施工,则围护墙和中间支承柱(中柱桩)的布置就需与主体工程地下结构设计密切结合;如大型深基坑工程支护结构的设计,其立柱的布置、多层支撑的布置和换撑等,皆与主体结构工程桩的布置、地下结构底板和楼盖标高等密切相关。

进行基坑工程设计之前,应对下述地下结构设计资料进行了解。

(1)主体工程地下室的平面布置和形状,以及与建筑红线的相对位置。这是选择支护结构形式、进行支撑布置等必须参考的资料。如基坑边线贴近建筑红线,则需选择厚度较小的支护结构的围护墙;如平面尺寸大、形状复杂,则在布置支撑时需加以特殊处理。

(2)主体工程基础的桩位布置图。在进行围护墙布置和确定立柱位置时,必须了解桩位布置。尽量利用工程桩作为支护结构的立柱桩,以降低支护结构费用,实在无法利用工程桩时才另设立柱桩。

(3)主体结构地下室的层数、各层楼板和底板的布置与标高,以及地面标高。根据天然地面标高和地下室底板底标高,可确定基坑开挖深度,这是选择支护结构形式、确定降水和挖土方案的重要依据。

了解各层楼盖和底板的布置,可方便支撑的竖向布置和确定支撑的换撑方案。楼盖局部缺少时,还需考虑水平支撑换撑时如何传力等。

(4)对电梯井落深的深坑,要了解其位置及落深深度,因为它影响支护结构计算深度的确定及深坑的支护或加固措施。

3.4.2　基坑土方开挖施工准备

(1)选择开挖机械。除很小的基坑外,一般基坑开挖均应优先采用机械开挖方案。目前基坑工程中常用的挖土机械有推土机、铲运机、正铲挖土机、反铲挖土机、拉铲挖土机、抓铲挖土机等,前三种机械适用于土的含水量较小且较浅的基坑,后三种机械则适用于土质松软、地下水水位较高或不进行降水的较深、较大的基坑,或者在施工方案比较复杂时采用,如逆作法挖土等。总之,挖土机械的选择应考虑到地基土的性质、工程量的大小、挖土机和运输设备的行驶条件等。

(2)确定开挖程序。较浅基坑可以一次开挖到底,较深、较大的基坑则一般采用分层开挖方案,每次开挖深度可结合支撑位置确定,挖土进度应根据预估位移速率及天气情况确定,并在实际开挖后进行调整。为保持基坑底土体的原状结构,应根据土体情况和挖土机械类型,在坑底以上保留 5～30 cm 土层由人工挖除。进行两层或多层开挖时,挖土机和运土汽车需下至基坑内施工,故在适当部位需留设坡道,以便运土汽车上、下,且坡道两侧有时需进行加固处理。

(3)布置施工现场平面。基坑工程往往面临施工现场狭窄而基坑周边堆载又需要严格控制的难题,因此必须根据现有场地对装土、运土及材料进场的交通路线、施工机械放置、材料堆场、工地办公及食宿生产场所等进行全面规划。

(4)拟定降、排水措施及冬期、雨期、汛期施工措施。当地下水水位较高且土体的渗透系数较大时应进行井点降水。井点降水可采用轻型井点、喷射井点、电渗井点、深井井点等,可根据降水深度要求、土体渗透系数及邻近建(构)筑物和管线情况选用。排水措施在基坑开挖中的作用也比较重要,设置得当可有效地防止雨水浸透土层而造成土体强度降低。

(5)拟定合理的施工监测计划。施工监测计划是基坑开挖施工组织计划的重要组成部分,从工程实践来看,凡是在施工过程中进行了详细监测的基坑工程,其事故率远小于未进行监测的基坑工程。

(6)拟定合理的应急措施。为预防在基坑开挖过程中出现意外,应事先对工程进展情况预估,并制订可行的应急措施,做到防患于未然。

3.4.3　深基坑土方开挖方案

高层建筑基础埋置深度较大,在城市建设中场地狭窄,施工现场附近有建筑物、道路和地下管线纵横交错,在很多情况下不允许采用较经济的放坡开挖,而需要在人工支护条件下进行基坑开挖。有支护结构的土方开挖,多为垂直开挖(采用土钉墙时有陡坡)。

其挖土方案主要有分段开挖、分层开挖、中心岛式挖土、盆式挖土、逆作法挖土。

(1)分段开挖。分段开挖即开挖一段施工一段混凝土垫层或基础,必要时可在已封底的基底与围护结构之间加斜撑。这是基坑开挖中常见的开挖方式,在施工环境复杂、土质不理想或基坑开挖深浅不一致,或基坑平面几何不规则时均可应用。分段开挖位置、分段大小和开挖顺序要依据地下空间平面、施工工作面条件和工期等因素来确定。

(2)分层开挖。分层开挖适用于开挖较深或土质较软弱的基坑。分层开挖时,分层厚度要视土质情况进行稳定性计算,以确保在开挖过程中土体不滑移,基桩不位移、倾斜。软土地基控制分层厚度一般在 2 m 以内,硬质土可控制在 5 m 以内。开挖顺序也要依据施工现场工作面和土质条件的情况而定,可以从基坑的一侧开挖,也可从基坑的两个相对的方向对称开挖,或从基坑中间向两边平行对称开挖,或从分层交替开挖方向开挖。

(3)中心岛式挖土。中心岛式挖土采用预留基坑中间部位土体,先开挖周边

支撑下的土方,最后挖去中心的土体。该方法不仅土方开挖方便,而且可利用中间的土墩作为支点搭设栈桥,有利于挖土机和运输车辆进入基坑,或多机接力转驳运土。该方法宜用于大型基坑。

(4)盆式挖土。盆式挖土是先开挖基坑中间部分的土,周围四边留土坡,土坡最后挖除。这种挖土方式的优点是周边的土坡对围护墙有支撑作用,有利于减少围护墙的变形。其缺点是大量的土方不能直接外运,需集中提升后装车外运。

(5)逆作法挖土。逆作法挖土是高层建筑多层地下室和其他多层地下结构的有效施工方法,它的工艺原理:先沿建筑物地下室轴线进行地下连续墙或其他支护结构施工,同时在建筑物内部的有关位置(柱子或隔墙相交处等,根据需要计算确定)浇筑或打下中间支撑柱,作为施工期间于底板封底之前承受上部结构自重和施工荷载的支撑,然后施工地面一层的梁、板等楼面结构,作为地下连续墙刚度很大的支撑,随后逐层向下开挖土方和浇筑各层地下结构,直至底板封底。

3.4.4　机械开挖土方

土方工程工程量大,工期长。为节约劳动力,降低劳动强度,加快施工速度,土方工程的开挖、运输、填筑、压实等施工过程应尽量采用机械施工。

土方工程施工机械的种类很多,有推土机、铲运机、单斗挖土机、多斗挖土机和装载机等。而在高层建筑工程施工中,尤以推土机、铲运机和单斗挖土机应用最广。施工时,应根据工程规模、地形条件、水文性质情况和工期要求正确选择土方施工机械。

1.推土机施工

推土机是在履带式拖拉机的前方安装推土铲刀(推土板)制成的。按铲刀的操纵机构不同,推土机分为索式和液压式两种。

推土机能单独完成挖土、运土和卸土工作,具有操纵灵活、运转方便、所需工作面较小、行驶速度较快等特点。推土机主要适用于一到三类土的浅挖短运,如场地清理或平整、开挖深度不大的基坑以及回填、推筑高度不大的路基等。此外,推土机还可以牵引其他无动力的土方机械,如拖式铲运机、松土器、羊足碾等。推土机推运土方的运距,一般不超过 100 m,运距过长,土将从铲刀两侧流失过多,影响其工作效率,经济运距一般为 30~60 m,铲刀刨土长度一般为 6~

10 m。

推土机的工作效率主要决定于推土板推移土的体积及切土、推土、回程等工作的循环时间。为了提高推土机的工作效率,可采取下坡推土法(利用自重增加推土能力,缩短时间)、并列推土法(在场地较大时用 2～3 台推土机并列推土以减少土的散失)、槽形推土法(利用前次推土形成的沟槽推土以减少土的散失)和分批集中、一次推送法(运距远、土质硬时用)等,还可在推土板两侧附加侧板,以增加推土体积。

2. 铲运机施工

铲运机是一种能综合完成挖、装、运、填的机械,对行驶道路要求较低,操纵灵活,生产率较高。按行走机构可将铲运机分为自行式铲运机和拖拉式铲运机两种;按铲斗操纵方式,又可将铲运机分为索式和油压式两种。

铲运机一般适用于含水量不大于 27% 的一到三类土的直接挖运,常用于坡度在 20° 以内的大面积场地平整、大型基坑的开挖、堤坝和路基的填筑等。铲运机不适于在砾石层、冻土地带和沼泽地区使用。在坚硬土层开挖时要用推土机助铲或用松土器配合。拖式铲运机的运距以不超过 800 m 为宜,当运距在 300 m 左右时效率最高;自行式铲运机的行驶速度快,可适用于稍长距离的挖运,其经济运距为 800～1500 m,但不宜超过 3500 m。铲运机适宜在松土、普通土且地形起伏不大(坡度在 20° 以内)的大面积场地上施工。

铲运机的基本作业包括铲土、运土、卸土三个工作行程和一个空载回驶行程。在施工中,由于挖填区的分布情况不同,为了提高工作效率,应根据不同施工条件(工程大小、运距长短、土的性质和地形条件等),选择合理的开行路线和施工方法。铲运机的开行路线种类如下。

(1)环形路线。地形起伏不大,施工地段较短时,多采用环形路线。小环形路线是一种既简单又常用的路线。从挖方到填方按环形路线回转,每循环一次完成一次铲土和卸土,挖填交替;当挖方、填方之间的距离较短时可采用大环形路线,一个循环可完成多次铲土和卸土,这样可减少铲运机的转弯次数,提高工作效率。作业时应时常按顺、逆时针方向交换行驶,以避免机械行驶部分单侧磨损。

(2)"8"字形路线。施工地段加长或地形起伏较大时,多采用"8"字形路线。采用这种开行路线,铲运机在上、下坡时是斜向行驶,受地形坡度限制小;一个循环中两次转弯的方向不同,可避免机械行驶的单侧磨损;一个循环完成两次铲土

和卸土,减少了转弯次数及空车行驶距离,从而缩短了运行时间,提高了工作效率。

3.单斗挖土机施工

单斗挖土机是土方开挖的常用机械。按行走装置的不同,其可分为履带式和轮胎式两类;按传动方式其可分为机械传动和液压传动两种;根据工作装置其可分为正铲、反铲、拉铲和抓铲四种。使用单斗挖土机进行土方开挖作业时,一般需汽车配合运土。

1)正铲挖土机施工

正铲挖土机挖掘能力大,工作效率高,适用于开挖停机面以上的一到三类土。它与运土汽车配合能完成整个挖运任务,可用于开挖大型干燥基坑以及土丘等。正铲挖土机的挖土特点是"前进向上,强制切土"。根据开挖路线与运土汽车相对位置的不同,其一般有以下两种开挖方式。

(1)正向开挖,侧向装土。正铲向前进方向挖土,汽车位于正铲的侧向装土。本法铲臂卸土回转角度最小,小于 $90°$,装车方便,循环时间短,生产效率高,适用于开挖工作面较大,深度不大的边坡、基坑(槽)、沟渠和路堑等,为最常用的开挖方法。

(2)正向开挖,后方装土。正铲向前进方向挖土,汽车停在正铲的后面。本法开挖工作面较大,但铲臂卸土回转角度较大(约 $180°$),且汽车要侧向行车,增加工作循环时间,工作效率较低(若回转角度为 $180°$,效率约降低 23%;若回转角度为 $130°$,效率约降低 13%),适用于开挖工作面较小且较深的基坑(槽)、管沟和路堑等。

2)反铲挖土机施工

反铲挖土机的挖土特点是"后退向下,强制切土",随挖随行或后退。反铲挖土机的挖掘力比正铲挖土机小,适用于开挖停机面以下的一到三类土的基坑、基槽或管沟,不需要设置进出口通道,可挖水下淤泥质土,每层的开挖深度宜为 $1.5\sim3.0\ \mathrm{m}$。根据挖土机与基坑的相对位置关系,反铲挖土机挖土时,有以下两种开挖方式。

(1)沟端开挖。挖土机停在基坑(槽)端部,向后倒退挖土,汽车停在两侧装土,此法采用最广。其工作面宽度可达 $1.3R$(单面装土,R 为挖土机最大挖土半径)或 $1.7R$(双面装土),深度可达挖土机最大挖土深度 H。当基坑较宽($>1.7R$)时,可分次开挖或按"之"字形路线开挖。

（2）沟侧开挖。挖土机停在基坑（槽）的一侧，向侧面移动挖土，可用汽车配合运土，也可将土弃于距基坑（槽）较远处。此法挖土机移动方向与挖土方向垂直，稳定性较差，且挖土的深度和宽度均较小，不易控制边坡坡度。因此，只在无法采用沟端开挖或所挖的土不需要运走时采用。

3）拉铲挖土机施工

拉铲挖土机适用于开挖大而深的基坑或水下挖土。其挖土特点是后退向下，自重切土。其挖掘半径和深度均较大，但挖掘力小，只能开挖一到二类土（软土），且不如反铲挖土机灵活、准确。

拉铲挖土机的开挖方式基本上与反铲挖土机相似，也可分为沟端开挖和沟侧开挖两种方式。

4）抓铲挖土机施工

抓铲挖土机适用于开挖窄而深的基坑（槽）、沉井或水中淤泥。其挖土特点是直上直下，自重切土。其挖掘力较小，只能开挖一到二类土，其抓铲能在回转半径范围内开挖基坑任何位置的土方，并可在任何高度上卸土。

第4章 桩基础施工

4.1 桩基础的分类与选择

4.1.1 桩基础的概念

桩基础是常用的一种基础形式,是深基础的一种。当天然地基上的浅基础沉降量过大或地基稳定性不能满足建筑物的要求时,常采用这种基础。

采用钢筋混凝土、钢管、H 型钢等材料作为受力的支撑杆件打入土中,称为单桩。许多单桩打入地基中,并达到需要的设计深度,称为群桩;在群桩顶部用钢筋混凝土连成整体,称为承台。桩基础由基桩和连接于桩顶的承台共同组成。采用一根桩(通常为大直径桩)以承受和传递上部结构(通常为柱)荷载的独立基础称为单桩基础;由两根以上基桩组成的桩基础称为群桩基础。桩基础的作用是将上部结构的荷载通过较弱地层或水传递到深部较坚硬的、压缩性小的土层或岩层上。桩基础具有承载力高、沉降量小、沉降速率低且均匀的特点,其能承受竖向荷载、水平荷载、上拔力及由机器产生的振动或动力作用等。

4.1.2 桩基础的分类

桩基础随着桩的材料、构造形式和施工技术的发展而名目繁多,可按多种方法分类,如图 4.1 所示。

(1)端承型桩。端承型桩在承载能力极限状态下,桩顶竖向荷载全部或主要由桩端阻力承担,其又可分为端承桩和摩擦端承桩。端承桩在承载能力极限状态下,桩顶竖向荷载绝大部分由桩端阻力承担,桩侧摩阻力可忽略不计。摩擦端承桩在承载能力极限状态下,桩顶竖向荷载由桩端阻力和桩侧摩阻力共同承担,但桩端阻力分担荷载较多。

(2)摩擦型桩。摩擦型桩又可分为摩擦桩和端承摩擦桩。摩擦桩在承载能力极限状态下,桩顶竖向荷载由桩侧摩阻力承担,桩端阻力小到可忽略不计。端

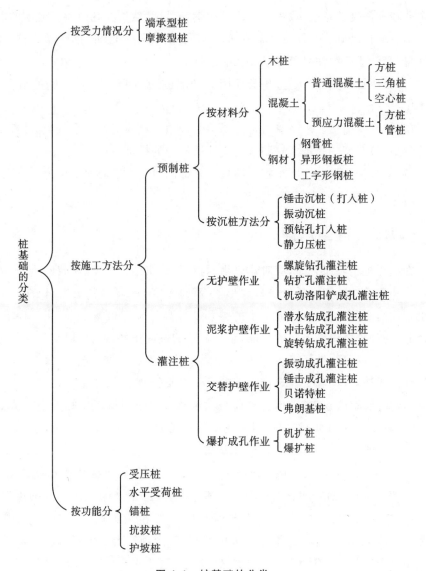

图 4.1　桩基础的分类

承摩擦桩在承载能力极限状态下,桩顶竖向荷载由桩侧摩阻力和桩端阻力共同承担,但桩侧摩阻力分担荷载较多。端承摩擦桩在工程应用中所占比例较大。

　　(3)预制桩。预制桩是指在工厂或工地预先将桩制作成型,然后运送到桩位,利用锤击、振动或静压等方法将其压入土中至设计标高的桩。预制桩根据沉入土中的方法不同,可分为打入桩、水冲沉桩、振动沉桩和静力压桩等。

　　(4)灌注桩。灌注桩是指在现场采用钻孔机械或人工等方法将地层钻挖出

预定孔径和深度的桩孔,放入预制成型的钢筋骨架,然后在孔内灌入流动的混凝土而形成的桩基础。灌注桩按成孔方法不同,有钻孔灌注桩、挖孔灌注桩、冲孔灌注桩、套管成孔灌注桩及爆扩成孔灌注桩等。

(5)受压桩。受压桩通过桩身摩阻力和端桩的端承力将荷载传递到深层地基土中。

(6)水平受荷桩。水平受荷桩主要承受作用于桩体上的水平荷载,桩身主要承受弯矩,最典型的是抗滑桩和基坑支挡结构中的排桩。

(7)复合受荷桩。实际工程中的桩很多都同时承受竖向和水平荷载,或者同时承受拉压荷载而成为复合受荷桩。

4.1.3　桩型选择

在选择桩型和工艺时,应对建筑物的特征(建筑结构类型、荷载性质、桩的使用功能和建筑物的安全等级等),地形,工程地质条件(穿越的土层、桩端持力层岩土特性),水文地质条件(地下水的类别及标高),施工机械设备,施工环境,施工经验,各种桩体施工方法的特征,制桩材料的供应条件、造价,以及工期等进行综合性研究分析后,选择经济合理、安全适用的桩型和成桩工艺。

综上所述,桩型和工艺选择时需考虑的主要条件如下。

(1)荷载条件。桩基础承担的荷载大小直接决定了桩截面的大小。从楼层数看,10 层以下的建筑桩基础,可考虑采用直径为 500 mm 左右的灌注桩和边长为 400 mm 的预制桩;10~20 层的建筑桩基础可采用直径为 800~1000 mm 的灌注桩和边长为 450~500 mm 的预制桩;20~30 层的建筑桩基础可采用直径为 1000~1200 mm 的钻(冲、挖)孔灌注桩和直径或边长不小于 500 mm 的预制桩。

(2)地质条件。一般情况下,当地基土层分布不均匀或土层中存在大孤石、废金属及未风化的石英时,不适宜采用预制桩;当场地土层分布比较均匀时,可采用预应力高强度混凝土管桩;对于软土地基,宜采用承载力较高而桩数较少的桩基础。

(3)机械条件。建设方根据所具有的施工设备及运输条件决定采用的桩型。

(4)环境条件。根据施工场地条件及周边环境对施工影响的要求决定采用哪种桩型和施工工艺。

(5)经济条件。建设单位对比各种桩型的经济指标,综合考虑经济指标与工程总造价的协调关系,选择经济合理的桩型。

(6)工期条件。工期较短的工程,宜选择施工速度快的桩型,如预制桩。

4.2　预制桩施工

4.2.1　混凝土预制桩简介

混凝土预制桩是指在构件厂或施工现场预制桩体,利用设备起吊运送到设计桩位,通过锤击、静压等方法沉入土中就位的桩。

混凝土预制桩通常采用方形或圆形两种截面形式,截面边长以 300~500 mm 较常见(应不小于 200 mm),预应力混凝土预制实心桩的截面边长不宜小于 350 mm。现场预制桩的单桩最大长度主要取决于运输条件和打桩架的高度,一般不超过 30 m。如果桩长超过 30 m,可将桩分为几段预制,并在打桩过程中进行接桩处理。

混凝土预制桩施工前应根据施工图样的设计要求、桩的类型、入土时对土的挤压效应、地质勘测及试桩资料等首先确定施工方案,主要包括施工现场的平面布置,确定施工方法,选择打桩机械,确定打桩顺序,桩的预制、运输、堆放,沉桩过程中的技术和安全措施,以及劳动力、材料、机具设备的供应计划等。

混凝土预制桩的施工过程包括施工准备,混凝土预制桩的制作,桩的起吊、运输和堆放,沉桩入土,成桩保护。

4.2.2　工程地质勘察

工程地质勘察是桩基础设计与施工的重要依据,其应提供的内容包括以下几个方面:

(1)勘探点的平面布置图;

(2)工程地质柱状图和剖面图;

(3)土的物理力学指标和建议的单桩承载力;

(4)静力触探或标准贯入试验;

(5)地下水情况。

勘察报告中所列的地质剖面图,是根据两个孔的土层分布,人为地以直线予以连接。

事实上两孔之间不可能是一个平面或斜面,而是有起伏的,并且有时起伏的幅度还不小。遇到这种情况应适当加密钻孔,甚至每个基础处都应有钻孔资料,

以核实土层实际的起伏,也为分析沉桩的可能性提供依据。

仅仅将原位测试提供的土工指标作为设计与施工的唯一依据,有时尚显不足,还需进行静力触探或标准贯入试验,以便能够直观地反映土的变化。

4.2.3　桩的制作、运输与堆放

1.混凝土预制桩的制作

高层建筑的桩基通常是密集型的群桩,在桩架进场前,必须对整个作业区进行场地平整,以保证桩架作业时正直,同时,还应考虑施工场地的地基承载力是否满足桩机作业时的要求。

混凝土预制桩的钢筋骨架,宜用点焊,也可绑扎。骨架的主筋宜用对焊,也可用搭接焊,但主筋的接头位置应当错开。桩尖多用钢板制作,在制备钢筋骨架时就应把钢板的桩尖焊好。

主筋的保护层厚度要均匀,主筋位置要准确,否则如主筋保护层过厚,桩在承受锤击时,钢筋骨架会形成偏心受力,有可能使桩身混凝土开裂,甚至把桩打断。主筋的顶部要求整齐,如主筋参差不齐,个别的到顶主筋在承受锤击时会先受到锤的集中应力,这时可能会由于没有桩顶保护层的缓冲作用而将桩打断。此外,还要保证桩顶部钢筋网片位置的准确性,以保证桩顶混凝土有良好的抗冲击性能。

混凝土浇筑应由桩顶向桩尖连续进行,严禁中断。桩顶和桩尖处不得有蜂窝、麻面、裂缝和掉角。桩的制作偏差应符合规范的规定。

混凝土预制桩的制作,有并列法、间隔法、重叠法等。粗集料应采用5～40 mm的碎石,不得以细颗粒集料代替,以保证充分发挥粗集料的骨架作用,增加混凝土的抗拉强度。浇筑钢筋混凝土桩时,宜由桩顶向桩尖连续进行,不得中断,以保证桩身混凝土的均匀性和密实性。

2.钢桩的制作

我国目前采用的钢桩主要是钢管桩和H型钢桩两种。钢管桩一般采用Q235钢桩进行制作,H型钢桩常采用Q235或Q345钢制作。钢管桩的桩端常采用两种形式,即带加强箍或不带加强箍的敞口形式和平底或锥底的闭口形式。H型钢桩则可采用带端板和不带端板的形式,其中不带端板的桩端可做成锥底或平底。钢桩的桩端形式应根据桩所穿越的土层、桩端持力层性质、桩的尺寸、挤土效应等因素综合考虑确定。

钢桩都在工厂生产完成后运至工地使用。制作钢桩的材料必须符合设计要求,并具有出厂合格证明与试验报告。制作现场应有平整的场地与挡风防雨的设施,以保证加工质量。

钢桩在地面下仍会发生腐蚀,因此应做好防腐处理。钢桩防腐处理可采用外表面涂防腐层及采用阴极保护。当钢管桩内壁与外界隔绝时,可不考虑内壁防腐。

3. 预制桩的运输与堆放

预制桩应在混凝土达到设计强度的 100％ 后方可进行起吊和搬运,如提前起吊,必须经过验算。

桩在起吊和搬运时必须平稳,并且不得损坏。混凝土桩的主筋一般均为均匀对称配置的,而钢桩的截面通常也为等截面,因此,吊点设置应按照起吊后桩的正、负弯矩基本相等的原则确定。

混凝土预制桩多在打桩现场预制,可用轻轨平板车进行运输。运输长桩时,可在桩下设活动支座。当运距不大时,可采用起重机运输;当运距较大时,可采用大平板车或轻便轨道平台车运输。在运输过程中应将桩身平稳放置,无大的振动,严禁在场地上以直接拖拉桩体的方式代替装车运输。

堆放桩的场地必须平整坚实,垫木间距根据吊点来确定,垫木应在同一垂直线上。对不同规格的桩,应分别堆放。圆形的混凝土桩或钢管桩的两侧应用木楔塞紧,防止其滚动。在施工现场,桩的堆放层数宜不超过 4 层。

4.2.4　桩的打设

预制桩的打设方法以锤击法和静力压桩法较为常用。

锤击法为基本方法。利用锤的冲击能量克服土对桩的阻力,使桩沉到预定深度或达到持力层。

振动法:振动沉桩机利用大功率电力振动器的振动力减小土对桩的阻力,使桩能较快沉入土中,这个方法对钢管桩沉桩效果较好。在砂土中沉桩效率较高,对黏土地基则需大功率振动器。振动法主要适用于砂土、黄土、软土和亚黏土。

水冲法:锤击法的一种辅助方法,利用高压水流经过依附于桩侧面或空心桩内部的射水管。高压水流冲松桩尖附近土层,便于锤击。水冲法适用于砂土或碎石土,但水冲至最低 1～2 m 时应停止水冲,用锤击至预定标高,其控制原则同

锤击法,也适用于其他较坚硬的土层,特别适用于打设较重的钢筋混凝土桩。

静力压桩法:适用于软弱土层,压桩时借助压桩机的总重量将桩压入土中,可消除噪声和振动的公害。施工时,遇桩身有较大幅度位移倾斜或突然下沉倾斜等情况,皆应停止压桩,研究后再作处理。

1. 锤击法打桩

(1)打桩机械设备。打桩机械设备主要包括桩架和桩锤。

①桩架。桩架主要由底盘、导向杆、斜撑、滑轮组等组成。桩架的作用是固定桩的位置,在打入过程中引导桩的方向,承载桩锤并保证桩锤沿着所要求的方向冲击桩。桩架的高度应为桩长、桩锤高度、桩帽厚度、滑轮组高度的总和,再加1~2 m 的余量用作吊桩锤。常用的桩架为履带式打桩架,其打桩效率高,移动方便。桩架应能前、后、左、右灵活移动,以便对准桩位。桩架的选择依据主要为桩锤种类、桩长、施工条件等。三点支撑式履带打桩架是目前最先进的一种桩架,适用于各种导杆和各类桩锤,可施打各类桩。

②桩锤。桩锤是对桩施加冲击力,将桩打入土中的机具,目前应用最多的是柴油锤。柴油锤分导杆式、活塞式和管式三类。它的冲击部分是上下运动的汽缸或活塞。锤质量为 0.22~15 t,每分钟锤击次数为 40~70 次,每击能量为2500~395000 J。柴油锤的工作原理是当冲击部分落下压缩汽缸里的空气时,柴油以雾状射入汽缸,由于冲击作用点燃柴油引起的爆炸给在锤打击下已向下移动的桩以附加的冲力,同时推动冲击部向上运动。柴油锤本身附有机架,无须配备其他动力设备。

液压锤是在人类城市环境保护意识日益增强的情况下被研制出的新型低噪声、无油烟、省能耗的打桩锤。它由液压推动密闭在锤壳体内的芯锤活塞柱往返实现夯击作用,将桩沉入土中。

桩锤的选择主要取决于土质、桩类型、桩的长度、桩的质量、布桩密度和施工条件等。

(2)打桩施工。

①打桩准备。打桩前应平整场地,清除旧基础和树根,拆迁埋于地下的管线,处理架空的高压线路,进行地质情况和设计意图交底等。

打桩前应在打桩地区附近设置水准点,以便进行水准测量,控制桩顶的水平标高,还应准备好垫木、桩帽和送桩设备,以备打桩使用。

打桩前还应确定桩位和打桩顺序。确定桩位即将桩轴线和每个桩的准确位置根据设计图纸测设到地面上。确定桩位可用小木桩或通过撒白灰点的方式，如为避免因打桩挤动土层而使桩位移动，也可用龙门板拉线定位，这样定位比较准确。

②打桩顺序。正确确定打桩顺序和流水方向，在打桩施工中是十分重要的，这样可以减小土移位。在一般情况下，打桩顺序有逐排打设、自边沿向中央打设、自中央向边沿打设和分段打设四种。在黏土类土层中，如果逐排打设，则土体向一个方向挤压，地基土挤压的程度不均，这样就可能使桩的打入深度逐渐减小，也会使建筑物产生不均匀下沉。如果自边沿向中央打设，则中间部分的土层挤压紧密，桩不易打入，而且在打设中间部分的桩时，已打的外围各桩可能因受挤而升起。

一般来说，打桩顺序以自中央向边沿打设和分段打设为好。但是，如果桩距大于 4 倍桩直径，则挤土的影响减小。对大的桩群一般分区用多台桩机同时打设，在确定打桩顺序时还需考虑周围的情况，以防其带来不利影响，尤其是附近存在深基坑工程施工和浇筑混凝土结构时，都要防止打桩振动和挤土带来的有害影响。至于打桩振动对周围建筑物的危害，国内外都进行过研究。一般认为当建筑物的自振频率在 5 Hz 以下，振动速度在 10 mm/s 以上时，才可能对建筑物造成轻微的局部破坏。

③打桩施工。开始打桩时桩锤落距一般为 0.5～0.8 m，才能使桩正常沉入土中。待桩入土一定深度，桩尖不易产生偏移时，可适当增加落距，将落距逐渐提高到规定数值。一般来说，重锤低击可取得良好的效果。

打桩入土的速度应均匀，锤击间歇的时间不要过长。在打桩过程中应经常检查打桩架的垂直度，如偏差超过 1%，则需及时纠正，以免把桩打斜。打桩时应观察桩锤的回弹情况，如回弹较大，则说明桩锤太轻，不能使桩下沉，应及时予以更换。应随时注意贯入度的变化情况，当贯入度骤减，桩锤有较大回弹时，表明桩尖遇到障碍，此时应将锤击的落距减小，加快锤击。如上述现象仍然存在，应停止锤击，研究遇阻的原因并进行处理。

打桩施工是一项隐蔽工程，为确保工程质量，也为分析处理打桩过程中出现的质量事故和工程验收提供依据，应在打桩过程中对每根桩的施打做好详细记录。

各种预制桩打桩完毕后，为使桩符合设计高程，应将桩头或无法打入的桩身截去。

2. 静力压桩法

压桩与打桩相比，由于避免了锤击应力，桩的混凝土强度及其配筋只要满足吊装弯矩和使用期的受力要求即可，因而桩的断面和配筋可以减小，同时压桩引起的桩周土体和水平挤压也小得多，因此，压桩是软土地区一种较好的沉桩方法。

静力压桩是在均匀软弱土中利用压桩架（型钢制作）的自重和配重，通过卷扬机的牵引传到桩顶，将桩逐节压入土中的一种沉桩方法。这种沉桩方法无振动、无噪声，对周围环境影响小，适合在城市中施工。

(1)桩机就位。静压桩机就位时，应对准桩位，将静压桩机调至水平、稳定，确保在施工中不发生倾斜和移动。

(2)预制桩起吊和运输。预制桩起吊和运输时，必须满足以下条件。

①混凝土预制桩的混凝土强度达到强度设计值的70%时方可起吊。

②混凝土预制桩的混凝土强度达到强度设计值的100%时才能运输和压桩施工。

③起吊就位时，将桩机吊至静压桩机夹具中夹紧并对准桩位，将桩尖放入土中，位置要准确，然后除去吊具。

(3)稳桩。桩尖插入桩位后，移动静压桩机时桩的垂直度偏差不得超过0.5%，并使静压桩机处于稳定状态。

(4)记录压桩压力。桩在沉入时，应在桩的侧面设置标尺，根据静压桩机每次的行程，记录压力变化情况。

当压桩到设计标高时，读取并记录最终压桩力，与设计要求压桩力相比将允许偏差控制在5%以内，如偏差达到5%以上，应向设计单位提出，确定处置与否。压桩时压力不得超过桩身强度。

(5)压桩。压桩顺序应根据地质条件、基础的设计标高等进行，一般采取先深后浅、先大后小、先长后短的顺序。密集群桩，可自中间向两个方向或四周对称进行，当毗邻建筑物时，在毗邻建筑物向另一方向进行施工。

压桩施工应符合下列要求。

①静压桩机应根据设计和土质情况配足额定质量。

②桩帽、桩身和送桩的中心线应重合。

③压同一根桩时应缩短停歇时间。

④为减小静压桩的挤土效应，可采取下列技术措施。

a.对于预钻孔沉桩，孔径比桩径（或方桩对角线）小50～100 mm；深度视桩距和土的密实度、渗透性而定，一般宜为桩长的1/3～1/2，应随钻随压桩。

b.限制压桩速度等。

（6）接桩。

①桩的一般连接方法有焊接、法兰接和硫黄胶泥锚接三种。焊接和法兰接适用于各类土层桩的连接,硫黄胶泥锚接适用于软土层柱的连接,但对一级建筑桩基或承受拔力的桩宜慎重选用。

②应避免桩尖接近硬持力层或桩尖处于硬持力层中接桩。

③采用焊接接桩时,应先将四周点焊固定,然后对称焊接,并确保焊缝质量和设计尺寸。焊接的材质（钢板、焊条）均应符合设计要求,焊接件应做好防腐处理。焊接接桩,其预埋件表面应清洁,上、下节之间的间隙应用铁片垫实焊牢。

接桩一般在距地面 1 m 左右进行,上、下节桩的中心线偏差不得大于 10 mm,节点弯曲矢高不得大于 1% 桩长。

锚杆静压桩和混凝土预制桩电焊接桩时,上、下节桩的平面合拢之后,两个平面的偏差应小于 10 mm,用钢尺测量全部对接平面的偏差。

先张法预应力管桩或钢桩电焊接桩时,应控制上、下节桩端部错口。当管桩外径大于等于 700 mm 时,错口应控制在 3 mm 内;当管桩外径小于 700 mm 时,错口应控制在 2 mm 内。接头全部用钢尺测量检查。焊缝咬边深度用焊缝检查仪测量,该值小于等于 0.5 mm 为合格。每条焊缝都应检查。

在压桩过程中,当桩尖碰到夹砂层时,压桩阻力可能会突然增大,甚至超过压桩能力而使桩机上抬。这时可以让最大的压桩力作用在桩顶,采取停车再开、忽停忽开的办法,使桩有可能缓慢下沉穿过砂层。当工程中有少量桩确实不能压至设计标高而相差不多时,可以采取截去桩顶的办法。

如果刚开始压桩时桩身发生较大移位、倾斜,压入过程中如桩身突然下沉或倾斜、桩顶混凝土破坏或压桩阻力剧变,应暂停压桩,及时研究处理。

4.3　灌注桩基础施工

灌注桩是直接在桩位上就地成孔,然后在孔内灌注混凝土或钢筋混凝土而形成的桩。与预制桩相比,由于避免了锤击应力,桩的混凝土强度及配筋只要满足使用要求即可。灌注桩的常用施工方法有干式成孔、湿式成孔和人工挖孔等多种。

4.3.1　干式成孔灌注桩

1. 成孔方法

（1）螺旋钻孔法。螺旋钻孔法是利用螺旋钻头的部分刃片旋转切削土层,被切的土块随钻头旋转,并沿整个钻杆上的螺旋叶片上升而被推出孔外的方法。在软塑土层,含水量大时,可用叶片螺距较大的钻杆,这样工效可高一些;在可塑或硬塑的土层中,或含水量较小的砂土中,则应采用叶片螺距较小的钻杆,以便能均匀平稳地钻进土中。一节钻杆钻完后,可接上第二节钻杆,直到钻至要求的深度。

用螺旋钻机成孔时,钻机就位检查无误后使钻杆慢慢下移,当接触地面时开动电机,先慢速钻进,以免钻杆晃动,易于保证桩位和垂直度。遇硬土层也应慢速钻进,钻至设计标高时,应在原位空转清土,停钻后提出钻杆弃土。

（2）机动洛阳铲钻孔法。机动洛阳铲钻孔法是利用洛阳铲的冲击能量来开孔挖土的方法。每次冲铲后,应将土从铲具钢套中倒弃。

2. 成孔施工

干式成孔灌注桩成孔施工的程序如下:桩机就位→钻土成孔→测量孔径、孔深和桩孔水平与垂直距离并校正→挖至设计标高→成孔质量检查→安放钢筋笼→放置孔口护孔漏斗→灌注混凝土并振捣→拔出护孔漏斗。

施工时应注意以下要点。

（1）钻孔时,钻杆应保持垂直稳固、位置正确,防止因钻杆晃动导致孔径扩大。

（2）钻进速度应根据电流值变化,及时进行调整。

（3）钻进过程中,应随时清理孔口积土和地面散落土,遇到地下水、塌孔、缩孔等异常情况时,应及时处理。

（4）成孔达到设计深度后,孔口应予以保护,并按规定进行验收,做好记录。

（5）灌注混凝土前,应先放置孔口护孔漏斗,随后放置钢筋笼并再次测量孔内虚土厚度,桩顶以下 5 m 范围内混凝土应随浇随振动。

4.3.2　湿式成孔灌注桩

当软土地基的深层钻进遇到地下水问题时,采用泥浆护壁湿式成孔能够解决施工中地下水带来的孔壁塌落、钻具磨损发热及沉渣问题。常用的成孔机械为冲击式钻孔机、潜水电钻、斗式钻头成孔机、全套管护壁成孔钻机(即贝诺特钻机)和回转钻机等。目前应用最多的是回转钻机。

(1)冲击式钻孔机成孔。冲击式钻孔机主要用于岩土层中,施工时将冲击钻头提升一定高度后以自由下落的冲击力来破碎岩层,然后排除碎块后成孔。冲击式钻头的质量一般为 500～3000 kg,按孔径大小选用,多用钢丝绳提升。

在孔口处理设护筒,稳定孔口土壁及保持孔内水位,护筒内径比桩径大 300～400 mm,护筒高为 1.5～2.0 m,用厚度为 68 mm 的钢板制作,用角钢加固。

掏渣筒用钢板制作,用来掏取孔内渣浆。

(2)潜水电钻成孔。潜水电钻是近年来应用较广的一种成孔机械。它是将电机、变速机加以密封,与底部的钻头连接在一起组成钻具。其可潜入孔内作业,以正(反)循环方式将泥浆送入孔内,再将钻削下的土屑由循环的泥浆带出孔外。

潜水电钻体积小,质量轻,机动灵活,成孔速度较快,适用于地下水水位高的淤泥质土、黏性土、砂质土等,换用合适的钻头也可钻入岩层。其钻孔直径为800～1500 mm,深度可达 50 m。它常用笼式钻头。

(3)斗式钻头成孔机成孔。国内尚无斗式钻头成孔机定型产品,多为施工单位自行加工。国外有定型产品,日本的加藤式(KATO)钻机即属此类,如 20 HR、20 TH、50 TH 型号,钻孔直径为 500～2000 mm,钻孔深度为 60 m。斗式钻头成孔机由钻机、钻杆、取土斗、传动与减速装置等组成。钻机利用履带式桩机,钻杆由可伸缩的空心方钢管与实心方钢芯杆组成。芯杆的下端以销轴与斗式钻头相连。提起钻杆时,内、中钻杆均收缩在外套杆内,钻孔取土时,随着钻孔深度的增加,先伸出中套杆,后伸出内芯杆。电动机通过齿轮变速箱减速后作用于方形钢钻杆上,控制工作转速为 7 r/min。

用斗式钻头成孔机成孔施工时先开孔,将斗式钻头装满土后提出钻孔卸于翻斗汽车内,然后继续挖土,待其达到一定深度后安设护筒并输入护壁泥浆,然后正式开始钻孔。达到设计深度后仔细进行清渣,接下来吊放钢筋笼并用导管浇筑混凝土。

用此法成孔的优点是机械安装简单,工程费用较低;最宜在软黏土中开挖;无噪声、无振动;挖掘速度较快。其缺点是土层中有压力较高的承压水时挖掘较困难;挖掘后桩的直径可能比钻头直径大 10%～20%;如不精心施工或管理不善,会产生坍孔。

(4)全套管护壁成孔钻机成孔。全套管护壁成孔钻机又叫贝诺特钻机,首先用于法国,后来传至世界各地。其利用一种摇管装置边摇动边压进钢套管,同时用冲抓斗挖掘土层,除去岩层,几乎所有的土质都可挖掘。该法是施工大直径钻孔桩有代表性的三种方法之一,在国外应用较为广泛。我国在广州花园酒店(直径为 1200 mm 的灌注桩)以及深圳地铁等工程中都曾使用过贝诺特钻机。

贝诺特钻机施工时先将套管垂直竖起并对准位置,然后用摇管装置将套管边摇动边压入。套管长度有 6 m、4 m、3 m、2 m、1 m 等几种可供选用,一般多选用 6 m,套管之间用锁口插销进行连接。

用贝诺特钻机挖土时,在压入钢套管后,用卷扬机将冲抓斗(一次抓土量为 0.18~0.50 m³)放下与土层接触抓土,然后将其吊起,再向前推出,此时靠钢丝绳操纵使冲抓斗的抓瓣张开,使土落至砂土槽,装于翻斗车内运出。如此反复进行挖土,直至挖到设计规定的深度为止。在钻孔达到设计深度后,清除钻渣,然后放下钢筋笼,用导管浇筑混凝土,并拔出套管。

用贝诺特钻机施工时,保证套管垂直非常重要,尤其是在埋设第一、二节套管时更应注意。

贝诺特钻机成孔的优点如下:

①与其他方式相比较,无噪声、无振动;

②除岩层外,其他任何土质均适用;

③在挖掘时,可确切地搞清楚持力层的土质,便于选定桩的长度;

④挖掘速度快,挖深大,一般可挖至 50 m 左右;

⑤在软土地基中开挖,由于先行压入套管,不会引起坍孔;

⑥由于有套管,在靠近已有建筑物处也可进行施工;

⑦可施工斜桩,可用搭接法施工柱列式地下连续墙;

⑧可使施工的灌注桩相割或相切,用于支护桩时可省去防水帷幕。

贝诺特钻机成孔的缺点如下:

①贝诺特钻机是大型机械,施工时需要占用较大的施工场地;

②在软土地层中施工,尤其是在含地下水的砂层中挖掘,套管的摇动会使周围一定范围内的地基松软;

③如地下水水位以下有厚细砂层(厚度 5 m 以上),由于套管摇动,土层产生排水固结,会使挖掘困难;

④冲抓斗的冲击会使桩尖处持力层变得松软;

⑤根据地质情况的不同,已挖成的桩径会扩大 4%~10%。

(5)回转钻机成孔。回转钻机是目前灌注桩施工中用得最多的施工机械,该钻机配有移动装置,设备性能可靠,噪声和振动小,效率高,质量好。该钻机配以笼式钻头,可多档调速或液压无级调速,以泵吸或气举的反循环或正循环方式进行钻进。它适用于松散土层、黏土层、砂砾层、软或硬岩层等各种地质条件。

　　回转钻机成孔工艺应用较多,现分别详述如下。

　　①正循环回转钻机成孔。其设备简单、工艺成熟。当孔不太深、孔径小于800 mm 时,正循环回转钻机的钻进效果较好。当桩孔径较大时,钻杆与孔壁间的环形断面较大,泥浆循环时返流速度低,排渣能力弱。如使泥浆返流速度达到0.20～0.35 m/s,则泥浆泵的排量必须很大,有时难以达到,此时不得不提高泥浆的相对密度和黏度。但如果泥浆相对密度过大、稠度大而难以排出钻渣或者孔壁泥皮厚度大,会影响成桩和清孔,这些都是正循环回转钻机成孔的弊病。

　　正循环成孔专用钻机有 GPS10、SPC500、G4 等型号,很多国产钻机正反循环皆可。

　　正循环回转钻进需用相对密度大、黏度大的泥浆,加上泥浆上返速度小、排渣能力差、孔底沉渣多、孔壁泥皮厚,因此,为了提高成孔质量,必须认真清孔。

　　清孔主要采用泥浆正循环清孔和压缩空气清孔两种方法。

　　a.用泥浆正循环清孔时,待钻进结束后将钻头提离孔底 200～500 mm,同时大量泵入性能指标符合要求的新泥浆,维持正循环 30 min 以上,直到清除孔底沉渣,使泥浆含砂量小于 4% 时为止。

　　b.用压缩空气清孔时,用压缩空气机将压缩空气经送风管和混合器送至出水管,使出水管内的泥浆形成气液混合体,其重度小于孔内(出水管外)泥浆的重度,产生重度差。在该重度差的作用下,管内的气液混合体上升流动,使孔内泥浆经出水管底进入出水管,并顺其流出桩孔,将钻渣排出。同时不断向孔内补给含砂量小的泥浆(或清水),使孔内泥浆流动而达到清孔目的。调节风压即可获得较好的清孔效果,一般用风量为 6～9 m³/min、风压为 0.7 MPa 的压缩空气机。

　　②反循环回转钻机成孔。反循环回转钻进是利用泥浆从钻杆与孔壁间的环状间隙流入钻孔来冷却钻头并携带钻屑,由钻杆内腔返回地面的一种钻进工艺。钻杆内腔断面积比钻杆与孔壁间的环状断面积小得多,因此泥浆的上返速度大,一般为 2～3 m/s,从而提高排渣能力,大大提高成孔效率。

　　实践证明,反循环回转钻机成孔工艺是大直径成孔施工的一种有效的成孔工艺。

反循环回转钻机成孔工艺,按钻杆内泥浆上升流动的动力来源、工作方式和工作原理的不同,可分为泵吸反循环钻进、射流(喷射)反循环钻进和气举(压气)反循环钻进三种。

泵吸反循环是直接利用砂石泵的抽吸作用使钻杆内的泥浆上升而形成反循环。射流反循环是利用射流泵射出的高速液流产生负压,使钻杆内的泥浆上升而形成反循环。气举反循环是将压缩空气通过供气管送至井内的气、水混合器,使压缩空气与钻杆内的泥浆混合,形成相对密度小于1的三相混合液,在钻杆外环空间水柱压力的作用下,使钻杆内三相混合液上升涌出地面,然后将钻渣排出孔外,形成反循环。对于泥浆液面,实践证明只要孔内水头压力比孔外地下水压力大 2×10^4 Pa 以上,就能保证孔壁的稳定。

4.3.3　人工挖孔灌注桩

人工挖孔灌注桩的孔径(不含护壁)不得小于 0.8 m,当桩净距小于 2 倍桩径且小于 2.5 m 时,应采用间隔开挖。排桩跳挖的最小施工净距不得小于 4.5 m,孔深宜不大于 40 m。

人工挖孔灌注桩混凝土护壁的厚度宜不小于 100 mm,混凝土强度等级不得低于桩身混凝土强度等级,采用多节护壁时,上、下节护壁间宜用钢筋拉结。

人工挖孔时应注意以下几点。

(1)为防止坍孔和保证操作安全,直径在 1.2 m 以上的桩孔多设混凝土支护,每节高为 0.9~1.0 m,厚为 10~15 cm,或加配足量直径为 6~9 mm 的光圆钢筋,混凝土用 C20 或 C30。

(2)护壁施工采取组合式钢模板拼装而成,拆上节支下节,循环周转使用。模板用 U 形卡连接,上、下设两半圆组成的钢圈顶紧,不另设支撑,混凝土用吊桶运输,人工浇筑,上部留 100 mm 高作浇灌口,拆模后用砌砖或混凝土堵塞,混凝土强度达 1 MPa 即可拆模。

(3)挖孔由人工从上到下逐层用镐锹进行,遇坚硬土层用锤、钎破碎,挖土次序是先挖中间部分,后挖周边,允许尺寸误差为 3 cm,对扩底部分先挖桩身圆柱体,再按扩底尺寸从上到下削土修扩底形。弃土装入活底吊桶或箩筐内。

垂直运输在孔上口安支架、工字轨道、电动葫芦或搭三木搭,用 1~2 t 慢速卷扬机提升,吊至地面上后,用机动翻斗车或手推车运出。

(4)桩中线控制是在第一节混凝土护壁上设十字控制点,每一节吊大线坠作中心线,用尺杆找圆。

（5）桩直径在 1.2 m 内的钢筋笼的制作同一般灌注桩方法，对直径和长度大的钢筋笼，一般在主筋内侧每隔 2.5 m 加设一道直径为 25～30 mm 的加强箍，每隔一箍在箍内设一个井字加强支撑，与主筋焊接牢固组成骨架。为了便于吊运，一般分两节制作，主筋与箍筋间隔点焊固定，控制平整度误差不大于 5 cm，钢筋笼一侧主筋上每隔 5 m 设置耳环，控制保护层为 7 cm，钢筋笼外形尺寸比孔小 11～12 cm，钢筋笼就位用小型吊运机具或吊车进行，上、下节主筋采用帮条双面焊接，整个钢筋笼用槽钢悬挂在井壁上，借自重保持垂直度准确。

（6）混凝土用粒径小于 50 mm 的石子，水泥用强度等级为 42.5 级的普通或矿渣水泥，坍落度为 8～10 cm，用机械拌制。混凝土用翻斗汽车、机动车或手推车向桩孔内灌注，混凝土下料采用串筒，深桩孔用混凝土导管，如地下水量大，应采用混凝土导管水中灌注混凝土工艺。混凝土应垂直灌入桩孔内，并连续分层灌注，且每层厚度不超过 1.5 m。对小直径桩孔，当孔长在 6 m 以上时，应利用混凝土的大坍落度和下冲力使其密实，当孔长在 6 m 以内时，应分层捣实。大直径桩应分层浇筑，分层捣实。

4.4　桩基础检测

4.4.1　桩基础检测方法与工作程序

桩基础是工程结构中常采用的基础形式之一。其属于地下隐蔽工程，施工技术比较复杂，工艺流程相互衔接紧密，施工时稍有不慎，极易出现断桩等多种形态复杂的质量缺陷，影响桩身的完整和桩的承载能力，从而直接影响上部结构的安全，因此，其质量检测成为桩基础工程质量控制的重要手段。

1. 桩基础检测方法

桩基础检测方法应根据检测目的选择。

（1）单桩竖向抗压静载试验。

确定单桩竖向抗压极限承载力；判定竖向抗压承载力是否满足设计要求；通过桩身内力及变形测试，测定桩侧、桩端土阻力；验证高应变法的单桩竖向抗压承载力的检测结果。

（2）单桩竖向抗拔静载试验。

确定单桩竖向抗拔极限承载力；判定竖向抗拔承载力是否满足设计要求；通过桩身内力及变形测试，测定桩的抗拔摩阻力。

（3）单桩水平静载试验。

确定单桩水平临界和极限承载力，推定土抗力参数；判定水平承载力是否满足设计要求；通过桩身内力及变形测试，测定桩身弯矩。

（4）钻芯法。

检测灌注桩桩长、桩身混凝土强度、桩底沉渣厚度，判断或鉴别桩端岩土性状，判定桩身完整性类别。

（5）低应变法。

检测桩身缺陷及其位置，判定桩身完整性类别。

（6）高应变法。

判定单桩竖向抗压承载力是否满足设计要求；检测桩身缺陷及其位置，判定桩身完整性类别；分析桩侧和桩端土阻力。

（7）声波透射法。

检测灌注桩桩身缺陷及其位置，判定桩身完整性类别。

2. 检测工作程序

检测工作程序应按图 4.2 进行。

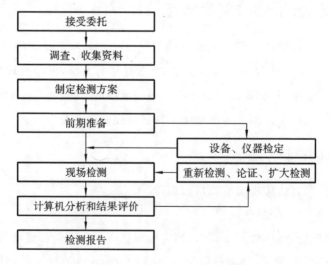

图 4.2　检测工作程序框图

（1）调查、收集资料阶段包括下列内容：

①收集被检测工程的岩土工程勘察资料、桩基设计图纸、施工记录；了解施工工艺和施工中出现的异常情况；

②进一步明确委托方的具体要求；

③检测项目现场实施的可行性。

（2）应根据调查结果和确定的检测目的，选择检测方法，制定检测方案。检测方案包含以下内容：工程概况、检测方法及其依据的标准、抽样方案、所需的机械或人工配合、试验周期。

（3）检测前应对仪器、设备检查调试。

（4）检测用计量器具必须在计量检定周期的有效期内。

（5）检测开始时间应符合下列规定：

①当采用低应变法或声波透射法检测时，受检桩混凝土强度至少达到设计强度的 70%，且不小于 15 MPa；

②当采用钻芯法检测时，受检桩的混凝土龄期达到 28 d 或预留同条件养护试块强度达到设计强度；

③承载力检测前的休止时间除应达到规定的混凝土强度外，当无成熟的地区经验时，还应不少于规定的时间。

（6）施工后，宜先进行工程桩的桩身完整性检测，后进行承载力检测。当基础埋置深度较大时，桩身完整性检测应在基坑开挖至基底标高后进行。

（7）现场检测期间，除应执行相关规范的规定外，还应遵守国家有关安全生产的规定。当现场操作环境不符合仪器设备使用要求时，应采取有效的防护措施。

（8）当发现检测数据异常时，应查找原因，重新检测。

4.4.2　静载荷试验法

静载荷试验法是目前公认的检测桩基础竖向抗压承载力最直接、最可靠的试验方法。它是一种标准试验方法，可以作为其他检测方法的比较依据。该方法为我国法定的确定单桩承载力的方法，其试验要点在《建筑地基基础设计规范》（GB 50007—2011）等有关规范、手册中均有明确规定。目前，桩基础的静载荷试验法按反力装置的不同有锚桩法、堆载平台法、地锚法、锚桩和堆载平台联合法等。

4.4.3 高应变测试法

高应变测试法的主要功能是判定桩的竖向抗压承载力是否满足设计要求，也可用于检测桩身的完整性。该方法的主要工作原理是利用重锤冲击桩顶，通过桩、土的共同工作，使桩周土的阻力完全发挥，在桩顶下安装应变式传感器和加速度传感器，实测桩顶部的速度和力时程曲线；通过波动理论分析，计算与桩、土运动相关土体的静、动阻力和判别桩的缺陷程度，从而对桩身的完整性和单桩竖向承载力进行定性分析评价。高应变测试法在判定桩身水平整合型缝隙、预制桩接头等缺陷时，能够在查明这些"缺陷"是否影响竖向抗压承载力的基础上，合理地判定缺陷程度，但高应变测试法对桩身承载力的检测仍有一定的限制。国家规范不主张采用高应变测试法检测静载 Q-S 曲线为缓变型特征的大直径混凝土灌注桩。新工艺桩基础、一级建筑桩基础也不适合采用高应变测试法。

4.4.4 声波透射法

声波透射法适用于已预埋声测管的混凝土灌注桩桩身完整性检测，判定桩身缺陷的程度并确定其位置。现场检测步骤应符合下列规定。

(1)将发射与接收声波换能器通过深度标志分别置于两根声测管中的监测点处。

(2)发射与接收声波换能器应以相同标高或保持固定高差同步升降，监测点间距宜不大于 250 mm。

(3)实时显示和记录接收信号的时程曲线，读取声时、首波峰值和周期值，宜同时显示频谱曲线及主频值。

(4)将多根声测管以两根为一个检测剖面进行全组合，分别对所有检测剖面完成检测。

(5)在桩身质量可疑的监测点周围，应加密监测点，或采用斜测、扇形扫测进行复测，进一步确定桩身缺陷的位置和范围。

(6)在同一根桩的各检测剖面的检测过程中，声波发射电压和仪器设置参数应保持不变。

4.4.5 钻芯法

钻芯法是一种微破损或局部破损检测方法。该方法利用地质勘探技术在混凝土中钻取芯样,通过芯样的表观质量和芯样试件抗压强度试验结果,综合评价混凝土质量是否满足设计要求。

　　钻芯法具有科学、直观、实用等特点,是检测混凝土灌注桩成桩质量的有效方法,在施工中不受场地条件的限制,应用较广;一次完整、成功的钻芯检测,可以得到桩长,桩身缺陷,桩底沉渣厚度,桩身混凝土强度、密实性、连续性等桩身完整性的情况,并可判定或鉴别桩端持力层的岩土性状。

　　抽芯技术对检测判断的影响很大,尤其是当桩身比较长时,成孔的垂直度和钻孔的垂直度很难控制,钻芯也容易偏离桩身,因此,通常要求受检桩的桩径不小于 800 mm,长径比不宜大于 30。

　　在桩基础检测中,各种检测手段需要配合使用。按照实际情况,利用各自的特点和优势,灵活运用各种方法,才能够对桩基础进行全面、准确的评价。

第5章 大体积混凝土结构施工

5.1 大体积混凝土裂缝的产生

5.1.1 大体积混凝土裂缝的类型

　　大体积混凝土内出现的裂缝,按其深度一般可分为表面裂缝、深层裂缝和贯穿裂缝三种。表面裂缝虽然不属于结构性裂缝,但在混凝土收缩时,由于表面裂缝处断面削弱且易产生应力集中,能促使裂缝进一步发展。深层裂缝部分切断了结构断面,也有一定的危害性。贯穿裂缝切断了结构断面,破坏结构的整体性、稳定性和耐久性等,危害严重。

　　国内外有关规范对裂缝宽度都有相应的规定,一般都是根据结构工作条件和钢筋种类而定。《混凝土结构设计规范》(GB 50010—2010)规定,结构构件应根据结构类型和规定的环境类别,按规定选用不同的裂缝控制等级及最大裂缝宽度的限值。对钢筋混凝土结构的最大允许裂缝宽度也有明确规定:室内正常环境下的一般构件为 0.3 mm,露天或室内潮湿环境下为 0.2 mm。

　　一般来说,由温度收缩应力引起的初始裂缝,不影响结构的瞬时承载能力,而是对耐久性和防水性产生影响。对不影响结构承载能力的裂缝,为防止钢筋锈蚀、混凝土碳化、疏松剥落等,应对裂缝加以封闭或补强处理。对于基础、地下或半地下结构,裂缝主要影响其防水性能。当裂缝宽度只有 0.1～0.2 mm 时,虽然早期有轻微渗水,经过一段时间后一般裂缝可以自愈。裂缝宽度如超过0.3 mm,其渗水量与裂缝宽度的三次方成正比,渗水量随着裂缝宽度的增大而增加,为此,对这种裂缝必须进行化学灌浆处理。

5.1.2 大体积混凝土裂缝产生的原因

　　大体积混凝土施工阶段产生的裂缝,是其内部矛盾发展的结果:一方面是混凝土由于内外温差产生应力和应变;另一方面是结构的外约束和混凝土各质点间的约束(内约束)阻止这种应变。一旦温度应力超过混凝土能承受的抗拉强度,就会产生裂缝。总结过去大体积混凝土裂缝产生的情况,产生裂缝的主要原因可归纳如下。

1. 水泥水化热

水泥在水化过程中会产生一定的热量,其是大体积混凝土内部热量的主要来源。大体积混凝土截面厚度大,水化热聚集在结构内部不易散失,所以会出现急剧升温。水泥水化热引起的绝热温升,与混凝土单位体积内的水泥用量和水泥品种有关,并随混凝土的龄期按指数关系增长,一般在 10 d 左右达到最终绝热温升,但由于结构自然散热,实际上混凝土内部的最高温度大多出现在混凝土浇筑后的 3～5 d。

混凝土的导热性能较差,在浇筑初期,混凝土的弹性模量和强度都很低,对水化热急剧升温引起的变形约束不大,温度应力也就较小。随着混凝土龄期的增长,弹性模量和强度相应提高,对混凝土降温收缩变形的约束越来越强,就会产生很大的温度应力,当混凝土的抗拉强度不足以抵抗该温度应力时,便开始产生温度裂缝。

2. 约束条件

结构在变形时,会受到一定的抑制而阻碍其自由变形,该抑制称为"约束"。其中不同结构之间产生的约束为"外约束",结构内部各质点之间产生的约束为"内约束"。

外约束分为自由体、全约束和弹性约束三种。

(1)自由体。自由体即结构的变形不受其他任何结构的约束。结构的变形等于结构自由变形,是无约束变形,不产生约束应力,即变形最大,应力为零。

(2)全约束。全约束即结构的变形全部受到其他结构的约束,使结构无任何变形的可能,即应力最大,变形为零。

(3)弹性约束。弹性约束即介于上述两种约束状态之间的一种约束,结构的变形受到部分约束,既有变形,又有应力。这是最常遇到的一种约束状态。

内约束是当结构截面较厚时,其内部温度和湿度分布不均匀,引起各质点变形不同而产生的相互约束。

大体积混凝土由于温度变化产生变形,这种变形受到约束才产生应力,在全约束条件下,混凝土结构的变形应是温差和混凝土线膨胀系数的乘积,即 ε＝

$\Delta T \times \alpha$，当 ε 超过混凝土的极限拉伸值时，结构便出现裂缝。由于结构不可能受到全约束，且混凝土还有徐变变形，即使混凝土内外温差在 25 ℃甚至 30 ℃的情况下也可能不开裂。

无约束就不会产生应力，因此，改善约束对于防止大体积混凝土开裂具有重要意义。

3. 外界气温变化

大体积混凝土结构施工期间，外界气温的变化情况对防止大体积混凝土开裂有重大影响。混凝土的内部温度是浇筑温度、水化热的绝热温升和结构散热降温等各种温度的叠加之和。外界气温越高，混凝土的浇筑温度也越高。外界温度下降会增加混凝土的降温幅度，特别是外界气温骤降会增加外层混凝土与内部混凝土的温度梯度，这对大体积混凝土极为不利。

温度应力是由温差引起的变形造成的。温差越大，温度应力也越大。

大体积混凝土不易散热，其内部温度有时可达 80 ℃以上，而且延续时间较长，为此，研究合理的温度控制措施，对防止大体积混凝土内外温差悬殊所引起的过大的温度应力是十分重要的。

4. 混凝土收缩变形

在混凝土的拌合用水中，只有约 20%的水分是水泥水化所必需的，其余的 80%都要被蒸发。

混凝土在水泥水化过程中所产生的体积变形多数是收缩变形，少数为膨胀变形，这主要取决于所采用的胶凝材料的性质。混凝土中多余水分的蒸发是引起混凝土体积收缩的主要原因之一。这种干燥收缩变形不受约束条件的影响，若存在约束，就会产生收缩应力。

混凝土的干燥收缩机理较复杂，其主要是由混凝土内部孔隙水蒸发变化时引起的毛细管引力所致。这种干燥收缩在很大程度上是可逆的。混凝土产生干燥收缩后，如再处于水饱和状态，还可以膨胀恢复到原有的体积。

除上述干燥收缩外，混凝土还会产生碳化收缩，即空气中的二氧化碳与混凝土水泥中的氢氧化钙反应生成碳酸钙，放出结合水，从而使混凝土收缩。

混凝土的收缩变形是一个长期过程，已有试验表明，收缩变形在开始干燥时发展较快，以后逐渐减慢，大部分收缩在龄期 3 个月内出现，但龄期超过 20 年后，收缩变形仍未停止。

5.2　大体积混凝土裂缝的控制

对于大体积混凝土结构,为控制裂缝,应着重从混凝土的材质、施工中的养护、环境条件、结构设计以及施工管理上进行控制,从而减少混凝土温升、延缓混凝土降温速率、减小混凝土的收缩、提高混凝土的极限拉伸值、改善约束和构造设计,以达到控制裂缝的目的。

5.2.1　混凝土材料

1.水泥品种选择和用量控制

大体积混凝土结构引起裂缝的主要原因是混凝土的导热性能较差、水泥水化热的大量积聚,使混凝土出现早期温升和后期降温现象。因此,控制水泥水化热引起的温升,即减小降温温差,对降低温度应力、防止产生温度裂缝能起到重要作用。

(1)选用中热或低热的水泥品种。混凝土升温的热源是水泥水化热,选用中热或低热的水泥品种,是控制混凝土温升的最基本的方法。如强度等级为 32.5 级的矿渣硅酸盐水泥,一般 3 d 内的水化热仅为同强度等级普通硅酸盐水泥的60%。某大型基础试验表明:选用强度等级为 32.5 级的硅酸盐水泥,比选用强度等级为 32.5 级的矿渣硅酸盐水泥,3 d 内水化热平均温度高 5~8 ℃。

(2)充分利用混凝土的后期强度。大量的试验资料表明,每 1 m³ 混凝土的水泥用量,每增或减 10 kg,其水化热将使混凝土的温度相应升或降 1 ℃。因此,为控制混凝土温升,降低温度应力,减少温度裂缝,一方面在满足混凝土强度和耐久性的前提下,尽量减少水泥用量,严格控制每立方米混凝土水泥用量不超过400 kg;另一方面可根据实际承受荷载的情况,对结构的强度和刚度进行复算,并取得设计单位、监理单位和质量检查部门的认可后,采用 f_{45}、f_{60} 或 f_{90} 替代f_{28} 作为混凝土的设计强度,这样可使每立方米混凝土的水泥用量减少 40~70kg,混凝土的水化热温度相应降低 4~7 ℃。

结构工程中的大体积混凝土,大多采用矿渣硅酸盐水泥,其熟料矿物含量比硅酸盐水泥少得多,而且混合材料中的活性氧化硅、活性氧化铝与氢氧化钙、石膏的作用在常温下进行缓慢,早期强度(3 d、7 d)较低,但在硬化后期(28 d 以

后),由于水化硅酸钙胶凝数量增多,水泥石强度不断增长,最后甚至超过同强度等级的普通硅酸盐水泥,这对利用其后期强度非常有利。

2.掺加外加料

在混凝土中掺入一些适宜的外加料,可以使混凝土获得所需要的特性,尤其在泵送混凝土中更为突出。泵送性能良好的混凝土拌和物应具备以下三种特性:

(1)在输送管壁形成水泥浆或水泥砂浆的润滑层,使混凝土拌和物具有在管道中顺利滑动的流动性;

(2)为了能在各种形状和尺寸的输送管内顺利输送,混凝土拌和物要具备适应输送管形状和尺寸的变化性;

(3)为在泵送混凝土施工过程中不因产生离析而造成堵塞,拌和物应具备压力变化和位置变动的抗分离性。

影响泵送混凝土性能的因素很多,如砂石的种类、品质和级配、用量,砂率,坍落度,外掺料等,为了使混凝土具有良好的泵送性,在进行混凝土配合比的设计中,不能用单纯增加单位用水量方法,这样不仅会增加水泥用量,增大混凝土的收缩,还会使水化热升高,更容易引起裂缝。工程实践证明,在施工中优化混凝土级配,掺加适宜的外加料,以改善混凝土的特征,是大体积混凝土施工中的一项重要技术措施。混凝土中常用的外加料主要是外掺剂和外掺料。

(1)掺加外掺剂。大体积混凝土中掺加的外掺剂主要是木质素磺酸钙(简称"木钙")。木质素磺酸钙,属阴离子表面活性剂,它对水泥颗粒有明显的分散效应,并能使水的表面张力降低。因此,在泵送混凝土中掺入水泥质量 0.2%～0.3%的木钙,不但能使混凝土的和易性有明显的改善,而且可减少 10%左右的拌合用水,使混凝土 28 d 的强度提高 10%以上;若不减少拌合用水,坍落度可提高 10 cm 左右,若保持强度不变,可节约水泥 10%,从而降低水化热。

木钙由于原料为工业废料,资料丰富,生产工艺和设备简单,成本低廉,并能减少环境污染,世界各国均大量生产,广为使用,尤其适用于泵送混凝土的浇筑。

(2)掺加外掺料。大量试验资料表明,在大体积混凝土中掺入一定量的粉煤灰后,在混凝土用水量不变的条件下,由于粉煤灰颗粒呈球性并具有"滚珠效应",可以起到显著改善混凝土和易性的效果;若保持混凝土拌和物原有的流动性不变,则可减少用水量,起到减水的效果,从而提高混凝土的密实性和强度;掺入适量的粉煤灰,还可大大改善混凝土的可泵性,降低混凝土的水化热。

大体积混凝土掺和粉煤灰分为"等量取代法"和"超量取代法"两种。前者是用等体积的粉煤灰取代水泥的方法,但其早期强度也会随掺入量的增加而下降,所以对早期抗裂要求较高的工程,取代量应非常慎重;后者是一部分粉煤灰取代等体积水泥,超量部分粉煤灰则取代等体积砂子,它不但可以获得强度增加效应,而且可以补偿粉煤灰取代水泥所降低的早期强度,从而保持粉煤灰掺入前后的混凝土强度等级。

3. 骨料的选择

大体积混凝土砂石料质量占混凝土总质量的 85% 左右,正确选用砂石料对保证混凝土质量、节约水泥用量、降低水化热、降低工程成本是非常重要的。骨料的选用应根据就地取材的原则,首先考虑选用生产成本低、质量优良的天然砂石料。国内外对人工砂石料的试验研究和生产实践证明采用人工骨料也可以产生经济实用的效果。

(1)粗骨料的选择。为了满足预定的要求,同时最大限度发挥水泥的作用,对粗骨料规定了一个最佳的最大粒径。但对结构工程的大体积混凝土,粗骨料的规格往往与结构物的配筋间距、模板形状以及混凝土的浇筑工艺等因素有关。

结构工程的大体积混凝土,宜优先采用自然连续级配的粗骨料配制。这种用自然连续级配的粗骨料配制的混凝土,可根据施工条件,尽量选用粒径较大、级配良好的石子。有关试验结果证明,采用 5~40 mm 的石子比采用 5~25 mm 的石子,每立方米混凝土可减少用水量 15 kg 左右,在水胶比相同的情况下,水泥用量可节约 20 kg 左右,混凝土温升可降低 2 ℃。

选用大粒径骨料,不仅可以减少用水量,使混凝土的收缩和泌水随之减少,也可减少水泥用量,从而使水泥的水化热减小,最终降低混凝土的温升。但是,骨料粒径增大后,容易引起混凝土的离析,影响混凝土的质量。因此,进行混凝土配合比设计时,不要盲目选用大粒径骨料,必须进行优化级配设计,施工时加强搅拌、浇筑和振捣等工作。

(2)细骨料的选择。大体积混凝土中的细骨料,以采用中、粗砂为宜,细度模数宜为 2.6~2.9。有关试验资料证明,采用细度模数为 2.79、平均粒径为 0.381 mm 的中、粗砂,比采用细度模数为 2.12、平均粒径为 0.336 mm 的细砂,每立方米混凝土可减少水泥用量 28~35 kg,减少用水量 20~25 kg,这样就降低了混凝土的温升和减小了混凝土的收缩。

泵送混凝土的输送管形式较多,既有直管,又有锥形管、弯管和软管。当通过锥形管和弯管时,混凝土颗粒之间的相对位置就会发生变化,此时,如果混凝土中的砂浆量不足,便会产生堵管现象,所以,在级配设计时可适当提高砂率;但砂率过大将对混凝土的强度产生不利影响,因此,在满足可泵性的前提下,应尽可能降低砂率。

(3)骨料质量的要求。骨料质量直接关系到混凝土的质量,所以,骨料中应不含有超量的黏土、淤泥、粉屑、有机物及其他有害物质,其含量不能超过规定的数值。混凝土试验表明,骨料的含泥量是影响混凝土质量的最主要的因素,它对混凝土的强度、干缩、徐变、抗渗、抗冻融、抗磨损及和易性等性能会产生不利的影响,尤其会增加混凝土的收缩,引起混凝土的抗拉强度的降低,对混凝土的抗裂更是十分不利。因此,在大体积混凝土施工中,石子的含泥量应控制在不大于1%,砂的含量应控制在不大于2%。

5.2.2 外部环境

1. 混凝土浇筑与振捣

对于地下室墙体结构的大体积混凝土浇筑,除一般的施工工艺外,应采取一些技术措施,以减少混凝土的收缩,提高极限拉伸值,这对控制裂缝很有作用。

改进混凝土的搅拌工艺对改善混凝土的配合比、减少水化热、提高极限拉伸值有着重要的意义。传统的混凝土搅拌工艺在混凝土搅拌过程中水分直接润湿石子表面,并在混凝土成型和静置的过程中,自由水进一步向石子与水泥砂浆界面集中,形成石子表面的水膜层;在混凝土硬化以后,水膜层的存在使界面过渡层疏松多孔,削弱了石子与硬化水泥砂浆之间的黏结力,形成了混凝土最薄弱的环节,从而对混凝土的抗压强度和其他物理力学性能产生不良的影响。为了进一步提高混凝土质量,采用二次投料的砂浆裹石或净浆裹石搅拌新工艺,可有效地防止水分向石子与水泥砂浆的界面集中,使硬化后界面过渡层的结构致密,黏结力加强,从而使混凝土的强度提高10%左右,也提高了混凝土的抗拉强度和极限拉伸值;当混凝土的强度基本相同时,可减少7%左右的水泥用量。

另外,对浇筑后的混凝土进行二次振捣,能排除混凝土因泌水而在粗集料、水平钢筋下部生成的水分和空隙,提高混凝土与钢筋的握裹力,防止因混凝土沉落而出现的裂缝,减少内部微裂,增加混凝土密实度,使混凝土的抗压强度提高10%~20%,从而提高抗裂性。

混凝土二次振捣的恰当时间是指混凝土经振捣后还能恢复到塑性状态的时

间,一般称为振动界限,在实际工程中应由试验确定。掌握二次振捣的恰当时间的方法一般有以下两种。

(1)将运转着的振动棒以其自身的重力逐渐插入混凝土中进行振捣,混凝土仍可恢复塑性的程度是使振动棒小心拔出时混凝土仍能自行闭合,而不会在混凝土中留下孔穴,这时可认为当时施加二次振捣是适宜的。

(2)为了准确地判定二次振捣的适宜时间,国外一般采用测定贯入阻力值的方法进行判定,即当标准贯入阻力值达到 350 N/cm² 以前进行二次振捣是有效的,不会损伤已成型的混凝土。根据有关试验结果,当标准贯入阻力值为 350 N/cm² 时,对应的立方体试块强度约为 25 N/cm²,对应的压痕仪强度值约为 27 N/cm²。

由于采用二次振捣的最佳时间与水泥的品种、水胶比、坍落度、气温和振捣条件等有关,同时,在确定二次振捣时间时,既要考虑技术上的合理性,又要满足分层浇筑、循环周期的安排,在操作时间上要留有余地,避免失误造成"冷接头"等质量问题。

2.控制混凝土的出机温度和浇筑温度

为了降低大体积混凝土总温升和减少结构的内外温差,控制出机温度和浇筑温度同样很重要。

混凝土的原材料中石子的比热容较小,但其在每立方米混凝土中所占的质量较大;水的比热容大,但它的质量在每立方米混凝土中只占一小部分。因此,对混凝土的出机温度影响最大的是石子及水的温度,砂的温度次之,水泥的温度影响最小。为了进一步降低混凝土的出机温度,最有效的办法就是降低石子的温度。在气温较高时,为防止太阳直接照射,可在砂、石堆场搭设简易遮阳装置,必要时须向骨料喷射水雾或使用前用冷水冲洗骨料。

3.降低混凝土降温速率

大体积混凝土浇筑后,为了减小升温阶段的内外温差,防止产生表面裂缝,使水泥顺利进行水化,提高混凝土的极限拉伸值,以及降低混凝土的水化热降温速率,减小结构计算温差,防止产生过大的温度应力和产生温度裂缝,对混凝土进行保温养护是必要的。

使用大体积混凝土结构进行蓄水养护也是一种较好的方法,我国一些工程曾采用过这种方法。

混凝土终凝后,在其表面蓄存一定深度的水。由于水的导热系数为 0.58 W/(m·K),具有一定的隔热保温效果,这样可降低混凝土内部水化热的降温速率,缩小混凝土中心和混凝土表面的温差值,从而可控制混凝土的裂缝开展。

5.2.3 约束条件

1. 合理分段施工

当大体积混凝土结构的尺寸过大,通过计算证明整体一次浇筑产生的温度应力过大,有可能产生裂缝时,可与设计单位研究后合理地用后浇带分段进行浇筑。

后浇带是在现浇混凝土结构中,于施工期间留设的临时性的温度和收缩变形缝,在后浇带处受力钢筋不断开,仍为连续的。该缝根据工程安排保留一定时间,然后用混凝土填筑密实成为整体的无伸缩缝结构。

用后浇带分段施工时,其计算是将降温温差和收缩分为两部分。在第一部分内结构被分成若干段,使之能有效地减小温度和收缩应力;在施工后期再将若干段浇筑成整体,继续承受第二部分降温温差和收缩的影响。在这两部分降温温差和收缩作用下产生的温度应力叠加,其值应小于混凝土的设计抗拉强度。此即利用后浇带控制产生裂缝并达到不设永久性伸缩缝的原理。

后浇带的间距由最大整浇长度的计算确定,在正常情况下其间距一般为 20～30 m。

后浇带的保留时间多由设计确定,一般不宜少于 40 d。在此期间,早期温差及 30% 以上的收缩已完成。

后浇带的宽度应考虑方便施工,避免应力集中,使后浇带在混凝土填筑后承受第二部分温差及收缩作用下的内应力(即约束应力)分布得较均匀,故其宽度可取 70～100 cm。

当地上、地下都为现浇混凝土结构时,在设计中应标出后浇带的位置,并应贯通地下和地上整个结构,但该部分钢筋应连续不断。

后浇带处宜用特制模板,在填筑混凝土前,必须将整个混凝土表面的原浆凿清形成毛面,清除垃圾及杂物,并隔夜浇水润湿。

填筑后浇带处的混凝土可采用微膨胀或无收缩水泥。要求混凝土强度等级比原结构提高 5～10 N/mm²,并保持多于 15 d 的潮湿养护。后浇带处不能漏水。

2. 合理配筋

在构造设计方面进行合理配筋,对混凝土结构的抗裂有很大作用。工程实践证明,当混凝土墙板的厚度为 400～600 mm 时,采取增加配置构造钢筋的方法,构造钢筋起到温度筋的作用,能有效提高混凝土的抗裂性能。

配置的构造钢筋应尽可能采用小直径、小间距。例如,配置构造钢筋的直径为 6～14 mm,间距控制在 100～150 mm。按全截面对称配筋比较合理,这样可大大提高抵抗贯穿性开裂的能力。进行全截面配筋,含筋率应控制在 0.3%～0.5% 为好。

对于大体积混凝土,构造钢筋对控制贯穿性裂缝的作用不太明显,但沿混凝土表面配置钢筋,可提高面层抗表面降温的影响和干缩。

3. 设置滑动层

由于边界存在约束才会产生温度应力,在与外约束的接触面上全部设置滑动层可大大减弱外约束。如在外约束两端的 1/5～1/4 范围内设置滑动层,则结构的计算长度可折减约一半,为此,遇有约束强的岩石类地基、较厚的混凝土垫层等时,可在接触面上设置滑动层,这对减少温度应力将起到显著作用。

滑动层的做法有:涂刷两道热沥青加铺一层沥青油毡;铺设 10～20 mm 厚的沥青砂;铺设 50 mm 厚的砂或石屑层等。

4. 设置应力缓和沟

设置应力缓和沟,即在结构的表面,每隔一定距离(一般约为结构厚度的 1/5)设一条沟。设置应力缓和沟后,可将结构表面的拉应力减少 20%～50%,可有效地防止表面裂缝。

这种方法是日本清水建筑工程公司研究出的一种防止大体积混凝土裂缝的方法。我国已将这种方法应用于直径为 60 m、底板厚 3.5～5.0 m、容量为 16000 m³ 的地下罐工程,并取得了良好效果。

5. 设置缓冲层

设置缓冲层,即在高、低板交接处,底板地梁处等,用 20～50 mm 厚的聚苯乙烯泡沫塑料板作垂直隔离,以缓冲基础收缩时的侧向压力。

6.避免应力集中

在孔洞周围、变断面转角部位、转角处等,由于温度变化和混凝土收缩,会产生应力集中而导致混凝土裂缝。为此,可在孔洞四周增配斜向钢筋、钢筋网片;在变断面处避免断面突变,可做局部处理使断面逐渐过渡,同时增配一定量的抗裂钢筋,这对防止裂缝产生有很大作用。

5.2.4　施工监测

为了进一步明确大体积混凝土的水化热、不同深度处温度升降的变化规律,随时监测混凝土内部的温度情况,以便有针对性地采取技术措施确保工程质量,可在混凝土内不同部位埋设传感器,用混凝土温度测定记录仪,进行施工全过程的跟踪和监测。

1.混凝土温度监测系统

混凝土温度监测系统包括温度传感器、信号放大和变换装置、计算机等。

(1)温度传感器。温度传感器目前用电流型精密半导体温度传感器,它具有良好的测温特性,非线性误差极小,热惯性也小,可迅速反映混凝土的温度变化。由于是电流型的,其输出的电流只与温度有关,与接触电阻、电压等外界因素无关,也不必采取电阻补偿措施。温度传感器主要布置在有代表性的监测点处。

(2)信号放大和变换装置。信号放大和变换装置采用电压抗干扰滤波、光电隔离、V-F变换等一系列抗干扰措施,即使现场有动力机械、电焊机、振动器等强干扰源,仍能可靠地工作,保证信号放大与变换有 1/1000 的测量精度。

(3)计算机。计算机控制有良好的人机界面,能适时采集和监测温度值,而且能自动生成温度曲线,可在屏幕和打印机上输出,可随时输出不同时刻各监测点(可测 80 多个监测点)的温度报表。每次新测数据自动存储在磁盘上,可长期保存。

混凝土温度监测多由专业单位进行,如施工单位自己有设备,也可自行监测。这种监测可做到信息化施工,根据监测结果随时可采取措施,以保证混凝土不出现裂缝。

2.温控施工的监测与试验

(1)大体积混凝土浇筑体内监测点的布置,应真实地反映混凝土浇筑体内最

高温升、里表温差、降温速率及环境温度,可按下列方式布置:

①监测点的布置范围应以所选混凝土浇筑体平面图对称轴线的半条轴线为测试区,在测试区内的监测点按平面图分层布置;

②在测试区内,监测点的位置与数量可根据混凝土浇筑体内温度场的分布情况及温控的要求确定;

③在每条测试轴线上,监测点位宜不少于 4 处,应根据结构的几何尺寸布置;

④沿混凝土浇筑体厚度方向,必须布置外表、底面和中心温度监测点,其余监测点宜按间距不大于 600 mm 布置;

⑤保温养护效果及环境温度监测点的数量应根据具体需要确定;

⑥混凝土浇筑体的外表温度,宜为混凝土外表以内 50 mm 处的温度;

⑦混凝土浇筑体底面的温度,宜为混凝土浇筑体底面上 50 mm 处的温度。

(2)测温元件的选择应符合下列规定:

①测温元件的测温误差应不大于 0.3 ℃(25 ℃环境下);

②测试范围应为 $-30 \sim 150$ ℃;

③绝缘电阻应大于 500 MΩ。

(3)温度和应变测试元件的安装及保护,应符合下列规定:

①安装测试元件前,必须确认其在水下 1 m 处经过 24 h 浸泡而不损坏;

②测试元件接头安装位置应准确,固定应牢固,并应与结构钢筋及固定架金属体绝热;

③测试元件的引出线宜集中布置,并应加以保护;

④测试元件周围应进行保护,混凝土浇筑过程中,下料时不得直接冲击测试测温元件及其引出线,振捣时,振捣器不得触及测温元件及其引出线。

(4)测试过程中宜及时描绘出各点的温度变化曲线和断面的温度分布曲线。

5.3　大体积混凝土基础结构施工

大体积混凝土结构的施工技术和施工组织都较复杂,施工时应十分慎重,否则容易出现质量事故,造成不必要的损失。组织大体积混凝土结构施工,在模板、钢筋和混凝土工程方面有许多技术问题需要解决。

5.3.1 钢筋工程施工

大体积混凝土结构钢筋具有数量多,直径大,分布密,上、下层钢筋高差大等特点。这是它与一般混凝土结构的明显区别。

为使钢筋网片的网格方整划一、间距正确,在进行钢筋绑扎或焊接时,可采用 4~5 m 长的卡尺限位绑扎。根据钢筋间距在卡尺上设置缺口,绑扎时在长钢筋的两端用卡尺缺口卡住钢筋,待绑扎牢固后拿去卡尺,这样既能满足钢筋间距的质量要求,又能加快绑扎的速度。也可以先绑扎一定间距的纵、横钢筋,校对位置准确,再画线绑扎其他钢筋。

钢筋的连接,可采用气压焊、对接焊、锥螺纹和套筒挤压连接等方法。有一部分粗钢筋要在基坑内底板处进行连接,故多用锥螺纹和套筒挤压连接。

大体积混凝土结构由于厚度大,多数设计为上、下两层钢筋。为保证上层钢筋的标高和位置准确无误,应设立支架支撑上层钢筋。过去多用钢筋支架,其不仅用钢量大、稳定性差、操作不安全,还难以与上层钢筋保持在同一水平上,因此目前一般采用角钢焊制的支架来支承上层钢筋的质量、控制钢筋的标高、承担上部操作平台的全部施工荷载。钢筋支架立柱的下端焊在钢管桩桩帽上,在上端焊上一段插座管,插入 $\phi48$ 钢筋脚手管,用横楞和满铺脚手板组成浇筑混凝土用的操作平台。

钢筋网片和骨架多在钢筋加工厂加工成型,运到施工现场进行安装,但工地上也要设简易的钢筋加工成型机械,以便对钢筋进行整修和临时补缺加工。

5.3.2 模板工程施工

模板是保证工程结构外形和尺寸的关键,而混凝土对模板的侧压力是确定模板尺寸的依据。大体积混凝土采用泵送工艺,其特点是速度快、浇筑面集中,它不可能同时将混凝土均匀地分送到浇筑混凝土的各个部位,而是立即使某一部分的混凝土体积升高很多,然后移动输送管,依次浇筑另一部分的混凝土。因此,采用泵送工艺的大体积混凝土的模板,不能按传统、常规的办法配置,应根据实际受力状况,对模板和支撑系统等进行计算,以确保模板体系具有足够的强度和刚度。

大体积混凝土结构由于基础垫层面积较大,垫层浇筑后其面层不可能在同一水平面,因此,宜在基础钢模板下端通长铺设一根 50 mm×100 mm 的小方木,用水平仪找平,以确保基础钢模板安装后其上表面能在同一标高上。另外,应沿基础纵向两侧及横向于混凝土浇筑最后结束的一侧,在小方木上开设 50 mm×300 mm 的排水孔,以便将大体积混凝土浇筑时产生的泌水和浮浆排出。

箱形基础的底板模板,多将组合钢模板或钢框胶合板模板按照模板配板设计组装成大块模板进行安装,不足之处以异形模板补充,也可用胶合板加支撑组成底板侧模。

箱形基础的墙、柱模板及顶板模板与上部结构模板相似,可用组合钢模板、钢框胶合板模板及胶合板组成。

大体积混凝土模板工程施工应符合下列要求。

(1)大体积混凝土的模板和支架系统应按国家现行有关标准的规定进行强度、刚度和稳定性验算,同时,还应结合大体积混凝土的养护方法进行保温构造设计。

(2)模板和支架系统在安装、使用和拆除过程中,必须采取防倾覆的临时固定措施。

(3)后浇带或跳仓法留置的竖向施工缝,宜用钢板网、钢丝网或小板条拼接支模,也可用快易收口网进行支挡。后浇带的垂直支架系统宜与其他部位分开。

(4)大体积混凝土的拆模时间应满足现行国家有关标准对混凝土强度的要求,混凝土浇筑体表面与大气温差应不大于 20 ℃。当模板作为保温养护措施的一部分时,其拆模时间应根据温控要求确定。

(5)大体积混凝土宜适当延迟拆模时间,拆模后,应采取措施预防寒流袭击、突然降温和急剧干燥等。

5.3.3　混凝土工程施工

高层建筑基础工程的大体积混凝土数量巨大,最适宜用混凝土泵或泵车进行浇筑。

混凝土泵型号的选择,主要根据单位时间需要的浇筑量及泵送距离来确定。基础尺寸不是很大、可用布料杆直接浇筑时,宜选用带布料杆的混凝土泵车。否则,就需要布管,一次伸长至最远处,采用边浇边拆的方式进行浇筑。

混凝土泵(泵车)能否顺利泵送,在很大程度上取决于其在平面上的布置是否合理与施工现场道路是否畅通。如利用泵车,宜使其尽量靠近基坑,以扩大布料杆的浇筑半径。混凝土泵(泵车)的受料斗周围宜有能够同时停放两辆混凝土搅拌运输车的场地,这样可轮流向混凝土泵(泵车)供料,调换供料时不至于停

歇。如使预拌混凝土工厂中的搅拌机、混凝土搅拌运输车和混凝土泵(泵车)相对固定,则可简化指挥调度,提高工作效率。

混凝土浇筑时应符合下列要求。

(1)大体积混凝土的浇筑应符合下列规定。

①混凝土浇筑层厚度应根据所用振捣器的作用深度及混凝土的和易性确定,整体连续浇筑时宜为 300～500 mm。

②整体分层连续浇筑或推移式连续浇筑,应缩短间歇时间,并应在前层混凝土初凝之前将次层混凝土浇筑完毕。层间最长的间歇时间应不大于混凝土的初凝时间。混凝土的初凝时间应通过试验确定。当层间间歇时间超过混凝土的初凝时间时,层面应按施工缝处理。

③混凝土浇筑宜从低处开始,沿长边方向自一端向另一端进行。当混凝土供应量有保证时,也可多点同时浇筑。

④混凝土浇筑宜采用二次振捣工艺。

(2)大体积混凝土施工采取分层间歇浇筑时,水平施工缝的处理应符合下列规定。

①清除浇筑表面的浮浆、软弱混凝土层及松动的石子,并均匀露出粗集料。

②在上层混凝土浇筑前,应用清水冲洗混凝土表面的污物,充分润湿,但不得有积水。

③对非泵送及低流动度混凝土,在浇筑上层混凝土时,应采取接浆措施。

(3)在大体积混凝土底板与侧墙相连接的施工缝,当有防水要求时,应采取钢板止水带处理措施。

(4)在大体积混凝土浇筑过程中,应采取防止受力钢筋、定位筋、预埋件等移位和变形的措施,并应及时清除混凝土表面的泌水。

(5)大体积混凝土浇筑面应及时进行二次抹压处理。

由于泵送混凝土的流动性大,如基础厚度不是很大,多采用斜面分层循序推进,一次到顶。这种自然流淌形成斜坡的混凝土浇筑方法,能较好地适应泵送工艺。

混凝土的振捣也要适应斜面分层浇筑工艺,一般在每个斜面层的上、下各布置一道振动器。上面一道振动器布置在混凝土卸料处,保证上部混凝土捣实。下面一道振动器布置在近坡脚处,确保下部混凝土密实。随着混凝土浇筑向前推进,振动器也要相应跟上。

大流动性混凝土在浇筑和振捣过程中,上涌的泌水和浮浆会顺着混凝土坡面流到坑底,混凝土垫层在施工时已预先留有一定坡度,可使大部分泌水顺垫层坡度通过侧模底部预留孔排出坑外。少量来不及排除的泌水随着混凝土向前浇筑推进而被赶至基坑顶部,由模板顶部的预留孔排出。

当混凝土大坡面的坡脚接近顶端模板时,改变混凝土浇筑方向,即从顶端往回浇筑,与原斜坡相交成一个集水坑,另外,有意识地加强两侧板模板处的混凝土浇筑强度,这样集水坑就会逐步在中间缩小成水潭,可用软轴泵及时排除。采用这种方法基本上可以排除最后阶段的所有泌水。

大体积混凝土(尤其用泵送混凝土)的表面水泥浆较厚,在浇筑后要进行处理。一般先初步按设计标高用长刮尺刮平,然后在初凝前用铁滚筒碾压数遍,再用木楔打磨压实,以闭合收水裂缝,经 12 h 左右再用草袋覆盖,充分浇水湿润养护。

5.3.4 特殊气候条件下施工

(1)大体积混凝土施工遇炎热、冬期、大风或雨雪天气时,必须采用保证混凝土浇筑质量的技术措施。

(2)在炎热天气下浇筑混凝土时,宜采用遮盖、洒水、拌冰等降低混凝土原材料温度的措施,混凝土入模温度宜控制在 30 ℃以下。混凝土浇筑后,应及时进行保湿保温养护,条件许可时,应避开在高温时段浇筑混凝土。

(3)冬期浇筑混凝土时,宜采用热水拌和、加热骨料等提高混凝土原材料温度的措施,混凝土入模温度宜不低于 5 ℃。混凝土浇筑后,应及时进行保温保湿养护。

(4)在大风天气下浇筑混凝土时,对作业面应采取挡风措施,并应增加混凝土表面的抹压次数,还要及时覆盖塑料薄膜和保温材料。

(5)在雨雪天不宜露天浇筑混凝土,当需要施工时,应采取确保混凝土质量的措施。在浇筑过程中突遇大雨或大雪天气时,应及时在结构合理部位留置施工缝,并应尽快中止混凝土浇筑;对已浇筑但未硬化的混凝土应立即进行覆盖,严禁雨水直接冲刷新浇筑的混凝土。

第 6 章　现浇混凝土结构施工

6.1　模板工程施工

6.1.1　大模板施工

1.大模板构造

大模板由面板、水平加劲肋、支撑桁架、调整螺栓等组成,可用作钢筋混凝土墙体模板,特点是板面尺寸大(一般等于一片墙的面积),需用起重机进行装、拆,并且机械化程度高,劳动消耗量小,施工进度较快,但其通用性不如组合钢模板。

2.大模板类型

大模板按形状分为平模、小角模、大角模和筒形模等。

(1)平模。平模分为整体式平模、组合式平模和装拆式平模三类。

①整体式平模。整体式平模的面板多用整块钢板,且面板、骨架、支撑系统和操作平台等都焊接成整体。模板的整体性好、周转次数多,但通用性差,仅用于大规模的标准住宅。

②组合式平模。组合式平模以常用的开间、进深作为板面的基本尺寸,再辅以少量 20 cm、30 cm 或 60 cm 的拼接窄板,并使其与基本模板端部用螺栓连接,即可组合成不同尺寸的大模板,以适应不同开间和进深尺寸的需要。它灵活、通用,有较大的优越性,应用最广泛,且板面(包括面板和骨架)、支撑系统、操作平台三部分用螺栓连接,便于解体。

③装拆式平模。装拆式平模的面板多用多层胶合板、组合钢模板或钢框胶合板模板,面板与横、竖肋用螺栓连接,且板面与支撑系统、操作平台之间也用螺栓连接,用后可完全拆散,灵活性较大。

（2）小角模。小角模与平模配套使用，作为墙角模板。小角模与平模间应有一定的伸缩量，用以调节不同墙厚和安装偏差，也便于装拆。

小角模的两种做法：第一种是扁钢焊在角钢内面，拆模后会在墙面上留有扁钢的凹槽，清理后用腻子刮平；第二种是扁钢焊在角钢外面，拆模后会出现凸出墙面的一条棱，要及时处理。扁钢一端固定在角钢上，另一端与平模板面自由滑动。

（3）大角模。一个房间的模板由四块大角模组成，模板接缝在每面墙的中部。大角模本身稳定，但装、拆较麻烦，且墙面中间有接缝，较难处理，因此现在已很少被人们使用。

（4）筒形模（简称筒模）。

①组合式铰接筒模。将一个房间四面墙的大模板连接成一个空间的整体模板，即筒模。其稳定性好，可整间吊装而减少吊次，但自重大、不够灵活，多用于电梯井、管道井等尺寸较小的筒形构件，在标准间施工中也有应用，但应用较少。

电梯井、管道井等尺寸较小的筒形构件用筒模施工有较大优势。最早使用的是模架式筒模，其通用性差，目前已被淘汰。后来，使用组合式铰接筒模，它在筒模四角处用铰接式角模与模板相连，利用脱模器开启，进行筒模组装就位和脱模较为方便，但脱模后需用起重机吊运。

②自升式电梯井筒模。近年出现自升式电梯井筒模，其将模板与提升机结合为一体。拆模后，利用提升机可自己上升至新的施工标高处，无须另用起重机吊运。

3. 工程施工准备

除去施工现场为顺利开工而进行的一些准备工作之外，主要就是编制施工组织设计，在这方面主要解决吊装机械选择、流水段划分、施工现场平面布置等问题。

（1）吊装机械选择。用大模板施工的高层建筑，吊装机械都采用塔式起重机。模板的装拆、外墙板的安装、混凝土的垂直运输和浇筑、楼板的安装等工序均需利用塔式起重机进行。因此，正确选择塔式起重机的型号十分重要。在一般情况下，塔式起重机的台班吊次是决定大模板结构施工工期的主要因素。为了充分利用模板，一般要求每一流水段在一个昼夜内完成从支模到拆模的全部工序，所以，一个流水段内的模板数量要根据塔式起重机的台班吊次来决定，模板数量决定流水段的大小，而流水段的大小又决定了劳动力的配备。

塔式起重机的型号主要依据建筑物的外形、高度及最大模板或构件的质量来选择。其数量则取决于流水段的大小和施工进度要求。对于 14 层以下的大模板建筑，选用 TQ60/80 型或类似 700 kN·m 的塔式起重机即可满足要求，其台班吊次可达 120 次。超过 15 层的大模板建筑，多用自升式塔式起重机，如 QT4-10 型、QT-80 型、QTZ80 型等 800 kN·m 或 1200 kN·m 的塔式起重机。

另外，在高层建筑施工中，为便于施工人员上下和满足装修施工的需要，宜在建筑物的适当位置设置外用施工电梯。

（2）流水段划分。划分流水段要力求各流水段内的模板型号和数量尽量一致，以减少大模板落地次数，充分利用塔式起重机的吊运能力；要使各工序合理衔接，确保达到混凝土拆模强度和安装楼板所需强度的养护时间，以便在一昼夜时间内完成从支模到拆模的全部工序，使一套模板每天都能重复使用；流水段划分的数量与工期有关，故划分流水段还要满足规定的工期。

由于墙体混凝土强度达到 1.0 N/mm² 才能拆模，在常温条件下，从混凝土浇筑算起需要 10~12 h，从支模板算起则需 24 h，因此，这就决定了模板的周转时间是一天一段。此外，安装楼板所需的墙体混凝土强度为 4.0 N/mm²，龄期需要 36~48 h。而安装楼板后，还有板缝、圈梁的支模、绑扎钢筋、浇筑混凝土、墙体放线、绑扎墙体钢筋、支模和浇筑墙体混凝土等工序，约需要 48 h 才能完成。因此，大模板施工的一个循环约需要 4 d。

对于长度较大的板式建筑，一般划分成四个流水段较好：

①抄平放线、绑扎钢筋；

②支模板、安装外壁板、浇筑墙体混凝土；

③拆模、清理墙面、养护；

④吊运隔墙材料、安装楼板、板缝和圈梁施工。

每个流水段分别在 1 d 内完成，4 d 完成一个循环，有条不紊，便于施工。

对于塔式建筑，由于长度较小，一般对开分为两个流水段，以两幢房屋分为四个流水段进行组织施工。

（3）施工现场平面布置。大模板工程的现场平面布置，除满足一般的要求外，要着重对外墙板和模板的堆放区进行统筹规划安排。

施工过程中大模板原则上应当随拆随装，只在楼层上做水平移动而不落地，但个别楼板还是要在堆放场存放。为此，在结构施工过程中，一套模板需留出 100 m² 左右的周转堆场。

大模板宜采取两块模板板面相对的方式堆放，也应堆放在塔式起重机的有效工作半径之内。

4. 大模板工程施工

（1）测量放线。

①）轴线的控制和引测。在每幢建筑物的四个大角和流水段分界处,都必须设标准轴线控制桩,通过它在山墙和对应的墙上用经纬仪引测控制轴线。然后,根据控制轴线拉通尺放出其他轴线和墙体边线(同筒模施工时,应放出十字线),不得用分间丈量的方法放出轴线,以免误差积累。遇到特殊体形的建筑,则需另用其他方法来控制轴线,如上海华亭宾馆由于形状特殊,应根据控制桩用角度进行控制。

②水平标高的控制与引测。每幢建筑物设标准水平桩 1～2 个,并将水平标高引测到建筑物的第一层墙上,作为控制水平线。各楼层的标高均以此线为基线,用钢尺引测上去,每个楼层设两条水平线,一条离地面的距离为 50 cm,供立口和装修工程使用;另一条距楼板下皮 10 cm,用以控制墙体顶部的找平层和楼板安装标高。另外,有时候在墙体钢筋上也弹出水平线,用以控制大模板安装的水平度。

（2）绑扎钢筋。大模板施工的墙体宜用点焊钢筋网片,网片之间的搭接长度和搭接部位都应符合设计规定。

点焊钢筋网片在堆放、运输和吊装过程中,都应设法防止钢筋产生弯折变形和焊点脱落。上、下层墙体钢筋的搭接部分应理直,并绑扎牢固。双排钢筋网之间应绑扎定位用的连接筋;钢筋与模板之间应绑扎砂浆垫块,以保证钢筋位置准确和保护层厚度符合要求。

在施工流水段的分界处,应按设计规定甩出钢筋,以备与下段连接。如果内纵墙与内横墙非同时浇筑,应将连接钢筋绑扎牢固。

（3）安装大模板。大模板进场后应核对型号,清点数量,注明模板编号。模板表面应除锈并均匀涂刷脱模剂。常用的脱模剂有甲基硅树脂脱模剂、妥尔油脱模剂和海藻酸钠脱模剂等。

①安装内墙模板。大模板进场后要核对型号,清点数量,清除表面锈蚀,用醒目的字体在模板背面注明标号。模板就位前还应涂刷脱模剂,将安装处的楼面清理干净,检查墙体中心线及边线,准确无误后方可安装模板。安装模板时应按顺序吊装,按墙身线就位,反复检查校正模板的垂直度。模板合模前,还要对隐蔽工程验收。

②组装外墙外模板。根据形式的不同,外墙外模板分为悬挑式外模板和外承式外模板。

当采用悬挑式外模板施工时,支模顺序为先安装内墙模板,再安装外墙内模板,然后把外模板通过内模板上端的悬臂梁直接悬挂在内模板上。悬臂梁可采用一根 8 号槽钢焊在外侧模板的上口横肋上,内、外墙模板之间依靠对销螺栓拉紧,下部靠在下层的混凝土墙壁上。

当采用外承式外模板施工时,可以先将外墙外模板安装在下层混凝土外墙面挑出的三角形支承架上,用 L 形螺栓通过下一层外墙预留口挂在外墙上。为了保证安全,要设好防护栏和安全网,安装好外墙外模板后,再安装内墙模板和外墙内模板。

模板安装完毕后,应将每道墙的模板上口找直,并检查扣件、螺栓是否紧固,拼缝是否严密,墙厚是否合适,与外墙板拉结是否紧固。经检查合格验收后,方准浇筑混凝土。

(4)浇筑混凝土。要做到每天完成一个流水段的作业,模板每天周转一次,就要使混凝土浇筑后 10 h 左右达到拆模强度。当使用矿渣硅酸盐水泥时,往往要掺早强剂。常用的早强剂为三乙醇胺复合剂和硫酸钠复合剂等。为增加混凝土的流动性,又不增加水泥用量,或需要在保持同样坍落度的情况下减少水泥用量,常在混凝土中掺加减水剂。常用的减水剂有木质素磺酸钙等。

常用的浇筑方法是料斗浇筑法,即用塔式起重机吊运料斗至浇筑部位,斗门直对模板进行浇筑。近年来,用混凝土泵进行浇筑的方式日渐增多,这时要注意混凝土的可泵性和混凝土的布料。

为防止烂根,在浇筑混凝土前,应先浇筑一层 5～10 cm 厚与混凝土内砂浆成分相同的砂浆。墙体混凝土应分层浇筑,每层厚度应不超过 1 cm,仔细捣实。浇筑门窗洞口两侧混凝土时,应由门窗洞口正上方下料,两侧同时浇筑且高度应一致,以防门窗洞口模板走动。

边柱和角柱的断面小、钢筋密,浇筑时应十分小心,振捣时要防止外墙面变形。

常温施工时,拆模后应及时喷水养护,连续养护 3 d 以上。也可采取喷涂氯乙烯-偏氯乙烯共聚乳液薄膜保水的方法进行养护。

用大模板进行结构施工,必须支搭安全网。如果采用安全网随墙逐层上升的方法,要在 2、6、10、14 层等每 4 层固定一道安全网;如果采用安全网不随墙逐层上升的方法,则从 2 层开始,每两层支搭一道安全网。

(5)拆模与养护。在常温条件下,墙体混凝土强度超过 1.2 MPa 时方准拆模。拆模顺序为先拆内纵墙模板,再拆横墙模板,最后拆除角模和门洞口模板。单片模板拆除顺序为:拆除穿墙螺栓、拉杆及上口卡具→升起模板底脚螺栓→升起支撑架底脚螺栓→使模板自动倾斜,脱离墙面并将模板吊起。拆模时,必须首先用撬棍轻轻将模板移出 20～30 mm,然后用塔式起重机吊出。吊拆大模板时,应严防撞击外墙挂板和混凝土墙体,因此,吊拆大模板时,要注意使吊钩位置倾向于移出模板方向。任何情况下,不得在墙口上晃动、撬动或敲砸模板。模板拆除后应及时清理,涂刷隔离剂。

常温条件下,在混凝土强度超过 1.0 N/mm² 后方准拆模。宽度大于 1 m 的门洞口的拆模强度,应与设计单位商定,以防止门洞口产生裂缝。

6.1.2　液压滑动模板施工

液压滑动模板(简称"滑模"),是按照施工对象的平面尺寸和形状,在地面组装好包括模板、提升架和操作平台的滑模系统,一次装设高度为 1.2 m 左右,然后分层浇筑混凝土,利用液压提升设备不断竖向提升模板,完成混凝土构件施工。

1. 液压滑动模板的组成

液压滑动模板由模板系统、操作平台系统和液压提升系统以及施工精度控制系统等组成。

(1)模板系统。模板系统由模板、围圈、提升架及其附属配件组成。其作用是根据滑模工程的结构特点组成成型结构,使混凝土能按照设计的几何形状及尺寸准确成型,并保证表面质量符合要求;其在滑升施工过程中,主要承受浇筑混凝土时的侧压力以及滑动时的摩阻力和模板滑空、纠偏等情况下的外加荷载。

①模板。模板又称围板,可用钢材、木材或钢木混合以及其他材料制成,目前使用钢模板居多。常用的钢模板系采用薄钢板边轧压边成型,或采用薄钢板加焊角钢、扁钢边框。

钢模板之间采用 U 形卡连接或螺栓连接,也可 U 形卡与螺栓混用(螺栓与 U 形卡间隔使用)。

模板与围圈的连接可采用特制的连接夹具——双肢带钩夹具。使用时将夹具套在围圈的弦杆上,尾部钩住相邻两模板背肋上的椭圆孔,然后拧紧螺栓,将模板固定在围圈上。

②围圈。围圈又称围檩,用于固定模板,保证模板所构成的几何形状及尺寸,承受模板传来的水平与垂直荷载,所以,其要具有足够的强度和刚度。两面模板外侧分别有上、下围圈各一道,支承在提升架立柱上。上、下围圈的间距一般为 500~700 mm,上围圈距离模板上口不宜大于 250 mm,以保证模板上部不会因振捣混凝土而产生变形;下围圈距离模板下口 250~300 mm。高层建筑滑模施工多采用平行弦桁架式围圈。

桁架的弦杆与腹杆采用焊接或螺栓连接。采用螺栓连接时,可在弦杆上钻 $\phi 6$ 的螺栓孔,孔距为 100 mm,以便于灵活调节节间距离,组成多种尺寸,以适应不同工程的需要。围圈在转角处应设计成刚性节点。弦杆杆件如有接头,其接头处应用等刚度型钢连接,连接螺栓数量每边不得少于 2 个。

围圈与提升架的连接,可将围圈弦杆安装在提升架立柱的槽钢夹板,或采用双肢钩形夹具连接,将夹具套入提升架立柱,钩住弦杆,收紧螺栓即可,拆装便捷。

相邻提升架距离较大处的围圈,可增设水平三角桁架,利用可调丝杠调整围圈的平面外变形,以防止围圈外凸。

③提升架。提升架的作用是承受整个模板系统与操作平台系统的全部荷载并将其传递给千斤顶,通过提升架将模板系统与操作平台系统连成一体。提升架由立柱、横梁、支托等组成。常用的提升架形式有双立柱门形架(单横梁式)、双立柱开形架(双横梁式)及单立柱"Γ"形架。横梁与立柱必须刚性连接,两者的轴线应在同一平面内;在使用荷载的作用下,立柱的侧向变形不应大于 2 mm。

提升架横梁一般采用槽钢[10、[12 等,加劲横梁(上横梁)采用角钢。立柱可采用槽钢,或由双槽钢、双角钢组焊成格构式钢柱,也可采用方钢管组成桁架式立柱,其为使用 50 mm×50 mm×4 mm 方钢管加工的双横梁桁架式组合提升架,提升架横梁上各钻有一排螺栓孔,当需要改变墙柱截面尺寸时用以调整立柱的距离。提升架立柱上还设有模板间距及其倾斜度的微调装置。

提升架的平面构造形式,除常用的"一"字形外,还可采用 Y 形、X 形,用于墙体交接处。

用于框架柱的提升架,可采用 4 立柱式,其横梁平面结构呈"×"形,相互间用螺栓连接。立柱的空间位置可用调整丝杠调节,丝杠底座同立柱外侧连接,立柱安在滑道中,滑道由槽钢夹板与滑道角钢组成。

提升架立柱也可采用 $\phi 48×3.5$ mm 脚手钢管,立柱竖向钢管上端留出接头长度,待安装时通过扣件与水平脚手管相连,搭设成竖向钢筋的支承架。

提升架的立柱与横梁可采用螺栓连接或焊接,也可一端焊接,另一端用螺栓连接。节点应保证刚性连接。提升架下横梁梁底至模板顶面的距离一般为 500～700 mm,不宜小于 500 mm,以保证用于绑扎钢筋、安设预埋件的操作空间。在提升架上横梁顶部可加焊两段 $\phi48\times3.5$ mm 短管(管段长 300 mm),在安装提升架时,通过此短管用纵、横水平钢管将提升架连成整体。

　　(2)操作平台系统。操作平台式滑模施工是在平台上完成绑扎钢筋、安装埋件、浇筑混凝土等工序的作业。操作平台包括内操作平台、外操作平台及吊脚手架。

　　①内操作平台。操作平台的平面结构形式有整体式平台及活动式平台,设计时根据工程实际情况及采用的滑模工艺,决定操作平台的形式。当采用"滑三浇一"工艺或滑降模工艺时,使用整体式平台;当采用滑降模工艺时,若平台用作现浇楼板的模板,需要对平台进行验算加固;当采用楼板施工与滑模并进工艺时,使用活动式平台,开启活动平台板用作楼板施工的通道。

　　a.整体式操作平台。整体式操作平台由平台桁架(或纵、横钢梁)、支撑、楞木及铺板等组成。平台桁架一般为平行弦式桁架,用角钢加工,长度按开间大小设计,高度宜与围圈桁架等高,其端部与围圈桁架连接,组成整体性平台桁架。平台桁架之间应设置水平及垂直支撑,以增强平台的刚度。平台桁架也可采用伸缩式轻型钢桁架(跨度为 2.5～4.0 m)。平台上铺设楞木及铺板(木板或胶合板),铺板上表面宜钉一层 0.75 mm 厚的镀锌薄钢板。

　　b.活动式操作平台。将活动式操作平台的局部或大部分做成可开启的活动平台板,以满足楼板施工的需要。这种结构形式的特点是:在模板两侧提升架之间各设一条固定平台,其余部位均为活动平台板;不在平台上部设纵、横钢梁,而是沿房间四周各设一道封闭式围梁,围梁用槽钢或角钢加工,端部用螺栓及连接板连接,便于装、拆。围梁支承在提升架立柱的支托上,活动平台板即搁置在围梁上。活动平台板可根据尺寸大小采用 50 mm 厚的木板、木框胶合板或钢框胶合板,板面铺钉 0.75 m 厚的镀锌薄钢板。固定平台部分用方木及木板铺设,上面钉一层镀锌薄钢板。

　　②外操作平台。外操作平台由外挑架、楞木、铺板及安全护栏等组成。外挑架用角钢加工成三脚架,安装在提升架立柱上,提升架之间用角钢或钢管连接,上面铺放楞木及铺板,板面靠外模一侧 300～400 m 范围内钉一层镀锌薄钢板。安全护栏用 2 m 长的钢管作为立柱,设三道水平杆,底部设 25 mm 厚的木踢脚板,板高 300 mm,护栏外侧挂密孔安全网及彩条尼龙布围护。

③吊脚手架。吊脚手架为下辅助平台,由吊杆、横梁、脚手板、安全护栏等组成。吊杆常用 $\phi16\sim\phi18$ 圆钢或 50 mm×4 mm 扁钢加工而成。

吊杆上端分别安装在挑架外端及提升架外立柱下部的内侧,下端与钢横梁连接。吊杆螺栓连接必须采用双螺帽。横梁用钢管、槽钢等加工。横梁用 3 道水平通长钢管连接,上铺厚 50 mm 的优质木板(板上钻孔,用铁线与钢管绑扎在一起)。护栏采用 50 mm×50 mm 的方木。用小孔安全网及大孔安全网同时从挑架处围起,向下包转吊起平台底部并返至吊架内侧栏杆处。安全网内侧可用彩条尼龙布围护,以防止高空眩晕。吊脚手架铺板的宽度为 500~800 mm。

(3)液压提升系统。液压提升系统包括支承杆、液压千斤顶、液压控制系统和油路等,是液压滑模系统的重要组成部分,也是整套滑模施工装置中的提升动力和荷载传递系统。

液压提升系统的工作原理是由电动机带动高压油泵,将高压油液通过电磁换向阀、分油器、截止阀及管路输送到液压千斤顶,液压千斤顶在油压作用下带动滑升模板和操作平台沿着支承杆向上爬升;当控制台使电磁换向阀换向回油时,油液由千斤顶排出并回入油泵的油箱内。在不断供油、回流的过程中,千斤顶活塞不断地压缩、复位,将全部滑升模板装置向上提升到需要的高度。

①千斤顶。液压滑动模板施工所用的千斤顶为专用穿心式千斤顶,按其卡头形式的不同可分为钢珠式和楔块式两种,其工作重量分为 3 t、3.5 t 和 10 t 三种,其中工作重量为 3.5 t 的千斤顶应用较广。

②支承杆。支承杆又称爬杆,它既是千斤顶向上爬升的轨道,又是滑动模板装置的承重支柱,承受着施工过程中的全部荷载。支承杆一般采用 $\phi25$ 的光圆钢筋,其连接方法有丝扣连接、榫接、焊接三种,也可以用直径为 25~28 mm 的带肋钢筋。用作支承杆的钢筋,在下料加工前要进行冷拉调直,冷拉时的延伸率控制在 2%~3%。支承杆的长度一般为 3~5 m。当支承杆接长时,其相邻的接头要互相错开,以使同一断面上的接头根数不超过总根数的 25%。

③液压控制系统。液压控制系统是液压提升系统的心脏,主要由能量转换装置(电动机、高压轮泵等)、能量控制和调节装置(电磁换向阀、调压阀针形阀、分油器等)和辅助装置(压力表油箱、滤油器、油管、管接头等)三部分组成。

(4)施工精度控制系统。

①垂直度观测设备,有激光铅直仪、自动安平激光铅直仪、经纬仪及线坠等,其精度应不低于 1/10000。

②水平度观测设备,如水准仪等。

③千斤顶同步控制装置,可采用限位调平器、限位阀、激光控制仪、水准自动控制装置等。

测量靶标及观测站的设置应便于测量操作。通信联络设施可采用有线或无线电话及其他声光联络信号设施。通信联络设施应保证声光信号清楚、统一。

2. 滑升模板的施工

滑升模板的施工由施工准备工作,滑升模板的组装,钢筋绑扎和预埋件埋设,门、窗等孔洞的留设,混凝土浇捣,模板滑升,楼板施工,模板设备的拆除,滑框倒模施工等几个部分组成。

(1)施工准备工作。由于滑模施工有连续施工的特点,为了发挥施工效率,施工前应做好充分的准备。

①技术准备。由于滑模施工的特点,要求设计中必须有与之相适应的措施,施工前要认真组织对施工图的审查。应重点审查结构平面布置是否使各层构件沿模板滑动方向投影重合,竖向结构断面是否上下一致,立面线条的处理是否恰当等。

根据需要采用滑模施工的工程范围和工程对象,划分施工区段,确定施工顺序,应尽可能使每一个区段的面积相等、形状规则,区段的分界线一般设在变形缝处为宜。制定施工方案,确定材料垂直和水平运输的方法、人员上下方法,确定楼板的施工方法。

绘制建筑物多层结构平面的投影叠合图。确定模板、围圈、提升架及操作平台的布置,并进行各类部件的设计与计算,提出规格和数量。确定液压千斤顶、油路及液压控制台的布置,提出规格和数量。制定施工精度控制措施,提出设备仪器的规格、数量。绘制滑模装置组装图,提出材料、设备、构件一览表。确定不宜采用滑模施工的部位的处理措施。

②现场准备。施工用水、用电必须接好,施工临时道路和排水系统必须畅通。所需要的钢筋、构件、预埋件、混凝土用砂、石、水泥、外加剂(如果用商品混凝土,应联系好供应准备工作),应按计划到场并保持供应。滑升模板系统需要的模板、爬杆、吊脚手架设备和安全网应准备充足,垂直运输设备在滑模系统进场前就位。

滑升模板的施工是一项多工种协作的施工工艺,故劳动力组织宜采用各工种混合编制的专业队伍,提倡一专多能,工种间协调配合,充分发挥劳动效率。

(2)滑升模板的组装。滑升模板的组装是重要环节,直接影响到施工进度和

质量,因此要合理组织、严格施工。滑升模板的组装工作应在建筑物的基础顶板或楼板混凝土浇筑并达到一定强度后进行。组装前必须将基础回填平整,按图纸设计要求,在地板上弹出建筑物各部位的中心线及模板、围圈、提升架、平台构架等构件的位置线。对各种模板部件、设备等进行检查,核对数量、规格以备使用。模板的组装顺序如下:

①搭设临时组装平台,安装垂直运输设施;

②安装提升架;

③安装围圈(先安装内围圈,后安装外围圈),调整倾斜度;

④绑扎竖向钢筋和提升架横梁以下的水平钢筋,安设预埋件及预留孔洞的胎模,对工具式支承杆套管下端进行包扎;

⑤安装模板,宜先安装角模,后安装其他模板;

⑥安装操作平台的桁架、支撑和平台铺板;

⑦安装外操作平台的支架、铺板和安全栏杆等;

⑧安装液压提升系统,垂直运输系统及水、电、通信、信号、精度控制和观察装置,并分别进行编号、检查和试验;

⑨在液压提升系统试验合格后,插入支承杆;

⑩安装内、外吊脚手架和挂安全网;在地面或横向结构面上组装滑模装置时,应待模板滑升至适当高度后,再安装内、外吊脚手架。

(3)钢筋绑扎和预埋件埋设。每层混凝土浇筑完毕后,在混凝土表面上至少应有一道已绑扎了的横向钢筋。竖向钢筋绑扎时,应在提升架上部设置钢筋定位架,以保证钢筋位置准确。直径较大的竖向钢筋接头,宜采用气焊或电渣焊。对于双层钢筋的墙体结构,钢筋绑扎后,双层钢筋之间应有拉结筋定位。钢筋弯钩均应背向模板,必须留足混凝土保护层。

支承杆作为结构受力筋时,应及时清除油污,其接头处的焊接质量必须满足有关钢筋焊接规范的要求。预埋件留设位置与型号必须准确。预埋件的固定,一般可采用短钢筋与结构主筋焊接或绑扎等方法连接牢固,但不得凸出模板表面。

(4)门、窗等孔洞的留设。

①框模法。预留门、窗口或洞口一般采用框模法。事先用钢材或木材制成门窗洞口的框模,框模的尺寸宜比设计尺寸大20~30 mm,厚度应比模板上口尺寸小10 mm。然后,按设计要求的位置和标高安装,安装时应将框模与结构钢筋连接固定,以免变形位移。也可利用门、窗框直接做框模,但需在两侧边框上加

设挡条。当模板滑升后,挡条可拆下周转使用。挡条可用钢材和木材制成工具式,用螺钉和门、窗框连接。

②堵头模板法(又称插板法)。当预留孔洞尺寸较大或孔洞处不设门框时,在孔洞两侧的内、外模板之间设置堵头模板,并通过活动角钢与内、外模连接,与模板一起滑升。

③孔洞胎模法。孔洞胎模可用钢材、木材及聚苯乙烯泡沫塑料等材料制成。对于较小的预留孔洞及接线盒等,可事先按孔洞的具体形状制作空心或实心的孔洞胎模,其尺寸应比设计要求大 50～100 mm,厚度至少应比内、外模上口小10～20 mm,为便于模板滑过后取出胎模,四边应稍有倾斜。

(5)混凝土浇捣。用于滑升模板施工的混凝土,除必须满足设计强度外,还必须满足滑升模板施工的特殊要求,如出模强度、凝结时间、和易性等。混凝土必须分层均匀交圈浇筑,每一浇筑层的混凝土表面应在同一水平面上,并且有计划地变换浇筑方向,防止模板产生扭转和结构倾斜。分层浇筑的厚度以 200～300 mm 为宜。各层浇筑的间隔时间应不大于混凝土的凝结时间,否则应按施工缝的要求对接槎处进行处理。混凝土浇筑宜人工均匀倒入,不得用料斗直接向模板倾倒,以免对模板造成过大的侧压力。预留孔洞,门、窗口等两侧的混凝土,应对称、均衡浇筑,以免门、窗模移位。

(6)模板滑升。

①初滑阶段。初滑阶段主要对滑模装置和混凝土凝结状态进行检查。当混凝土分层浇筑到 70 mm 左右,且第一层混凝土的强度达到出模强度时,应进行试探性的提升,滑升过程要求缓慢、平稳。用手按混凝土表面,若出现轻微指印、砂浆又不粘手,说明时间恰到好处,可进入正常滑升阶段。

②正常滑升阶段。模板经初滑调整后,可以连续一次提升一个浇筑层高度,等混凝土浇筑至模板顶面时再提升一个浇筑层高度,也可以随升随浇。模板的滑升速度应与混凝土分层浇筑的厚度配合。两次滑升的间隔停歇时间一般不宜超过 1 h。为防止混凝土与模板黏结,在常温下,滑升速度一般控制在 150～350 mm/h,最慢应不小于 100 mm/h。

③末滑阶段。当模板滑升至距建筑物顶部标高 1 m 左右时,即进入末滑阶段,此时应降低滑升速度,并进行准确的抄平和找平工作,以使最后一层混凝土能够均匀交圈,保证顶部标高及位置的准确。混凝土末浇结束后,模板仍应继续滑升,直至与混凝土脱离为止,不致黏住。

因气候、施工需要或其他原因而不能连续滑升时,应采取可靠的停滑措施。

继续施工前,应对液压提升系统进行全面检查。

(7)楼板施工。采用滑升模板施工的高层建筑,其楼板等横向结构的施工方法主要有:逐层空滑楼板并进法、先滑墙体楼板跟进法和先滑墙体楼板降模法等。

①逐层空滑楼板并进法。逐层空滑楼板并进又称"逐层封闭"或"滑一浇一",其做法是:当每层墙体模板滑升至上一层楼板底标高位置时,停止墙体混凝土浇筑,待混凝土达到脱模强度后,将模板连续提升,直至墙体混凝土脱模,再向上空滑至模板下口与墙体上皮脱空一段高度为止(脱空高度根据楼板的厚度确定),然后,将操作平台的活动平台板吊开,进行现浇楼板支模、绑扎钢筋和浇筑混凝土的施工。如此逐层进行,直至封顶。

②先滑墙体楼板跟进法。先滑墙体楼板跟进法是指当墙体连续滑动数层后,即可自下而上地进行逐层楼板的施工,即在楼板施工时,先将操作平台的活动平台板揭开,由活动平台的洞口吊入楼板的模板、钢筋和混凝土等材料或安装预制楼板。对于现浇楼板施工,也可由设置在外墙窗口处的受料挑台将所需材料吊入房间,再用手推车运至施工地点。

③先滑墙体楼板降模法。先滑墙体楼板降模施工是针对现浇楼板结构而采用的一种施工工艺。其具体做法是:当墙体连续滑升到顶或滑升至 8～10 层高度后,将事先在底层按每个房间组装好的模板,用卷扬机或其他提升机具提升到要求的高度,再用吊杆悬吊在墙体预留的孔洞中,然后进行该层楼板的施工。当该层楼板的混凝土达到拆模强度要求时(不得低于 15 MPa),可将模板降至下一层楼板的位置,进行下一层楼板的施工。此时,悬吊模板的吊杆也随之接长。这样,施工完一层楼板,模板随之降下一层,直到完成全部楼板的施工,降至底层为止。

(8)模板设备的拆除。模板设备的拆除应制定可靠的方案,拆除前要进行技术交底,确保操作安全。提升系统的拆除可在操作平台上进行,千斤顶留待与模板系统同时拆除。模板设备的拆除顺序为:拆除油路系统及控制台→拆除操作平台→拆除内模板→拆除安全网和脚手架→用木块垫紧内圈模板桁架→拆外模板桁架系统→拆除内模板桁架的支撑→拆除内模板桁架。

在高处解体过程中,必须保证模板设备的总体稳定和局部稳定,防止模板设备整体或局部倾倒坍落。拆除过程要严格按照拆除方案进行,建立可靠的指挥通信系统,配置专业安全员,注意操作安全。模板设备拆除后,应对各部件进行检查、维修,并妥善存放保管,以备使用。

（9）滑框倒模施工。滑框倒模施工工艺是在滑模施工工艺的基础上发展而成的一种施工方法。这种方法兼有滑模和倒模的优点，因此易于保证工程质量。但由于操作上多了模板拆除上运的过程，其人工消耗大，故速度略低于滑模。

滑框倒模施工装置的提升设备和模板系统与一般滑模基本相同，也由液压控制台、油路、千斤顶、支承杆、操作平台、围圈、提升架、模板等组成。

滑框倒模的模板不与围圈直接挂钩，模板与围圈之间增设竖向滑道，模板与围圈之间通过竖向滑道连接，滑道固定于围圈内侧，可随围圈滑升。滑道的作用相当于模板的支承系统，它既能抵抗混凝土的侧压力，又可约束模板位移，便于模板的安装。滑道的间距由模板的材质和厚度决定，一般为 300～400 mm；长度为 1～1.5 m，可采用外径为 30 mm 左右的钢管。

模板应选用活动轻便的复合面层胶合板或双面加涂玻璃钢树脂面层的中密度纤维板，以利于向滑道内插放和拆模、倒模。模板的高度与混凝土的浇筑层厚度相同，一般为 500 mm 左右，可配置 3～4 层。模板的宽度，在插放方便的前提下应尽可能加大，以减少竖向接缝。

模板在施工时与混凝土之间不产生滑动，而与滑道之间相对滑动，即只滑框，不滑模。

当滑道随围圈滑升时，模板附着于新浇筑的混凝土表面留在原位，待滑道滑升一层模板高度后，即可拆除最下一层模板，清理后倒至上层使用。

6.1.3　爬升模板施工

爬升模板简称爬模，是一种自行升降、不需要起重机吊运的模板，可以一次成型一个墙面，其是综合大模板与滑模工艺特点形成的一种成套模板，既保持了大模板工艺墙面平整的优点，又吸取了滑模利用自身设备向上移动的优点。

爬升模板与滑升模板一样，在结构施工阶段附着于建筑结构上，随着结构施工而逐层上升，这样模板既不占用施工场地，也不需要其他垂直运输设备。另外，它装有操作脚手架，施工时有可靠的安全围护，故可不搭设外脚手架，特别适用于在较狭小的场地上建造多层或高层建筑。

爬升模板与大模板一样，是逐层分块安装的，故其垂直度和平整度易于调整及控制，可避免施工误差的积累。

1. 爬升模板的组成

爬升模板由模板、爬升支架和爬升动力设备三部分组成。

(1)模板。爬模的模板与一般大模板构造相同,由面板、横肋、竖向大肋、对销螺栓等组成。面板一般采用薄钢板,也可用木(竹)胶合板。横肋和竖向大肋常采用槽钢,其间距通常根据有关规范计算确定。新浇混凝土对墙两侧模板的侧压力由对销螺栓承受。

模板的高度一般为建筑标准层高度加 100~300 mm,所增加的高度是模板与下层已浇筑墙体的搭接高度,用于模板下端的定位和固定。

模板下端需增加橡胶衬垫,使模板与已结硬的钢筋混凝土墙贴紧,以防止漏浆。模板的宽度可根据一片墙的宽度和施工段的划分确定,可以是一个开间、一片墙或一个施工段的宽度,其分块要与爬升设备能力相适应。在条件允许的情况下,模板越宽越好,以减少各块模板间的拼接和拆卸,提高模板安装精度和混凝土墙面的平整度。

(2)爬升支架。爬升支架由支承架、附墙架、吊模扁担和千斤顶架等组成。爬升支架是承重结构,主要依靠支承架固定在下层已达规定强度的钢筋混凝土墙体上,并随施工层的上升而升高,其下部有水平拆模支承横梁,中部有千斤顶座,上部有挑梁和吊模扁担,主要起悬挂模板、爬升模板和固定模板的作用。因此,要求其具有一定的强度、刚度和稳定性。

支承架用作悬挂和提升模板,一般由型钢焊成格构柱。为便于运输和装拆,一般做成两个标准桁架节,使用时将标准节拼起来,并用法兰盘连接。为方便施工人员上下,支承架尺寸应不小于 650 mm。

附墙架承受整个爬升模板荷载,通过穿墙螺栓传送给下层已达到规定强度的混凝土墙体。底座应采用不少于 4 个连接螺栓与墙体连接,螺栓的间距和位置尽可能与模板的穿墙螺栓孔相符,以便用该孔作为底座的固定连接孔。支承架的位置如果在窗口处,也可利用窗台作支承,但支承架的安装位置必须准确,以防止安装模板时产生偏差。

爬升支架顶端高度一般要超出上一层楼层 0.8~1.0 m,以保证模板能爬升到待施工层位置的高度;爬升支架的总高度(包括附墙架)一般应为 3~3.5 个楼层高度,其中附墙架应设置在待拆模板层的下一层;爬架间距要使每个爬架受力不太大,以 3~6 m 为宜;爬架在模板上要均匀、对称布置;支承架应设有操作平台,周围应设置防护设施,以保证安全。

(3)爬升动力设备。爬升动力设备可以根据实际施工情况而定,常用的爬升动力设备有环链手拉葫芦、电动葫芦、单作用液压千斤顶、双作用液压千斤顶、爬模千斤顶等,其起重能力一般要求为计算值的 2 倍以上。

环链手拉葫芦是一种手动的起重机具,其起升高度取决于起重链的长度。起重能力应比设计计算值大 1 倍,起升高度比实际需要高 0.5～1 m,以便于模板或爬升支架爬升到就位高度时还有一定长度的起重链可以摆动,从而利于就位和校正固定。

　　单作用液压千斤顶为穿心式,可以沿爬杆单方向向上爬升,但爬升模板和爬升支架各需一套液压千斤顶,每爬升一个楼层还要抽、拆一次爬杆,施工较为烦琐。

　　双作用液压千斤顶既能沿爬杆向上爬升,又能将爬杆上提。在爬杆上、下端分别安装固定模板和爬架的装置,依靠油路用一套双作用千斤顶就可以分别完成爬升模板和爬升爬架两个动作。每爬升一个楼层无须抽、拆爬杆,施工较为快速。

2. 爬升模板的施工工艺

　　模板与爬架互爬工艺流程如下:弹线找平→安装爬架→安装爬升动力设备→安装外模板→绑扎钢筋→安装内模板→浇筑混凝土→拆除内模板→施工楼板→爬升外模板→绑扎上一层钢筋并安装内模板→浇筑上一层墙体→爬升爬架。如此模板与爬架互爬,直至完成整幢建筑的施工。

　　(1)安装爬升模板。各层墙面上预留安装附墙架的螺栓孔应呈一垂直线,安装好爬架后要校正垂直度。模板安装完毕后,应对所有连接螺栓和穿墙螺栓进行紧固检查,并经试爬升验收合格后,方可投入使用。

　　(2)爬架爬升。当墙体的混凝土强度大于 10 MPa 时,就可进行爬升。爬架爬升时,拆除校正和固定模板的支撑,拆卸穿墙螺栓。爬升过程中,两套爬升动力设备要同步。应先试爬 50～100 mm,确认正常后再快速爬升。爬升时要稳起、稳落,平稳就位,防止大幅度摆动和碰撞。爬升过程中有关人员不得站在爬架内,应站在模板外附脚手架上操作。爬升接近就位标高时,应逐个插进附墙螺栓,先插好相对的墙孔和附墙架孔,其余的逐步调节爬架对齐插入螺栓,检查爬架的垂直度并用千斤顶调整,然后及时固定。

　　(3)模板爬升。如果混凝土强度达到脱模强度(1.2～3.0 MPa),就可以进行模板爬升。先拆除模板对销螺栓、固定支撑、与其他相邻模板的连接件,然后起模、爬升。先试爬升 50～100 mm,检查爬升情况,确认正常后再快速爬升。

　　模板到位后,要校正模板平面位置、垂直度、水平度;如误差符合要求,则将模板固定。组合并安装好的爬升模板,每爬升一次,要将模板金属件涂刷防锈

漆,板面要涂刷脱模剂,并要检查下端防止漏浆的橡胶压条是否完好。

(4)拆除爬架。拆除爬升模板的设备,可利用施工用的起重机,也可在屋面上装设"人"字形拔杆或台灵架进行拆除。拆除前要先清除脚手架上的垃圾、杂物,拆除连接杆件,经检查安装可靠后方可大面积拆除。

拆除爬架的施工顺序是:拆除悬挂脚手、大模板→拆除爬升动力设备→拆除附墙螺栓→拆除爬升支架。

(5)拆除模板。拆除模板的施工顺序是:自下而上拆除悬挂脚手、安全设施→拆除分块模板间的链接件→起重机吊住模板并收紧伸缩→拆除爬升动力设备、脱开模板和爬架→将模板吊至地面。

6.1.4　组合模板施工

组合模板包括组合式定型钢模板和钢框木(竹)胶合板模板等,具有组装灵活、装拆方便、通用性强、周转次数多等优点,用于高层建筑施工,既可以作竖向模板,又可以作横向模板;既可按设计要求,预先组装成柱、梁、墙等大型模板,用起重机安装就位,以加快模板拼装速度,也可散装、散拆,尤其在大风季节,当塔式起重机不能进行吊装作业时,可利用升降电梯垂直运输组合模板,采取散装、散拆的施工方式,同样可以保持连续施工并保证必要的施工速度。

1.组合钢模板

组合钢模板又称组合式定型小钢模,是使用最早且应用最广泛的一种通用性强的定型组合式模板,其部件主要由钢模板、连接件和支承件三大部分组成。钢模板长度为 450～1 500 mm,以 150 mm 进级;宽度为 100～300 mm,以 50 mm 进级;高度为 55 mm;板面厚度为 2.3 mm 或 2.5 mm,主要包括平面模板、阴角模板、阳角模板、连接角模以及其他模板(包括柔性模板、可调模板和嵌补模板)等。连接件包括 U 形卡、L 形插销、钩头螺栓、紧固螺栓、模板拉杆、扣件等。支承件包括支承柱、梁、墙等模板用的钢楞、柱箍、梁卡具、圈梁卡、钢管架、斜撑、组合支柱、支承桁架等。

2.钢框木(竹)胶合板模板

钢框木(竹)胶合板模板是以热轧异型钢为钢框架,以覆面胶合板作板面,并加焊若干钢肋承托面板的一种组合式模板。面板有木(竹)胶合板、单片木面竹芯胶合板等。板面施加的覆面层有热压二聚氰胺浸渍纸、热压薄膜、热压浸涂和涂料等。

品种系列(按钢框高度分)除与组合钢模板配套使用的 55 系列(即钢框高 55 mm,刚度小、易变形)外,现已发展有 70、75、78、90 等系列,其支承系统各具特色。

钢框木(竹)胶合板模板的规格长度最长已达到 2400 mm,宽度最宽已达到 1200 mm。

其主要特点有:自重轻,比组合钢模板减轻约 1/3;用钢量少,比组合钢模板约减少 1/2;面积大,单块面积比同样重的组合钢模板增大 40% 左右,可以减少模板拼缝,提高结构浇筑后表面的质量;周转率高,板面均为双面覆膜,可以两面使用,周转次数可达 50 次以上;保温性能好,板面材料的热传导率仅为钢板面的 1/400 左右,故有利于冬期施工;维修方便,面板损伤后可用修补剂修补;施工效果好,表面平整、光滑,附着力小,支拆方便。

6.1.5　台模

台模是一种大型工具式模板,属横向模板体系,适用于高层建筑中各种楼盖结构的施工。它由于外形像桌子,故称为台模(桌模)。台模在施工过程中,层层向上吊运翻转,中途不再落地,所以又称飞模。

采用台模进行现浇钢筋混凝土楼盖的施工,楼盖模板一次组装重复使用,从而减少了逐层组装的工序,简化了模板支拆工艺,加快了施工进度。并且,由于模板在施工过程中不再落地,可以减少临时堆放模板的场所。

台模主要由平台板、支撑系统(包括梁、支架、支撑、支腿等)和其他配件(如升降和行走机构等)组成。其适用于大开间、大柱网、大进深的现浇钢筋混凝土楼盖施工,尤其适用于现浇板柱结构(无柱帽)楼盖的施工。台模的规格尺寸主要根据建筑物结构的开间(柱网)和进深尺寸以及起重机械的吊运能力来确定,一般按开间(柱网)乘以进深尺寸设置一台或多台。

1.台模的类型和构造

台模一般可分为立柱式、桁架式和悬架式三类。

(1)立柱式台模。立柱式台模主要由面板,主、次(纵、横)梁和立柱(构架)三大部分组成,另外辅助配备有斜支撑、调节螺旋等。立柱式台模可分为以下三种。

①钢管组合式台模。主要由组合钢模板和脚手架钢管组装而成。

②构架式台模。其立柱由薄壁钢管组成构架形式。

③门式架台模。支撑体系由门式脚手架组装而成。

(2)桁架式台模。桁架式台模由桁架、龙骨、面板、支腿和操作平台组成。它是将台模的板面和龙骨放置于两榀或多榀上、下弦平行的桁架上,以桁架作为台模的竖向承重构件。

桁架材料可以采用铝合金型材,也可以采用型钢制作。前者轻巧,但价格较贵,一次投资大;后者自重较大,但投资费用较低。

竹铝桁架式台模以竹塑板作面板,用铝合金型材作构架,是一种工具式台模。

钢管组合桁架式台模,其桁架由脚手架钢管组装而成。

(3)悬架式台模。悬架式台模的特点是不设立柱,即自身没有完整的支撑体系,台模主要支承在钢筋混凝土结构(柱子或墙体)所设置的支承架上。这样,模板的支设可以不需要考虑楼面混凝土结构强度的因素。台模的设计也可以不受建筑层高的约束。

2. 立柱式台模的施工工艺

(1)台模施工的准备工作:平整场地;弹出台模位置线;盖好预留的洞口;验收台模的部件和零配件。面板使用木胶合板时,要准备好板面封边剂及模板脱模剂等。另外,台模施工必需的量具,如钢圈尺、水平尺以及吊装所用的钢丝绳、安全卡环等和其他手工用具(扳手、锤子、螺丝刀等),均应事先准备好。

(2)钢管组合式台模的施工工艺。

①组装。钢管组合式台模根据台模设计图纸的规格尺寸按以下步骤组装。

a.装支架片:将立柱、主梁及水平支撑组装成支架片。一般顺序为先将主梁与立柱用螺栓连接,再将水平支撑与立柱用扣件连接,最后再将斜撑与立柱用扣件连接。

b.拼装骨架:将拼装好的两片支架片用水平支撑与支架立柱扣件相连,再用斜撑将支架片用扣件相连。应当校正已经成型的骨架,并用紧固螺栓在主梁上安装次梁。

c.拼装面板:按台模设计面板排列图,将面板直接铺设在次梁上,面板之间用 U 形卡连接,面板与次梁用勾头螺栓连接。

②吊装就位。

a.在楼(地)面上弹出台模支设的边线,并在墨线相交处分别测出标高,标出标高的误差值。

b.台模应按预先编好的序号顺序就位。

c.台模就位后,将面板调至设计标高,然后垫上垫块,并用木楔楔紧。当整个楼层标高调整一致后,在用 U 形卡将相邻的台模连接。

d.台模就位,经验收合格后,方可进行下道工序。

③脱模。

a.脱模前,先将台模之间的连接件拆除,然后将升降运输车推至台模水平支撑下部合适位置,拔出伸缩臂架,并用伸缩臂架上的钩头螺栓与台模水平支撑临时固定。

b.退出支垫木楔。

c.脱模时,应有专人统一指挥,使各道工序顺序、同步进行。

④转移。

a.台模由升降运输车用人力运至楼层出口处。

b.在台模出口处,可根据需要安设外挑操作平台。

c.当台模运抵外挑操作平台上时,可利用起重机械将台模调至下一流水段就位。

(3)门架式台模的施工工艺。

①组装。平整场地,铺垫板,放足线尺寸,安放底托。将门式架插入底托内,安装连接件和交叉拉杆。安装上部顶托,调平后安装大龙骨。安装下部角铁和上部连接件。在大龙骨上安装小龙骨,然后铺放木板,并将面板刨平,接着安装水平和斜拉杆,安装剪刀撑。最后加工吊装孔,安装吊环及护身栏。

②吊装就位。

a.台模吊装就位前,先在楼(地)面上准备好 4 个已调好高度的底托,换下台模上的 4 个底托。待台模在楼(地)面上落实后,再安放其他底托。

b.一般一个开间(柱网)采用两吊台模,这样形成一个中缝和两个边缝。边缝考虑柱子的影响,可将面板设计成折叠式。较大的缝隙在缝上盖厚 5 mm、宽 150 mm 的钢板,钢板锚固在边龙骨下面。较小的缝隙可用麻绳堵严,再用砂浆抹平,以防止漏浆而影响脱模。

c.台模应按照事先在楼层上弹出的位置线就位,并进行找平、调直、顶实等工序。调整标高应同步进行。门架支腿垂直偏差应小于 8 mm。另外,边角缝隙、板面之间及孔洞四周要严密。

③将加工好的圆形铁筒临时固定在板面上,作为安装水暖立管的预留洞口。

④脱模和转移。

a.拆除台模外侧护身栏和安全网。

b.每架台模留4个底托,松开并拆除其他底托。在4个底托处,安装4个台模。

c.用升降装置勾住台模的下角铁,启动升降装置,使其上升顶住台模。

d.松开底托,使台模脱离混凝土楼板底面,启动升降机构,使台模降落在地滚轮上。

e.将台模向建筑物外推到能挂在外部(前部)一对吊点处,用吊钩挂好前吊点。

f.在将台模继续推出的过程中,安装电动环链,直到挂好后部吊点,然后启动电动环链使台模平衡。

g.台模完全推出建筑物后,调整台模平衡,将台模吊往下一个施工部位。

3.铝木桁架式台模的施工工艺

(1)组装。

①平整组装场地,支搭拼装台。拼装台由3个800 mm高的长凳组成,间距为2 m左右。

②按图纸尺寸要求,将两根上弦、下弦槽铝用弦杆接头夹板和螺栓连接。

③将上弦、下弦槽铝与方铝管腹杆用螺栓拼成单片桁架,安装钢支腿组件,安装吊装盒。

④立起桁架并用方木作临时支撑。将两榀或三榀桁架用剪刀撑组装成稳定的台模骨架。安装梁模、操作平台的挑梁及护身栏(包括立杆)。

⑤将方木镶入工字铝梁中,并用螺栓拧牢,然后将工字铝梁安放在桁架的上弦上。

⑥安装边梁龙骨。铺好面板,在吊装盒处留活动盖板。面板用电钻打孔,用木螺栓(或钉子)与工字梁方木固定。

⑦安装边梁底模和里侧模(外侧模在台模就位后组装)。

⑧铺操作平台脚手板,绑护身栏(安全网在飞模就位后安装)。

(2)吊装就位。

①在楼(地)面上放出台模位置线和支腿十字线,在墙体或柱子上弹出1 m(或50 cm)水平线。

②在台模支腿处放好垫板。

③台模吊装就位。当距楼面 1 m 左右时,拔出伸缩支腿的销钉,放下支腿套管,安好可调支座,然后飞模就位。

④用可调支座调整板面标高,安装附加支撑。

⑤安装四周的接缝模板及边梁、柱头或柱帽模板。

⑥在模板面板上刷脱模剂。

(3)脱模和转移。

①脱模时,应拆除边梁侧模、柱头或柱帽模板,拆除台模之间、台模与墙柱之间的模板和支撑,拆除安全网。

②每榀桁架分别在桁架前方、前支腿下和桁架中间各放置一个滚轮。

③在紧靠四个支腿部位,用升降机构托住桁架下弦并调节可调支腿,使升降机构承力。

④将伸缩支腿收入桁架内,可调支座插入支座夹板缝隙内。

⑤操纵升降机构,使面板脱离混凝土,并为台模挂好安全绳。

⑥将台模人工推出,当台模的前两个吊点超出边梁后,锁紧滚轮,用塔式起重机钢丝绳和卡环把台模前面的两个吊装盒内的吊点卡牢,用装有平衡吊具电动环链的钢丝绳把台模后面的两个吊点卡牢。

⑦松开滚轮,继续将台模推出,同时放松安全绳,操纵平衡吊具,调整环链长度,使台模保持水平状态。

⑧台模完全推出建筑物后,拆除安全绳,提升台模。

4. 悬架式台模的施工工艺

(1)组装。悬架式台模既可在施工现场设专门拼装场地组装,也可在建筑物底层内进行组装,组装方法可参考以下程序。

①在结构柱子的纵、横向区域内分别用 48 mm×3.5 mm 钢管搭设两个组装架,高约 1 m。

为便于重复组装,在组装架两端横杆上安装四只铸铁扣件,作为组装台模桁架的标准。铸铁扣件的内壁净距即台模桁架下弦的外壁间距。

②组装完毕应进行校正,使两端横杆顶部的标高处于同一水平线,然后紧固所有的节点扣件,使组装架牢固、稳定。

③将桁架用吊车起吊安放在组装架上,使桁架两端分别紧靠铸铁扣件。安放稳妥后,在桁架两端各用一根钢管将两榀桁架作临时扣接,然后校正桁架上、下弦垂直度,桁架中心间距,对角线等尺寸,无误后方可安装次梁。

④在桁架两端先安放次梁,并与桁架紧固,然后放置其他次梁在桁架节点处

或节点中间部位,并加以紧固。所有次梁挑出部分均应相等,防止因挑出的差异而影响翻转翼板正常工作。

⑤全部次梁经校正无误后,在其上铺设面板,面板之间用 U 形卡卡紧。面板铺设完毕后,应进行质量检查。

⑥翻转翼板由组合钢模板与角钢、铰链、伸缩套管等组合而成。翻转翼板应单块设置,以便翻转。铰链的角钢与面板用螺栓连接。在伸缩套管的底面焊上承力支块,当装好翼板后,将套管插入次梁的端部。

⑦每座台模在其长向两端和中部分别设置剪刀撑。在台模底部设置两道水平剪刀撑,以防止台模变形。剪刀撑用 48 mm×3.5 mm 钢管以扣件与桁架腹杆连接。

⑧组装阳台梁、板模板,并安装外挑操作平台。

(2)台模支设。

①待柱墙模板拆除且强度达到要求后,方可支设台模。

②支设台模前,先将钢牛腿与柱墙上的预埋螺栓连接,并在钢牛腿上安放一对硬木楔,使木楔的顶面符合标高要求。

③吊装台模入位,经校正无误后,卸除吊钩。

④支起翻转翼板,处理好梁板柱等处的节点和缝隙。

⑤连接相邻台模,使其形成整体。

⑥在面板涂刷脱模剂。

(3)脱模和转移。拆模时,先拆除柱子节点处的柱箍,推进伸缩内管,翻下反转翼板和拆除盖缝板,然后卸下台模之间的连接件,拆除连接阳台梁、板的 U 形卡,使阳台模板便于脱模。在台模四个支撑柱子内侧斜靠上梯架,梯架备有吊钩,将电动葫芦悬于吊钩下。待四个吊点将靠柱梯架与台模桁架连接后,用电动葫芦将台模同步微微受力,随即退出钢牛腿上的木楔及钢牛腿。

降模前,先在承接台模的楼面预先放置六只滚轮,然后用电动葫芦将台模降落在楼面的地滚轮上,随后将台模推出。待部分台模推至楼层口外约 1.2 m 时,将四根吊索与台模吊耳扣牢,然后使安装在吊车主钩下的两只倒链收紧。

起吊时,先使靠外的两根吊索受力,使台模处于外略高于内的状态,随着主吊钩上升,要使台模一直保持平衡状态外移。

6.1.6 隧道模施工

隧道模是在大模板施工的基础上,将现浇墙体的模板和现浇楼板的模板结合为一体的大型空间模板,由三面模板组成一节,形如隧道。

隧道模施工实现了墙体和楼板一次支模,一次绑钢筋,一次浇筑成型。虽然这种施工方法的结构整体性好,墙体和顶板平整,一般不需要抹灰,模板拆装速度快,生产效率较高,施工速度较快。但是,这种模板的体形大,灵活性小,一次投资较多,因此比较适用于大批量标准定型的高层、超高层板墙结构。采用隧道模工艺,需要配备起重能力较强的塔式起重机。另外,由于楼板和墙体需要同时拆模,而两者的拆模强度有不同要求,需要采取相应的措施。

　　隧道模按拆除推移方式,分为横向推移和纵向推移两种。横向推移用于横墙承重结构,外纵墙需待隧道模拆除推出后再施工;纵向推移用于纵墙承重结构,可用一套模板在一个楼层上连续施工,直至本层主体结构全部完成后,才将模板提升吊运到上一层。采用这种方法时,楼梯、电梯间一般为单独设置。

　　隧道模按照构造的不同,可分为整体式和双拼式两类,整体式隧道模也称全隧道模,断面呈"Ⅱ"形。双拼式隧道模由两榀断面呈"Γ"形的半隧道模构成,中间加连接板。

　　用隧道模施工时,先在楼板面上浇筑导墙(实际上导墙是与楼板同时浇筑的),在导墙上根据标高进行弹线,隧道模沿导墙就位,绑扎墙内钢筋和安装门洞、管道,根据弹线调整模板的高度,以保证板面水平,随后楼面绑扎钢筋,安装堵头模板,浇筑墙面和楼面混凝土。混凝土浇筑完毕,待楼板混凝土强度达到设计强度75%以上,墙体混凝土强度达到设计强度25%以上时拆模。一般加温养护 12~36 h 后,可以达到拆模强度。混凝土达到拆模强度以后,双拼式隧道模通过松动两个千斤顶,在模板自重的作用下,隧道模下降到三个轮子碰到楼板面为止。然后,用专用牵引工具将隧道模拖出,进入挑出墙面的挑平台上,用塔式起重机吊运至需要的地段,再进行下一循环。

6.2　粗钢筋连接技术

6.2.1　钢筋电渣压力焊(接触电渣焊)

　　钢筋电渣压力焊是将两钢筋安放成竖向对接形式,利用焊接电流通过两钢筋端面间隙,在焊剂层下形成电弧过程和电渣过程,产生电弧热和电阻热,熔化钢筋,加压完成连接的一种焊接方法。这种方法具有操作方便、效率高、成本低、工作条件好等特点,适用于高层建筑现浇混凝土结构施工中直径为 14~40 mm

的热轧 HPB300 级钢筋的竖向或斜向(倾斜度在 4∶1 范围内)连接。但不得在竖向焊接之后再横置于梁、板等构件中,作水平钢筋之用。

1. 电渣压力焊的焊接原理

电渣压力焊的焊接工艺过程如下。首先,在钢筋端面之间引燃电弧,电弧周围焊剂熔化形成空穴,随后在监视焊接电压的情况下,进行"电弧过程"的延时,利用电弧热量,一方面使电弧周围的焊剂不断熔化,以形成必要深度的渣池;另一方面,使钢筋端面逐渐烧平,为获得优良接头创造条件。接着,将上钢筋端部插入渣池中,电弧熄灭,进行"电渣过程"的延时,利用电阻热能使钢筋全断面熔化并形成有利于保证焊接质量的端面形状。最后,在断电的同时迅速挤压,排除全部熔液和熔化金属,完成整个焊接过程。

2. 焊接设备和材料

目前的焊机种类较多,按整机组合方式,可分为分体式焊机和同体式焊机两类。分体式焊机由焊接电源(即电弧焊机)、焊接夹具和控制箱三部分组成。焊机的电气监控元件分为两部分:一部分装在焊接夹具上(称为监控器或监护仪表);另一部分装在控制箱内。分体式焊机可利用现有的电弧焊机,节省一次性投资。同体式焊机则是将控制箱的电气元件组装在焊接电源内,成套使用。

焊机按操作方式,可分为手动焊机和自动焊机。自动焊机可降低焊工劳动强度,但电气线路较复杂。焊机的焊接电源可采用额定焊接电流 500 A 和 500 A 以上的弧焊电源(电弧焊机),交流电、直流电均可。

焊接夹具由立柱,传动机构,上、下夹钳,焊剂(药)盒等组成,并安装有监控装置,包括控制开关、次级电压表、时间指示灯(显示器)。焊接夹具的主要作用是:夹住上、下钢筋,使钢筋定位同心;传导焊接电流;确保焊药盒直径与焊接钢筋的直径相适应,以便于装卸焊药。

焊剂宜采用高锰、高硅、低氟型 HJ431 焊剂,其作用是使熔渣形成渣池,形成良好的钢筋接头,并保护熔化金属和高温金属,避免氧化、氮化作用的发生。焊剂使用前,必须经 250 ℃的温度烘烤 2 h。落地的焊剂经过筛烘烤后可回收,与新焊剂各半掺和再使用。

3. 钢筋电渣压力焊工艺过程

钢筋电渣压力焊具有与电弧焊、电渣焊和压力焊相同的特点。其焊接过程可分为四个阶段：引弧过程→电弧过程→电渣过程→顶压过程。焊接时，先将钢筋端部约 120 mm 范围内的铁锈除尽。将夹具夹牢在下部钢筋上，并将上部钢筋夹直夹牢于活动电极中，上、下钢筋的轴线应尽量一致，其最大偏移不得超过 $0.1d$（d 为钢筋直径），也不得大于 2 mm。

上、下钢筋间放一钢丝小球或导电剂，再装上焊剂盒并装满焊剂，接通电路，用手柄引燃电弧（引弧），然后稳定一段时间，使之形成渣池并使钢筋熔化。随着钢筋的熔化，用手柄使上部钢筋缓缓下送，稳弧时间的长短根据不同的电流、电压以及钢筋直径而定。当稳弧达到规定的时间后，在断电的同时用手柄进行加压顶锻，以排除夹渣和气泡，形成接头。

待冷却一定时间后，拆除焊剂盒，回收焊剂，拆除夹具和清理焊渣。焊接通电时间一般以 16～23 s 为宜，钢筋熔化量为 20～30 mm。钢筋电渣压力焊一般有引弧、电弧、电渣和挤压四个过程，而引弧、挤压时间很短，电弧过程约占全部时间的 3/4，电渣过程约占全部时间的 1/4。焊机空载电压保持在 80 V 左右为宜，电弧电压一般宜控制在 40～45 V，电渣电压宜控制在 22～27 V，施焊时观察电压表，利用手柄调节电压。

6.2.2　钢筋气压焊

钢筋气压焊是采用一定比例的氧气和乙炔焰为热源，对需要连接的两钢筋端部接缝处进行加热，使其达到热塑状态，同时对钢筋施加 30～40 MPa 的轴向压力，使钢筋顶焊在一起。该焊接方法使钢筋在还原气体的保护下，发生塑性流变后相互紧密接触，促使端面金属晶体相互扩散渗透，再结晶，再排列，形成牢固的焊接接头。这种方法设备投资少、施工安全、节约钢材和电能，不仅适用于竖向钢筋的连接，也适用于各种方向布置的钢筋连接。其适用范围为直径为 14～40 mm 的 HPB300 和 HRB400 级钢筋（25MnSiHRB400 级钢筋除外）；当焊接不同直径钢筋时，两钢筋直径差不得大于 7 mm。

钢筋气压焊可分为敞开式和闭式两种。前者是使两根钢筋端面稍加离开，加热到熔化温度，并加压完成的一种方法，属熔化压力焊；后者是将两根钢筋端面紧密闭合，并加热到 1200～1250 ℃，加压完成的一种方法，属固态压力焊。目前，常用的方法为闭式气压焊。

1. 焊接设备

钢筋气压焊设备主要包括氧气和乙炔供气装置、加热器、加压器及钢筋卡具

等。辅助设备有用于切割钢筋的砂轮锯、磨平钢筋端头的角向磨光机等。

供气装置包括氧气瓶、乙炔气瓶、回火防止器、减压器、胶皮管等。

加热器由混合气管和多嘴环管加热器(多嘴环管焊炬)组成。为使钢筋接头处能均匀加热,多嘴环管加热器设计成环状钳形,并要求多束火焰燃烧均匀,调整方便。

加压器由液压泵、液压表、液压油管和顶压油缸四部分组成。作为压力源,通过连接夹具对钢筋进行顶锻。液压泵有手动式、脚踏式和电动式三种。

钢筋卡具(或称钢筋夹具)由可动和固定卡子组成,用于卡紧、调整和压接钢筋。

2.焊接工艺

钢筋端头必须切平。切割钢筋应用无齿锯,不能用切断机,以免端头成马蹄形,影响焊接质量;切割钢筋要预留$(0.6\sim1.0)d$接头压缩量,端头断面应与轴线成直角,不得弯曲。

施焊时,将两根待压接的钢筋固定在钢筋卡具上,并施加$5\sim10$ N/mm² 初压力,然后将多嘴环管焊炬的火口对准钢筋接缝处加热,当加热钢筋端部温度至$1150\sim3000$ ℃,表面呈炽白色时,边加热边加压,使压力达到$30\sim40$ N/mm²,直至接缝处隆起直径为钢筋直径的$1.4\sim1.6$倍,变形长度为钢筋直径的$1.2\sim1.5$倍的鼓包,其形状为平滑的圆球形。待钢筋加热部分火红消失后,即可解除钢筋卡具。

6.2.3　钢筋机械连接

钢筋机械连接是通过连接件的机械咬合作用或钢筋端面的承压作用,将一根钢筋中的力传递至另一根钢筋的连接方法。这种方法具有施工简便、工艺性能良好、接头质量可靠、不受钢筋焊接性的制约、可全天候施工、节约钢材和能源等优点。其对不能明火作业的施工现场,以及一些对施工防火有特殊要求的建筑尤为适用。特别是一些可焊性差的进口钢材,采用机械连接更有必要。常用的机械连接接头类型有套筒挤压接头、锥螺纹套筒接头等。

1.钢筋套筒挤压连接

钢筋套筒挤压连接,又称钢筋压力管接头法,俗称冷接头。即用钢套筒将两根待连接的钢筋套在一起,采用挤压机将套筒挤压变形,使它紧密地咬住变形钢筋,以此实现两根钢筋的连接。钢筋的轴向力主要通过变形的套筒与变形钢筋的紧固力传送。这种连接工艺适用于钢筋的竖向连接、横向连接、环形连接及其他朝向的连接。

钢筋挤压连接技术主要有两种,即钢筋径向挤压法和钢筋轴向挤压法。

(1)钢筋径向挤压法。钢筋径向挤压法适用于直径为 16～40 mm 的 HRB440 级带肋钢筋的连接,包括同径和异径(当套筒两端外径和壁厚相同时,被连接钢筋的直径相差应不大于 5 mm)钢筋。

(2)钢筋轴向挤压法。钢筋轴向挤压法是采用挤压机和压模,对钢套筒和插入的两根对接钢筋沿轴线方向进行挤压,使套筒咬合到变形钢筋的肋间,结合成一体。钢筋轴向挤压连接可用于相同直径钢筋的连接,也可用于相差一个等级直径(如 $\phi25～\phi28$、$\phi28～\phi32$)的钢筋的连接。

2. 钢筋锥螺纹套筒连接

钢筋锥螺纹套筒连接是利用锥形螺纹能承受轴向力和水平力以及密封性能较好的特点,依靠机械力将钢筋连接在一起。操作时,首先用专用套丝机将钢筋的待连接端加工成锥形外螺纹;然后,通过带锥形内螺纹的钢套筒连接将两根待接钢筋连接;最后,利用力矩扳手按规定的力矩值使钢筋和连接钢套筒拧紧在一起。

钢筋锥螺纹套筒连接具有接头可靠、操作简单、不用电源、全天候施工、对中性好、施工速度快等优点,可连接各种钢筋,不受钢筋种类、含碳量的限制。其接头的价格适中,成本低于冷挤压套筒接头,高于电渣压力焊和气压焊接头。

(1)钢筋锥螺纹的加工要求。

①钢筋应先调直再下料。钢筋下料可用钢筋切断机或砂轮锯,但不得用气割下料。下料时,要求切口端面与钢筋轴线垂直,端头不得挠曲或出现马蹄形。

②加工好的钢筋锥螺纹丝头的锥度、牙形、螺距等必须与连接套的锥度、牙形、螺距一致,并应进行质量检验。检验内容包括锥螺纹丝头牙形检验和锥螺纹丝头锥度与小端直径检验。

③加工工艺:下料→套丝→用牙形规和卡规(或环规)逐个检查钢筋套丝质量→质量合格的锥螺纹丝头用塑料保护帽盖封,待查和待用。

④钢筋经检验合格后,方可在套丝机上加工锥螺纹。为确保钢筋的套丝质量,操作人员必须遵守持证上岗制度。操作前应先调整好定位尺,并按钢筋规格配置相对应的加工导向套。对于大直径钢筋,要分次加工到规定的尺寸,以保证

螺纹的精度和避免损坏梳刀。

⑤钢筋套丝时,必须采用水溶性切削冷却润滑液,当气温低于 0 ℃时,应掺入 15％～20％亚硝酸钠,不得采用机油作冷却润滑液。

(2)钢筋连接。连接钢筋前,先回收钢筋待连接端的保护帽和连接套上的密封盖,并检查钢筋规格是否与连接套规格相同,检查锥螺纹丝头是否完好无损、有无杂质。

连接钢筋时,应先把已拧好连接套的一端钢筋对正轴线拧到被连接的钢筋上,然后用力矩扳手按规定的力矩值把钢筋接头拧紧,不得超拧,以防止损坏接头丝扣。拧紧后的接头应画上油漆标记,以防有的钢筋接头漏拧。锥螺纹钢筋连接拧紧时要拧到规定扭矩值,待测力扳手发出指示响声时,才认为达到了规定的扭矩值。锥螺纹接头不得加长扳手杆来拧紧。质量检验与施工安装使用的力矩扳手应分开使用,不得混用。

在构件受拉区段内,同一截面连接接头数量宜不超过钢筋总数的 50％;受压区不受限制。

连接头的错开间距应大于 500 mm,保护层厚度不得小于 15 mm,钢筋间净距应大于 50 mm。

在正式安装前,要取三个试件进行基本性能试验。当有一个试件不合格时,应取双倍试件进行试验;如仍有一个试件不合格,则该批加工的接头为不合格,严禁在工程中使用。

连接套应有出厂合格证及质保书。每批接头的基本试验应有试验报告。连接套与钢筋应配套一致。连接套应有钢印标记。

安装完毕后,质量检测员应用自用的专用测力扳手,对拧紧的扭矩值加以抽检。

6.3　围护结构施工

6.3.1　外墙围护和保温工程

要提高建筑外墙的保温隔热效果,就要提高墙体的热阻值(即减小外墙的传热系数)。外墙保温系统按保温层的位置分为外墙内保温系统和外墙外保温系统两大类。外墙外保温系统应用广泛,是一种新型、先进、节约能源的方法。外墙外保温系统是由保温层、保护层与固定材料构成的非承重保温构造的总称。外墙外保温工程是将外墙外保温系统通过组合、组装、固定技术手段在外墙外表面上所形成的建筑物实体。

1. 外墙内保温施工

外墙内保温系统主要由基层、保温层和饰面层构成。外墙内保温是把保温材料设在外墙内侧的一种施工方法。其优点是对面层无耐候性要求、施工不受外界气候影响、操作方便、造价低。其缺点是对抗震柱、楼板、隔墙等周边部位不能保温,产生热桥,降低墙体隔热性能;占用建筑面积较多;在墙上固定物件困难,尤其在进行二次装修时损坏较多,影响保温效果;温差变化易引起内保温材料开裂等。外墙的内保温形式虽然有上述缺点,但仍然可以达到节能 30% 的效果,如果能对抗震柱、圈梁等易产生热桥的部位进行外侧保温,则内保温形式仍是一种行之有效的节能措施。

1) 饰面石膏聚苯板外墙内保温施工

饰面石膏聚苯板是对聚苯板现场加工、安装,满贴一层玻纤布,用石膏饰面的构造做法。当屋面防水层及结构工程分别施工和验收完毕,外墙门、窗口安装完毕,水暖及装饰工程分别需用的管卡、挂钩和窗帘杆耳子等埋件埋设完毕,电气工程的暗管线、接线盒等埋设完毕,并完成暗管线的穿带线工作之后,就可以开始外墙内保温的施工。

(1)结构墙面清理:凡凸出墙面 20 mm 的砂浆、混凝土砌块必须剔除,并扫净墙面。

(2)分档弹线:门、窗洞口两侧及其刀把板边各弹一竖筋线,然后依次以板宽间距向两侧分档弹竖筋线,不足一块板宽的留在阴角处。沿地面、顶棚、踢脚上口及门洞上口、窗洞口上下均弹出横筋线。

(3)冲筋:在冲筋位置,用钢丝刷刷出不小于 60 mm 宽的洁净面并浇水润湿,刷一道水泥浆。检查墙面是否平整、垂直,找规矩贴饼冲筋,并在须设置埋件处也做出 200 mm×200 mm 的灰饼。冲筋材料为 1∶3 水泥砂浆,筋宽为 60 mm,厚度以空气层厚(20 mm)为准。

(4)用聚苯胶粘贴踢脚板:在踢脚板内侧,上、下各按 200～300 mm 的间距布设黏结点,同时在踢脚板底面及其相邻已粘贴上墙的踢脚板侧面满刮胶黏剂,按弹线粘贴踢脚板。

粘贴时用橡皮锤轻轻敲实,并将碰头缝挤出的胶黏剂随时清理干净。

(5)安装聚苯板：按配合比调制聚苯胶胶黏剂，一次调制不宜过多，以 30 min 内用完为宜；按梅花形或矩形布设黏结点，间距为 250～300 mm，直径不小于 100 mm。板与冲筋的黏结面以及板的碰头缝必须满刮胶黏剂；抹完胶黏剂，立即将板立起安装；安装时应轻轻地、均匀地挤压，碰头缝挤出的胶黏剂应及时刮平清理。黏结过程中需注意检查板的垂直度、平整度。

(6)抹饰面石膏并内贴一层玻纤布(共分三次抹完)：将饰面石膏和细砂按 1∶1 的比例拌匀加水并调制到所需稠度，分两次抹，共厚 5 mm，随即横向贴一层玻纤布，撻平压光；过 20 min 后再抹一遍，厚度为 3 mm。饰面石膏面层不得空鼓、起皮和有裂缝，面层应平整、光滑，总厚度不小于 8 mm。玻纤布要去掉硬边，压贴密实，不能有皱褶、翘曲、外露现象，交接处搭接宽度不小于 50 mm。

(7)抹门窗护角：用 1∶3 水泥砂浆或聚合物砂浆抹护角，在其与饰面石膏面层交接处先加铺一层玻纤布条，以减少裂缝。

施工中要注意与水电专业的配合以及合理安排，不得因各种管线和设备的埋件破坏保温层的施工；若有因固定埋件出现的聚苯板的孔洞，应用小块聚苯板加胶黏剂填实补平。

2)GRC 内保温复合板外墙内保温施工

GRC 内保温复合板是以水泥、砂子、水(必要时可加入膨胀珍珠岩)经搅拌制成料浆，再用料浆包裹玻璃纤维网格布制成上、下层 GRC 面层，中间夹聚苯乙烯塑料板制成的内保温板。可用铺网抹浆法、喷射真空脱水法、立模浇筑法生产。GRC 内保温复合板外墙内保温施工应符合下列要求。

(1)在主体墙内侧水平方向抹 20 mm 厚、60 mm 宽的水泥砂浆冲筋带，留出 20 mm 厚的空气层，并作为保温板的找平层和黏结带，每面墙自下向上冲 3 或 4 道筋。

(2)在板侧、板上端和冲筋上满刮胶黏剂；一人将保温板撬起，另一人揉压挤实，使板与冲筋贴紧，检查保温板的垂直度和平整度，然后用木楔临时固定保温板，溢出表面的胶黏剂要及时清理；板下部空隙内用 C10 细石混凝土填实，达到一定强度后，撤去木楔。撤木楔时应轻轻敲打，防止板缝裂开。

(3)整面墙的内保温板安装后，在两板接缝处的凹槽内刮一道胶黏剂，粘贴一层 50 m 宽的玻纤网带，压实黏牢，再用胶黏剂刮平。

(4)在墙面转角处粘贴一层 200 mm 宽的玻纤网带。在板面处理平整后，刮两道石膏腻子，最后做饰面处理。

2. 外墙外保温施工

外墙外保温是指在垂直外墙的外表面上设置保温层。外保温做法与内保温做法相比，技术合理、有明显的优越性。使用同样规格、尺寸和性能的保温材料，外保温比内保温的保温效果好，是目前高层建筑外墙围护结构重点推广的施工技术。外墙外保温适用于严寒和寒冷地区、夏热冬冷地区新建居住建筑物或旧建筑物改造工程，是庞大的建筑物节能的一项重要技术措施，是一种先进的施工方法。

外墙外保温体系的优点表现在：

(1)可消除或减少热桥，由于外墙外保温体系的主体墙位于室内一侧，蓄热能力较强，故对室内保持热稳定有利，当外界气温波动较大时提高了室内的舒适感；

(2)可减少室外气候条件变化对主体的影响，使热应力减小，延长了主体的使用寿命；

(3)不降低建筑物的室内有效使用面积；

(4)有利于旧房的节能改造，保温施工对室内居民干扰较小。

外墙外保温体系的不足之处是：

(1)在室外安装保温板的施工难度比在室内安装保温板大；

(2)外饰面要有常年承受风吹、日晒、雨淋和反复冻融的能力，同时板缝要求注意防裂、防水；

(3)造价较高。

1)聚苯板玻纤网格布聚合物砂浆外墙外保温施工

聚苯板玻纤网格布聚合物砂浆外墙外保温的构造由外到内分为饰面层、保护层、保温层、黏结层、结构层。饰面层可以为涂料、面砖等饰面材料；保护层通常采用耐碱玻纤网格布增强，抹 5～7 mm 聚合物水泥砂浆；保温层采用聚苯乙烯泡沫塑料板；黏结层常使用界面处理剂；结构层为主体墙，可以为钢筋混凝土墙、砌块墙等。

外墙和外门、窗口施工及验收完毕，基面达到现行规范的要求后，可以开始外墙外保温施工。施工程序为：清理基层→弹线定位→涂刷界面剂→粘贴聚苯板→钻孔及安装固定件→抹底层砂浆→贴玻纤网格布→抹面层砂浆→处理膨胀缝→进行饰面施工。施工时，应注意以下几点。

(1)施工气候条件。环境温度不低于 5 ℃，风力不大于 5 级，雨天施工要采取措施，避免施工墙面淋雨。

（2）基底准备。结构墙体基面必须清理干净，墙面松动应清除，孔洞应用聚合物水泥砂浆填补密实，并检验墙面平整度和垂直度。底层墙外表面在墙体防潮线以下时，要做防潮处理，以防止地面水分通过毛细作用被吸到保温层中影响保温层的使用寿命。防潮处理采用涂刷氯丁型防水涂料的方法。

（3）弹线定位。在墙面弹出膨胀缝线及膨胀缝宽度线，墙面阴角应设置膨胀缝；经分格后的墙面板块面积宜不大于15 m²，单向尺寸宜不大于5 m。

（4）粘贴聚苯板。聚苯板宜用电热丝切割器切割。为保证聚苯乙烯板的尺寸稳定性，在板件切割后常温下静置6周以上或在高温（70 ℃）室内养护1周才能使用。

粘贴聚苯板时，胶黏剂涂在板的背面，一般可采用点框法。沿聚苯板的周围用不锈钢抹子涂抹配制的胶黏剂，胶泥带宽度为20 mm，厚度为15 mm。每点直径为50 mm，厚度为15 mm，中心距为200 mm。在板上抹完胶黏剂后，应立即将板平贴在基层墙体上滑动就位，并随时用2 m长的靠尺进行整平操作。

聚苯板由建筑物的外墙勒脚部位开始，自上而下黏结。上、下板排列互相错缝，上、下排板之间竖向接缝应为垂直交错连接，以确保转角处板材安装的垂直度。窗口带造型的应在墙面聚苯板黏结后另外贴造型的聚苯板，以保证板不产生裂缝。黏结在墙上的聚苯板应先用粗砂纸磨平，然后将整个聚苯板打磨一遍。

注意，在粘贴聚苯板时，应将胶黏剂涂在板背面，涂胶黏剂面积不得小于板面积的40%。聚苯板应按顺砌方式粘贴，竖缝应逐行错缝。聚苯板应粘贴牢固，不得有松动和空鼓。墙角处的聚苯板应交错互锁。

（5）安装固定件。在贴好的聚苯板上用冲击钻钻孔，孔洞深入墙基面25～30 mm，数量为每平方米2个或3个，但单块聚苯板多于1个。用胀钉套上塑料胀管塞入孔内胀紧，把聚苯板固定在墙体上。螺钉拧到与聚苯板面平齐。

（6）贴网格布。将大面网格布沿水平方向绷平，用抹子由中间向上、下两边将网格布抹平，使其紧贴底层聚合物砂浆。网格布左、右搭接宽度不小于100 mm，上、下搭接宽度不小于80 mm，局部搭接处可用胶黏剂补充胶浆，不得使网格布皱褶、空鼓、翘边。在阳角处还需局部加铺宽度为400 mm的网格布一道。门、窗洞口四角如不靠膨胀缝，则沿45°方向各加一层400 mm×200 mm的网格布进行加强。为防止首层墙面受冲击，在首层窗台以下墙面加贴一层玻纤布。装饰缝，门、窗四角，带窗套窗口网格布要翻包。阴、阳角等处应做好局部加强网施工。

（7）抹聚合物砂浆。在底层聚合物水泥砂浆凝结前，抹面层聚合物砂浆，抹灰厚度以盖住网格布 1～2 mm 为准。如在抹面层砂浆前底层砂浆已凝结，应先用界面剂涂刷一遍，再抹面层砂浆。面层聚合物水泥砂浆厚度要控制为 3～5 mm，过厚则易裂。

（8）墙面连续高或宽超过 25 m 时，应设伸缩缝。粘贴聚苯板时，板缝应挤紧挤平，板与板之间的缝隙不得大于 2 mm（大于 2 mm 时可用板条将缝填塞），板间高差不得大于 1.5 mm（大于 1.5 mm 时应打磨平整）。变形缝处应做好防水和保温构造处理。

（9）基层上粘贴的聚苯板，板与板之间的缝隙不得大于 2 mm，对下料尺寸偏差或切割等原因造成的板间小缝，应用聚苯板裁成合适的小片塞入缝中。

2）预制外保温板外墙外保温施工

GRC 外保温板是指由玻璃纤维增强水泥（GRC）面层与高效保温材料预制复合而成的外墙外保温板，有单面板与双面板两种构造形式。单面板是将保温材料嵌在 GRC 槽形板内，双面板是将保温材料置于两层 GRC 外保温板之间。GRC 外保温板目前所用的板形为小块板，板长为 550～900 mm，板宽为 450～600 mm，板厚为 40～50 mm，其中聚苯板的厚度为 30～40 mm，GRC 面层厚度为 10 mm。用 GRC 外保温板与主体墙复合组成的外保温复合墙体的构造有紧密结合型和空气隔离型两种。

钢丝网架板混凝土外墙外保温工程（以下简称"有网现浇系统"）是以现浇混凝土为基层墙体，采用腹丝穿透性钢丝网架聚苯板作保温隔热材料，聚苯板单面钢丝网架板置于外墙外模板内侧，并以 ϕ6 锚筋钩紧钢丝网片作为辅助固定措施与钢筋混凝土现浇为一体。聚苯板的抹面层为抗裂砂浆，属厚型抹灰面层。

（1）安装外墙外保温板。保温板就位后，可将 L 形 ϕ6 锚筋按垫块位置穿过保温板，用火烧丝将其两侧与钢丝网及墙体绑扎牢固。L 形 ϕ6 锚筋长度为 200 mm，弯钩为 30 mm，其穿过保温板部分涂防锈漆两道。保温板外侧低碳钢丝网片应在楼层层高分界处断开，外墙阳角、阴角及窗口、阳台底边外，需附加角网及连接平网，搭接长度应不小于 200 mm。

（2）安装模板。钢丝网架与现浇混凝土外墙外保温工程应采用钢制大模板，模板组合配制尺寸及数量应考虑保温板厚度。安装上一层模板时，利用下一层外墙螺栓孔挂三角平台架及金属防护栏。安装外墙钢制大模板前必须在现浇混凝土墙体根部或保温板外侧采取可靠的定位措施，以防模板挤靠保温板。

（3）浇筑混凝土。混凝土可以采用商品混凝土或现场搅拌混凝土。保温板

顶面要采取遮挡措施,新、旧混凝土接槎处应均匀浇筑 3～50 cm 同强度等级的细石混凝土,混凝土应分层浇筑,厚度控制在 500 mm 以内。

(4)拆除大模板。在常温条件下,墙体混凝土强度不低于 1.0 MPa 时方可拆除模板(冬期施工墙体混凝土强度应不低于 7.5 MPa),混凝土的强度等级应以现场同条件养护的试块抗压强度为标准。先拆除外墙外侧模板,再拆除外墙内侧模板,并及时修补混凝土墙面的缺陷。

3)胶粉聚苯颗粒外墙外保温施工

胶粉聚苯颗粒外墙外保温系统,是采用胶粉聚苯颗粒保温浆料作为保温隔热材料,抹在基层墙体表面,保温浆料的防护层为嵌埋有耐碱玻璃纤维网格布增强的聚合物抗裂砂浆,属薄型抹灰面层。

胶粉聚苯颗粒复合硅酸盐外墙外保温施工要点如下。

(1)基层墙体表面应清理干净,无油渍、浮尘,大于 10 mm 的凸起部分应铲平。经过处理符合要求的基层墙体表面,均应涂刷界面砂浆,如为砖或砌块,可浇水淋湿。

(2)保温浆料每遍抹灰厚度宜不超过 25 mm,需分多遍抹灰时,施工的时间间隔应在 24 h 以上,抗裂砂浆防护层施工应在保温浆料干燥固化后进行。

(3)抗裂砂浆中铺设的耐碱玻璃纤维网格布,其搭接长度不小于 100 mm,采用加强网格布时,只对接,不搭接(包括阴、阳墙角部分)。网格布铺贴应平整、无褶皱。砂浆饱满度应为 100%,严禁干搭接。饰面如为面砖,则应在保温层表面铺设一层与基层墙体拉牢的四角钢镀锌丝网,丝径为 1.2 mm,孔径为 20 mm,网边搭接 40 mm,用双股 φ7@150 镀锌钢丝绑扎,再抹抗裂砂浆作为防护层,面砖用胶黏剂粘贴在防护层上。

(4)涂料饰面时,保温层分为一般型和加强型。加强型用于高度大于 30 m 且保温层厚度大于 60 mm 的建筑物,加强型的做法是在保温层中距外表面 20 mm 处铺设一层六角镀锌钢丝网(丝径为 0.8 mm,孔径为 25 mm),与基层墙体拉牢。

(5)胶粉聚苯颗粒保温浆料保温层设计厚度宜不超过 100 mm。必要时应设置抗裂分格缝。

(6)墙面变形缝可根据设计要求设置,施工应符合现行的国家和行业标准、规范、规程的要求。变形缝盖板可采用厚度为 1 mm 的铝板或厚度为 0.7 mm 的镀锌薄钢板。凡盖缝板外侧抹灰,均应在与抹灰层相接触的盖缝板部位钻孔,钻孔面积应占接触面积的 25% 左右,增加抹灰层与基础的咬合作用。

(7)高层建筑如采用粘贴面砖,面砖质量应不大于 220 kg/m²,且面砖面积不大于 1000 mm²/块。涂料饰面层涂抹前,应先在抗裂砂浆抹面层上涂刷高分子乳液弹性底涂层,再刮抗裂柔性耐水腻子。现场应取样检查胶粉聚苯颗粒保温浆料的干密度,但必须在保温层硬化并达到设计要求的厚度之后。其干密度不应大于 250 kg/m³,并且不应小于 180 kg/m³。现场检查保温层厚度,其值应符合设计要求,不得有负偏差。

(8)抹灰、抹保温浆料及涂料的环境温度应大于 5 ℃,严禁在雨中施工,遇雨或在雨期施工时应有可靠的保护措施,抹灰、抹保温浆料应避免阳光暴晒和在 5 级以上大风天气施工。

(9)分格线、滴水槽、门窗框、管道及槽盒上的残存砂浆,应及时清理干净。翻拆架子应防止破坏,已抹好的墙面,门、窗洞口、边、角、垛宜采取保护性措施,其他工种作业时不得污染或损坏墙面,严禁踩踏窗口。各构造层在凝结前应防止水冲、撞击、振动。

6.3.2　隔墙工程

高层建筑分室分户的非承重隔墙主要采用轻质板材和轻质砌块墙。这里的轻质板材是指那些用于墙体的、密度较混凝土制品小的、采用不同工艺预制而成的建筑制品,可以分为轻质面板和轻质条板两大类。

1.蒸压加气混凝土板隔墙工程

蒸压加气混凝土板材,是以钙质和硅质材料为基本原料,以铝粉为发气剂,经蒸压养护等工艺制成的一种多孔轻质板材。蒸压加气混凝土板隔墙墙板厚度的选择,一般应考虑便于安装门窗,其最小厚度不应小于 75 mm;墙板的厚度小于 125 mm 时,其最大长度应不超过 3.5 m;分户墙的厚度应根据隔声要求决定,原则上应选用双层墙板。

蒸压加气混凝土板隔墙工程施工应先按设计要求,在楼板(梁)底部和楼地面弹好墙板位置线,并架设靠放墙板的临时方木后,即可安装隔墙板。

安装墙板前,先将黏结面用钢丝刷刷去油垢并清除残渣。涂抹一层胶黏剂,厚度约为 3 mm,然后将板立于预定位置,用撬棍将板撬起,使板顶与上部结构底面粘紧;板的一侧与主体结构或已安装好的另一块墙板粘紧,并在板下用木楔楔紧,撤出撬棍,板即固定。

每块板安装后,应用靠尺检查墙面的垂直和平整情况。

板与板间的拼缝,要满铺黏结砂浆(可以采用108胶水泥砂浆,注意108胶掺量要适当),拼接时要以挤出砂浆为宜,缝宽不得大于5 mm。挤出的砂浆应及时清理干净。

墙板固定后,在板下填塞1∶2水泥砂浆或细石混凝土。如采用经防腐处理后的木楔,则板下木楔可不撤除;如采用未经防腐处理的木楔,则待填塞的砂浆或细石混凝土凝固具有一定强度后,再将木楔撤除,然后用1∶2水泥砂浆或细石混凝土堵严木楔孔。

墙板的安装顺序应从门洞口处向两端依次进行;当无门洞口时,应从一端向另一端顺序安装。若在安装墙板后进行地面施工,需对墙板进行保护。对于双层墙板的分户墙,安装时应使两面墙板的拼缝相互错开。隔墙板原则上不得横向镂槽埋设电线管,竖向走线时,抠槽深度宜不大于25 mm。

2.石膏空心条板隔墙工程

石膏空心条板是以天然石膏或化学石膏为主要原料,掺入适量粉煤灰或水泥、适量的膨胀珍珠岩,加入少量增强纤维,加水拌和成料浆,通过浇筑成型、抽芯、干燥等工艺制成的轻质空心条板。石膏空心条板适用于住宅分室墙的一般隔墙、公共走道的防火墙、分户墙的隔声墙等。

安装石膏空心条板隔墙墙板时,应按设计弹出墙位线,并安好定位木架。安装前在板的顶面和侧面刷涂108胶水泥砂浆,先推紧侧面,再顶牢顶面。在顶牢顶面后,立即在板下两侧各1/3处楔紧两组木楔,并用靠尺检查。确定板的安装偏差在允许范围内后,在板下填塞干硬性混凝土。板缝挤出的黏结材料应及时刮净。板缝的处理,可在接缝处先刷水湿润,然后用石膏腻子抹平。墙体连接处的板面或板侧刷791胶液一道,用791石膏胶泥黏结。

3.钢丝网架夹芯板隔墙工程

钢丝网架夹芯板是用高强度冷拔钢丝焊接成三维空间网架,中间填以阻燃型聚苯乙烯泡沫塑料或岩棉等绝缘材料。施工时,先按设计要求在地面、顶面、侧面弹出墙的中心线和墙的厚度线,画出门、窗洞口的位置,若设计无要求,按400 mm间距画出连接件或锚筋的位置,再按设计要求配钢丝网架夹芯板及配套件。若设计无明确要求,且当隔墙宽度小于4 m时,可以整板上墙;当隔墙高度或长度超过4 m时,应按设计要求增设加劲柱。

各种配套用的连接件、加固件、埋件要进行防锈处理,按放线位置安装钢丝网架夹芯板。

板与板的拼缝处用箍码或 22 号镀锌钢丝扎牢。

当确认夹芯板、门窗框、各种预埋件、管道、接线盒的安装和固定工作完成后,可以开始抹灰。抹灰前将夹芯板适当支顶,在夹芯板上均匀喷一层面层处理剂,随即抹底灰,以加强水泥砂浆与夹芯板的黏结。底灰的厚度为 12 mm 左右,底灰要基本平整,并用带齿抹子均匀拉槽,以利于与中层砂浆的黏结。抹完底灰随即均匀喷一层防裂剂。48 h 以后撤去支顶,抹另一侧底灰,在两层底灰抹完48 h 以后才能抹中层灰。

6.3.3　填充墙砌体工程

填充墙主要是高层建筑框架及框剪结构或钢结构中,用于维护或分隔区间的墙体,大多采用小型空心砌块、空心砖、轻集料小型砌块、加气混凝土砌块及其他工业废料掺水泥加工而成的砌块等,要求有一定的强度,并能起到轻质、隔声、隔热等效果。

填充墙砌体施工最好从顶层向下层砌筑,防止因结构变形量向下传递而造成早期下层先砌筑的墙体产生裂缝。特别是空心砌块,往往在工程主体完成3～5月后,通过墙面抹灰在跨中产生竖向裂缝,因而质量问题的滞后性给后期处理带来困难。

1. 空心砖砌体工程

(1)空心砖的砖孔如无具体设计要求,一般将砖孔置于水平位置;如有特殊要求,砖孔也可垂直放置。

(2)砖墙应采用全顺侧砌,上、下皮竖缝相互错开 1/2 砖长。灰缝厚度应为8～12 mm,应横平竖直,砂浆饱满。

(3)空心砖墙不够整砖部分,宜用无齿锯加工制作非整砖块,不得用砍凿方式将砖打断。

(4)留置管线槽时,弹线定位后用凿子凿出或用开槽机开槽,不得用斩砖预留槽的方法。

(5)空心砖墙应同时砌起,不得留斜槎。砖墙底部至少砌三皮普通砖,门、窗洞口两侧也应用普通砖实砌一砖。

2. 加气混凝土小型砌块工程

(1)砌筑前应弹好墙身位置线及门口位置线,在楼板上弹墙体主边线。

(2)砌筑前按实际尺寸和砌块规格尺寸进行排列摆块,不够整块时可以锯裁成需要的规格,但不得小于砌块长度的1/3,最下一层砌块的灰缝大于20 mm时,应用细石混凝土找平铺砌。

(3)砌筑前设立皮数杆,皮数杆应立于房屋四角及内、外墙交接处,间距以10~15 m为宜,砌块应按皮数杆拉线砌筑。

(4)砌体灰缝应保持横平竖直,竖向灰缝和水平灰缝均应铺填饱满的砂浆。竖向垂直灰缝首先在砌筑的砌块端头铺满砂浆,然后将上墙的砌块挤压至要求的尺寸。对于灰浆饱满度,水平灰缝的黏结面不得小于90%,竖缝的黏结面不得小于60%,严禁用水冲浆浇灌灰缝,也不得用石子垫灰缝。水平灰缝及竖向灰缝的厚度和宽度应控制在80~120 mm。

(5)纵、横墙应整体咬槎砌筑,外墙转角处和纵墙交接处应严格控制分批、咬槎、交错搭砌。临时间断应留置在门、窗洞口处,或砌成阶梯形斜槎,斜槎长度小于高度的2/3,如留斜槎有困难,也可留直槎,但必须设置拉结网片或其他措施,以保证有效连接。接槎时,应先清理基面,浇水湿润,然后铺浆接砌,并做到灰缝饱满。因施工需要留置的临时洞口处,每隔500 mm应设置2φ6拉结筋,拉结筋两端分别伸入先砌筑墙体及后堵洞砌体各700 mm。

(6)凡穿过墙体的管道,应严格防止渗水、漏水。

(7)在门、窗洞口两侧,将预制好埋有木砖或铁件的砌块,按洞口高度在2 m以内每边砌筑三块,洞口高度大于2 m时砌四块。混凝土砌块四周的砂浆要饱满密实。

(8)作为框架的填充墙,砌至最后一皮砖时,梁底可采用实心辅助砌块立砖斜砌。每砌完一层后,应校核检验墙体的轴线尺寸和标高,允许偏差可在楼面上予以纠正。砌筑一定面积的砌体以后,应随即用厚灰浆进行勾缝。一般情况下,每天砌筑高度不宜大于1.8 m。

3. 轻骨料混凝土空心砌块砌筑工程

(1)轻骨料混凝土空心砌块的主要规格是390 mm×190 mm×190 mm,采用全顺砌筑形式,墙厚等于砌块宽度。

（2）上、下皮竖缝相互错开 1/2 砖长，并不小于 120 mm。如不满足，应在水平灰缝中设置 2ϕ6 钢筋或者 ϕ4 钢筋网片。灰缝应为 8～12 mm，应横平竖直，砂浆饱满。

（3）对轻骨料混凝土空心砌块，宜提前 2 d 以上适当浇水湿润。严禁雨天施工，砌块表面有浮水时不得进行砌筑。

（4）墙体转角处及交接处应同时砌起，每天砌筑高度不得超过 1.8 m。

第7章 装配式混凝土结构施工

7.1 预制盒子结构施工

7.1.1 盒子结构及盒子结构体系

盒子结构是把整个房间(一个房间或一个单元)作为一个构件,在工厂预制后运送到工地进行整体安装的一种房屋结构。每个盒子构件本身就是一个预制好的,带有采暖、上下水道及照明等所有管线的,装修完备的房间或单元。它是装配化程度最高的一种建筑形式,比大板建筑装配化程度更高、更为先进。其优点如下。

(1)装配化程度可以提高到 85% 以上,施工现场的工作只剩下平整场地、建筑基础和施工吊装,因此,生产效率大为提高。一般比传统建筑减少用工 1/3以上。

(2)盒子结构是一种薄壁空间结构,材料用量比传统建筑大大减少。据统计,每平方米建筑用混凝土只有 0.3 m³,比传统建筑节约水泥 22%,节约钢材20% 左右。

(3)由于节约了材料,建筑物自重也随之减轻,与传统建筑相比,建筑物自重可减轻 50%。

目前,盒子结构已用于建造住宅、旅馆、医院、办公楼等建筑,并从低层发展到多层和高层,已可建造 9、11、18、22 和 25 层的住宅和旅馆等建筑,有一百多种体系和制作方法。国外对盒子结构的研究正趋向于使其质量更小、具有更大的灵活性和更高的适应性。

但是,由于盒子结构建筑的大量作业转移到了工厂,因而预制工厂的投资较高,一般比大板厂高 8%~10%,而且运输和吊装也需要一些配套的机械。

常用的盒子结构体系有以下几种。

(1)全盒子体系。全盒子体系完全由承重盒子或承重盒子与一部分外墙板组成。其是将承重盒子错开布置,盒子之间的间距与盒子尺寸一致,另配一部分外墙板补齐。这种体系的装配化程度高,刚度好,室内装修基本上在预制厂内完成,但是在拼接处会出现双层楼板和双层墙,构造比较复杂。美国等一些国家常采用这种形式,美国的 SHLY 体系即属此类,已用此体系建造了 18 层的旅馆。

(2)板材盒子体系。板材盒子体系是将设备复杂的小开间的厨房、卫生间、楼梯间等做成承重盒子,在两个承重盒子之间架设大跨度的楼板,另用隔墙板分隔房间。

这种体系可用于住宅和公共建筑,虽然装配化程度较低,但能使建筑的布局灵活。

(3)骨架盒子体系。骨架盒子体系由钢筋混凝土或钢骨架承重,盒子结构只承受自重,因此可用轻质材料制作,使运输和吊装更加容易,结构的质量大大减轻。该体系宜用于建造高层建筑。日本用来建造高层住宅的 CUPS 体系即属此类,它由钢框架承重,盒子镶嵌于构架中。

除上述三种主要体系外,还有一种中心支承盒子体系。它类似于悬挂结构,即先建造一个钢筋混凝土中央竖筒(其内可设置电梯竖井或设备用房等),再从中央竖筒挑出悬臂,用以悬挂盒子或利用盒子上附设的连接件固定在中央竖筒上。此体系也可用于建造高层建筑。

7.1.2　盒子构件的种类

(1)盒子构件按大小可分为单间盒子和单元盒子两类。单间盒子以一个基本房间为一个盒子,长度为进深方向,一般为 4~6 m,宽度为开间方向,一般为 2.4~3.6 m,高度为一层,自重约为 100 kN;单元盒子以一个住宅单元为一个盒子,长度为 2~3 个进深,一般为 9~12 m,宽度为 1~2 个开间,一般为 3~6 m,高度也是一层。单间盒子便于运输吊装和推广。单元盒子质量大、体积大,较少采用。

(2)盒子构件按材料可分为钢、钢筋混凝土、铝、木、塑料等盒子。

(3)盒子构件按功能可分为设备盒子(如卫生间、厨房、楼梯间盒子)和普通居室盒子。卫生间、厨房涉及工种多,将它预制成盒子,可大大提高工效。卫生间盒子在世界各国得到普遍采用,大批量生产。

(4)盒子构件按制造工艺可分为装配式盒子和整体式盒子两类。

①装配式盒子是在工厂制作墙板、顶板和底板,经装配后用焊接或螺栓组装成盒子。

②整体式盒子是在工厂用模板或专门设备制成钢筋混凝土的四面体或五面体，再用焊接或销键把其余构件（底板、顶板或墙板）与其连接起来。整体式盒子节省钢材，缝隙的修饰工作量减少。整体式盒子分为罩形、杯形、卧杯形、隧道形等几种。其中，罩形和卧杯形应用较多。

罩形盒子是四面墙与顶板整浇的五面体，带肋的底板单独预制后再用电焊连接。罩形盒子可以是四角支承，也可以是墙周边支承，四角支承者应用较多；杯形盒子是四面墙与底板整浇的五面体，顶板单独预制，用预埋件连接；卧杯形盒子是三面墙、带肋的顶板和底板整浇的五面体，外墙板单独制作，再与盒子组装，底板和顶板处有围箍，把盒子的五个面连成一个空间结构；隧道形盒子为筒状的四面体，外墙板单独预制，再组装在整浇部分上。

7.1.3　盒子构件的制作

钢盒子构件多采用焊接式轻型钢框架，在专门的工厂制作。

装配式钢筋混凝土盒子，是先在工厂预制各种类型的大型板材（墙板、底板、顶板），然后再组装成空间结构的盒子，它可以利用大板厂的设备进行生产。装配式钢筋混凝土盒子也可以在施工现场附近的场地上制作和组装。美国就用此法在奥克兰建造过一幢11层的房屋，据称效果较好。

不同种类的盒子采用不同的制作方法，根据混凝土浇筑方法可分为盒式法、层叠法、活动芯子法、真空盒式法等；根据生产组织方式可分为台架式、流水联动式和传送带式，传送带式是较先进、能大规模生产盒子的生产方式。

国外浇筑整体式钢筋混凝土盒子多用成型机。成型机一般有两种：一种是芯模固定、套模活动；另一种是套模固定、芯模活动。成型机的侧模、底模和芯模均有蒸汽腔，可以通过蒸汽进行养护。脱模后，再装配隔断和外墙板，然后送去装修。经过若干道装修工序后，即成为一个装修完毕的成品盒子构件。

7.1.4　盒子构件的运输和安装

正确选择运输设备和安装方法，对盒子结构的施工速度和造价有一定的影响。对于高层盒子结构的房屋，多用履带式起重机、汽车式起重机和塔式起重机进行安装。美国多用大吨位的汽车式起重机和履带式起重机进行安装，如用38t的盒子组成的21层的旅馆，即用履带式起重机进行安装，该起重机在极限伸距时的起重量达50t。盒子构件多有吊环，用横吊梁或吊架进行吊装。我国北京丽都饭店的五层盒子结构用起重量为 40 t 的轮胎式起重机进行安装,吊具用钢管焊成的同盒子平面尺寸一样大的矩形吊架。

至于吊装顺序,可沿水平方向安装,即第一层安装完毕再安装第二层,逐层进行安装;也可沿垂直方向进行所谓"叠式安装",即在一个节间内从底层一直安装至顶层,再安装另一个节间,依次进行。这种方法适用于施工场地狭窄而房屋又不十分高的安装情况。

盒子安装后,盒子间的拼缝用沥青、有机硅或其他防水材料进行封缝,一般是用特制的注射器或压缩空气将封缝材料嵌入板缝,以防雨水渗入。在顶层盒子安装后,往往要铺设玻璃毡保温层,再浇筑一薄层混凝土,然后做防水层。

盒子结构房屋的施工速度较快,国外一幢 9 层的盒子结构房屋,仅用 3 个月就可完工。

美国 21 层的圣安东尼奥饭店,中间 16 层由 496 个盒子组成,工期为 9 个月,平均每天安装 16 个盒子,最多的一天可安装 22 个盒子。安装一个钢筋混凝土盒子需 20~30 min。至于金属盒子或钢木盒子,最快时一个机械台班每天可以安装 50 个。

盒子结构在国外有不同程度的发展,我国对于盒子结构虽然进行了一些有益的探索,但尚未形成生产能力。

7.2　升板法施工

7.2.1　升板设备

升板法施工前,应正确选择升板设备。高层升施工的关键设备是升板机,主要分为电动和液压两大类。

1. 电动升板机

电动升板机是国内应用最多的升板机。一般以 1 台 3 kW 电动机为动力,带动 2 台升板机,安全荷载约为 300 kN,单机负荷为 150 kN,提升速度约为 1.9 m/h。电动升板机构造较简单,使用管理方便,造价较低。

电动升板机的工作原理为:当提升楼板时,升板机悬挂在上面一个承重销上。电动机驱动,通过链轮、蜗轮、蜗杆传动机构,使螺杆上升,从而带动吊杆和

楼板上升,当楼板升过下面的销孔后,插上承重销,将楼板搁置其上,并将提升架下端的四个支撑放下顶住楼板。将悬挂升板机的承重销取下,再开动电动机反转,使螺母反转,此时螺杆被楼板顶住不能下降,只能迫使升板机沿螺杆上升,待机组升到螺杆顶部,超过上一个停歇孔时,停止电动机,装入承重销,将升板机挂上,如此反复,使楼板与升板机不断交替上升。

2. 液压升板机

液压升板机具有较大的提升能力,日前,我国的液压升板机单机提升能力已达 500~750 kN,但设备一次投资大,对加工精度和使用保养管理要求高。液压升板机一般由液压系统、电控系统、提升工作机构和自升式机架组成。

7.2.2 开展施工前期工作

(1)进行基础施工。预制柱基础一般为钢筋混凝土杯形基础。施工中,必须严格控制轴线位置和杯底标高,因为轴线偏移会影响提升环位置的准确性,杯底标高的误差会导致楼板位置差异。

(2)浇筑预制柱。预制柱一般在现场浇筑。当采用叠层制作时,宜不超过 3 层。柱上要留设就位孔(当板升到设计标高时作为板的固定支承孔)和停歇孔(在升板过程中悬挂提升机和楼板中途停歇时作为临时支承)。就位孔的位置根据楼板设计标高确定,偏差应不超过 5 mm,孔的大小尺寸偏差应不超过 10 mm,孔的轴线偏差应不超过 5 mm。停歇孔的位置根据提升程度确定。如果就位孔与停歇孔位置重叠,则就位孔兼作停歇孔。柱子上、下两孔之间的净距一般不宜小于 300 mm。预留孔的尺寸应根据承重销来确定。承重销常用 I10、I12、I14 号工字钢,则孔的宽度为 100 mm,高度为 160~180 mm。

制作柱模时,为了不使预留孔遗漏,可在侧模上预先开孔,用钢卷尺检查位置无误后,在浇筑混凝土前相对插入两个木楔。如果漏放木楔,混凝土会流出来。

柱上预埋件的位置也要正确。对于剪力块承重的埋设件,中线偏移应不超过 5 mm,标高偏差应不超过 3 mm。预埋铁件表面应平整,不允许有扭曲变形。承剪埋设件的楔口面应与柱面相平,不得凹进,凸出柱面应不超过 2 mm。

柱吊装前,应将各层楼板和屋面板的提升环依次叠放在基础杯口上,提升环上的提升孔与柱子上承重销孔方向要相互垂直。预制柱可以根据其长度,采用两点或三点绑扎起吊。柱插入杯口后,要用两台经纬仪校正其垂直度并对中,校正完用钢楔临时固定,分两次浇筑细石混凝土,进行最后的固定。

7.2.3　楼层板制作

楼层板的制作分为胎模制作、提升环放置和板混凝土浇筑三个步骤。

1.胎模制作

胎模就是为了楼板和顶层板制作而铺设的混凝土地坪。要做到地基密实,防止不均匀沉降。面层平整、光滑,提升环处标高偏差应不超过 2 mm。胎模设伸缩缝时,伸缩缝与楼板接触处应采取特殊隔离措施,防止楼板受温度的影响而开裂。

胎模表面以及板与板之间应设置隔离层。它不仅要防止板之间黏结,还应具有耐磨、防水等特点。

2.提升环放置

提升环是配置在楼板上柱孔四周的构件。它既有抗剪能力又有抗弯能力,故又称剪力环,是升板结构的特有组成部分,也是主要受力构件。提升时,提升环引导楼板沿柱子提升,板的质量由提升环传给吊杆。使用时,提升环把楼板自重和承受的荷载传递给柱,并且对因开孔而被削弱强度的楼板起到加强作用。常用的提升环可分为有型钢提升环和无型钢提升环两种。

3.板混凝土浇筑

浇筑混凝土前,应对板柱间空隙和板(包括胎模)的预留孔进行填塞。每个提升单元的每块板应一次性浇筑完成,不留设施工缝。当下层板混凝土强度达到设计强度的 30%时,方可浇筑上层板。

浇筑密肋板时,先在底模上弹线,安放好提升环,再砌制填充材料或采用塑料、金属等工具式模壳或混凝土芯模,然后绑扎钢筋及网片,最后浇筑混凝土。密肋板在柱帽区宜做成实心板。这样不但能增强抗剪抗弯能力,而且适合用无型钢提升环。格梁楼板的制作要点与密肋板相同。预应力平板的制作要求与预应力预制构件相同。

7.2.4　升板施工

升板施工阶段主要包括现浇柱的施工、提升单元的划分和提升程序的确定、

板的提升、板的就位、板的最后固定等。

1. 现浇柱的施工

现浇柱可分为劲性配筋柱和柔性配筋柱两种。

（1）劲性配筋柱施工。劲性配筋柱施工有以下两种方法。

①升滑法。升滑法是将升板和滑模两种工艺相结合，即在施工期间用劲性钢骨架代替钢筋混凝土柱作承重导架，在顶层板下组装柱子的滑模设备，以顶层板作为滑模的操作平台，在提升顶层板过程中浇筑柱子的混凝土。当顶层板提升到一定高度并停放后，就提升下面各层楼板。如此反复，逐步将各层板提升到各自的设计标高，同时，也完成了柱子的混凝土浇筑工作，最后浇筑柱帽，形成固定节点。

②升提法。升提法是在升滑法的基础上吸取大模板施工的优点，发展形成的方法。施工时，在顶层板下组装柱子的提模模板。用升提法时每提升一次顶层板，重新组装一次模板，浇筑一次柱子混凝土。

（2）柔性配筋柱施工。柔性配筋柱施工有以下两种方法。

①滑模法。柔性配筋柱滑模法施工时，在顶层板上组装浇筑柱子的滑模系统，先用滑模法浇筑一段柱子混凝土。当所浇柱子的混凝土强度不小于 15 MPa 时，再将升板机固定到柱子的停歇孔上，进行板的提升，依次交替，循序施工。

②升模法。柔性配筋柱升模法施工时，需在顶层板上搭设操作平台，安装柱模和井架。操作平台、柱模和井架都随顶层板的逐层提升而上升。每当顶层板提升一个层高后，需及时施工上层柱，并利用柱子浇筑后的养护期，提升下面各层楼板。只有当所浇筑柱子的混凝土强度不小于 15 MPa 时，其才可作为支承，用来悬挂提升设备，继续板的提升，依次交替，循序施工。

2. 划分提升单元和确定提升程序

升板工程施工中，一次提升的板面过大，提升差异不易消除，板面也易出现裂缝，同时还要考虑提升设备的数量、电力供应情况和经济效益。因此，要根据结构的平面布置和提升设备的数量，将板划分为若干块，每一板块为一提升单元。划分提升单元时，要使每个板块两个方向的尺寸大致相等，不宜划成狭长形；要避免出现阴角，因为提升阴角处易出现裂缝。为便于控制提升差异，提升单元以不超过 24 根柱子为宜。各单元间留设的后浇板带位置必须在跨中。

升板前必须编制提升程序图。

对于两吊点提升的板,在提升下层板时因吊杆接头无法通过已升起的上层板的提升孔,所以除考虑吊杆的总长度外,还必须根据各层提升顺序,正确排列组合各种长度吊杆,以防提升下层板时吊杆接头被上层板顶起。

采用四吊点升板时,板上提升孔在柱的四周,而在柱的两侧板上通过吊杆的孔洞可留大些,允许吊杆接头通过,因此,只要考虑在提升不同标高楼板时的吊杆总长度就可以了。

3. 板的提升

板正式提升前应根据实际情况,按角、边、中柱的次序或由边向里逐排进行脱模。每次脱模提升高度不宜大于 5 mm,使板顺利脱开。

板脱模后,启动全部提升设备,提升到 30 mm 左右停止。调整各点的提升高度,使板保持水平,并将各观察提升点上升高度的标尺定为零点,同时检查各提升设备的工作情况。

提升时,板在相邻柱间的提升差异不应超过 10 mm,搁置差异不应超过 5 mm。承重销必须放平,两端外伸长度一致。在提升过程中,应经常检查提升设备的运转情况、磨损程度以及吊杆套筒的可靠性。观察竖向偏移情况。板搁置停歇的平面位移不应超过 30 mm。板不宜在中途悬挂停歇,遇特殊情况不能在规定的位置搁置停歇时,应采取必要措施进行固定。

在提升时,若需利用升板提运材料、设备,应经过验算,并在允许范围内堆放。

板在提升过程中,升板结构不允许作为其他设施的支承点或缆索的支点。

4. 板的就位

升板到位后,用承重销临时搁置,再作板柱节点固定。板的就位差异:一般提升应不超过 5 mm,平面位移应不超过 25 mm。板就位时,板底与承重销(或剪力块)间应平整严密。

5. 板的最后固定

对提升到设计标高的板,要进行最后固定。板在永久性固定前,应尽量消除搁置差异,以消除永久性的变形应力。

板的固定方法一般可采用后浇柱帽节点和无柱帽节点两类。其中,后浇柱帽节点能提高板柱连接的整体性,减少板的计算跨度,降低节点耗钢量,是目前

升板结构中常用的节点形式。无柱帽节点可分为剪力块节点、承重销节点、齿槽式节点、预应力节点及暗销节点等几类。

7.3 装配式大板结构施工

7.3.1 装配式大板结构构件类型

装配式大板剪力墙结构，是我国发展较早的一种工业化建筑体系，这种结构体系的特点是：除基础工程外，结构的内、外墙和楼板全部采用整间大型板材进行预制装配，楼梯、阳台和通风道等，也都采用预制装配。构配件全部由加工厂生产供应，或有一部分在施工现场预制，在施工现场进行吊装组合成建筑。

大板结构的构件包括内墙板、外墙板、楼板、楼梯、隔断墙等。

1. 内墙板

内墙板包括内横墙和内纵墙，是建筑物的主要承重构件，均为整间大型墙板，厚度均为 180 mm，采用普通钢筋混凝土，其强度等级为 C20。

2. 外墙板

高层装配式大板建筑的外墙板为承重构件，其既能满足隔热、保温、防止雨水渗透等围护功能的要求，又可起到立面装饰的作用，因此构件比较复杂，一般采用由结构层、保温隔热层和面层组合而成的复合外墙板。

3. 楼板

大楼板常为整间大型实心板材，厚度为 110 mm。根据平面组合，其支承方式与配筋可分为双向预应力板、单向预应力板、单向非预应力板和带悬挑阳台的非预应力板。

4. 楼梯

楼梯分为楼梯段和休息平台板两大部分。休息平台板与墙板之间必须有可靠的连接，平台的横梁预留搁置长度不宜小于 100 mm。常用的做法是在墙上预留洞槽或挑出牛腿，以支撑楼梯平台。

5. 隔断墙

隔断墙主要用于分室的墙体,如壁橱隔断、厕所和厨房间隔断等,采用的材料一般有加气混凝土条板、石膏板以及厚度较小(60 mm)的普通混凝土板等。

7.3.2 大板构件的生产制作及运输、堆放

(1)大板构件一般均在工厂预制,也可在施工现场集中生产。其成型工艺可采用台座法、工厂成组立模法和钢平模流水法。

(2)当设计上无特殊规定时,各类混凝土构件的起吊强度如下:楼板不低于设计强度的 75%,墙板不低于设计强度的 65%。采用台座和叠层制作的大板,脱模起吊前应先将大板松动,以减少台座对构件的吸附力和黏结力。起吊时应将吊钩对正,一次起吊,以防止滑动和颤动。

(3)运输。

①大板经检查合格后,方可运输。

②以立运为宜,车上应设有专用架,外墙板饰面层应朝外,且需有可靠的稳定措施。当采用工具式预应力筋吊具时,在不拆除预应力筋的情况下可采用平运。

③运输大板时,车辆应慢速起动,车速应均匀;转弯错车时要减速,防止倾覆。

(4)堆放。构件堆放场地必须坚实稳固、排水良好,以防构件发生变形。

①墙板的堆放有以下几点要求。

a.可插放或靠放,支架应有足够的刚度,并需支垫稳固,防止倾倒或下沉。采用插放架时,宜将相邻插放架连成整体;采用靠放架时,应对称靠放,外饰面朝外,倾斜度保持在 5°~10°,对构造防水台、防水空腔、滴水线及门窗洞口角线部位应注意保护。

b.现场存放时,应按吊装顺序和型号分区配套堆放。堆垛应布置在起重机工作范围内。

c.堆垛之间宜设置宽度为 0.8~1.2 m 的通道。

②楼板和屋面板的堆放有以下几点要求。

a.水平分层堆放时,应分型号码垛,每垛不宜超过 6 块,应根据各种板的受力情况正确选择支垫位置,最下边一层垫木应是通长的。层与层之间应垫平、垫实,各层垫木必须在一条垂直线上。

b.靠放时要区分型号,沿受力方向对称靠放。

7.3.3　施工工艺

1. 施工准备

(1)检查构件的型号、数量及质量,并将所有预埋件及板外插筋、连接筋、侧向环等整理好,清除浮浆。

(2)按设计要求检查基础梁式底层圈梁上面的预留抗剪键槽及插筋,其位置偏移量不得大于 20 mm。

2. 施工顺序

装配式大板结构的施工顺序是:抄平放线→墙板及楼板的安装→结构节点的施工(板缝支模、板缝混凝土浇筑)→节点保温、防水施工。

(1)抄平放线。

①每栋房屋四角应设置标准轴线控制桩。用经纬仪根据坐标定出的控制轴线不得少于两条(纵、横轴方向各一条)。楼层上的控制轴线必须用经纬仪由底层轴线直接向上引出。

②每栋房屋设置标准水平点 1~2 个,在首层墙上确定控制水平线。每层水平标高均从控制水平线用钢直尺向上引测。

③根据控制轴线和控制水平线依次放出墙板的纵、横轴线,墙板两侧边线,节点线,门洞口位置线,安装楼板的标高线,楼梯休息平台板位置线及标高线,异型构件位置线。

④轴线放线的偏差不得超过 2 mm。放线遇有连续偏差时,应考虑从建筑物中间一条轴线向两侧调整。

(2)墙板及楼板的安装。

①安装墙板前就位处必须找平,并保证墙板坐浆密实均匀。当局部铺垫厚度大于 30 mm 时,宜采用细石混凝土找平。

②每层墙板安装完毕后,应在墙板顶部抄平弹线,铺找平灰饼。

③在找平灰饼间铺灰坐浆后方可吊装楼板。楼板就位后严禁撬动,调整高差时宜选用千斤顶调平器。

④吊装墙板、楼板及屋面板时,起吊就位应垂直平稳,吊绳与水平面的夹角不宜小于 60°。

⑤墙板、楼板安装完成后,应立即进行水平缝的塞缝工作。塞缝应选用干硬

174

性砂浆(掺入为水泥用量 5%的防水粉)塞实、塞严。

⑥墙板下部的水平缝键槽与楼板相应的凹槽及下层墙板对应的上键槽必须同时浇筑混凝土,以形成完整的水平缝销键(采用坍落度为 4～6 cm 的细石混凝土填充,且用微型插入式振捣棒或竹片振捣密实)。

(3)结构节点的施工。

①节点钢筋的焊接。构件安装就位后,应对各个节点和板缝中预留的钢筋、钢筋套环再次检查核对,并进行调直、除锈。如有长度不符合设计要求的,应增加连接钢筋,以保证焊接长度。节点处全部钢筋的连接均采用焊接连接,焊缝长度大于 10d(d 为钢筋直径)。外露焊件应进行防锈处理。焊接后应进行隐蔽工程验收。

②支设节点现浇混凝土模板。模板宜采用工具式定型模板。模板支设时要凹入墙面 1 cm,以便于装修阶段施工。竖缝工具式模板宜设计成两段或一段中间开洞的形式,以保证混凝土浇筑落距不大于 2 cm。

③浇筑节点混凝土。节点部位通常采用强度等级为 C30 的细石混凝土浇筑。由于节点断面窄小,需满足浇筑和捣实的双重工艺要求。

④拆模。模板的拆除时间既要满足结构施工流水作业的要求,也应根据施工时的环境温度条件进行调整,以确保混凝土初凝后的拆模时间准确。

(4)节点保温、防水施工。

外墙板缝保温应符合下列要求:外墙板接缝处预留的保温层应连续无损;竖缝浇筑混凝土前应按设计要求插入聚苯板或其他材质的保温条;外墙板上口水平缝处预留的保温条应连续铺放,不得中断。

外墙板缝防水应符合下列要求。

①采用构造防水时应满足下列要求:进场的外墙板在堆放、吊装过程中,应注意保护其空腔侧壁、立槽、滴水槽及水平缝的防水台等部位无损坏;对有缺棱掉角及边缘处有裂纹的墙板应进行修补(应在吊装就位之前完成),修补完毕后应在其表面涂制一道弹塑防水胶;竖向接缝混凝土浇筑后,其减压空腔应畅通,竖向接缝插放塑料防水条之前应先清理防水槽;外墙水平缝应先清理防水空腔,并在空腔底部铺放橡塑型材(或类似材料),在其外侧勾抹砂浆;竖缝及水平缝的勾缝应着力均匀,勾缝时不得把嵌缝材料挤进空腔内;外墙十字缝接头处的上层塑料条应插到下层外墙板的排水坡上。

②采用材料防水时应满足下列要求:墙板侧壁应清理干净,保持干燥,然后刷底油一道;预先对嵌缝材料的性能、质量和配合比进行检验,嵌缝材料必须与板材牢固黏结,没有漏嵌和虚黏的现象。

第8章　高层钢结构施工

8.1　高层钢结构的加工制作

8.1.1　放样与号料

1.放样

放样是整个钢结构制作工艺中的第一道工序,也是至关重要的一道工序,所有的工件尺寸和形状都必须先放样然后进行加工,最后把各个零件装配成一个整体构件。只有放样尺寸精确,才能避免以后各道加工工序的累积误差,从而保证整个工程的质量。

(1)放样从熟悉图纸开始,要仔细看清技术要求,并逐个核对图纸之间的尺寸和相互关系,有疑问时应联系有关技术部门予以解决。

(2)放样作业人员应熟悉整个钢结构加工工艺,了解工艺流程及加工过程,以及加工过程中需要的机械设备性能及规格。

(3)放样台应平整,其四周应作出互相成90°的直线,再在其中间作出一根平行线及垂直线,以供校对样板之用。

(4)放样时以1∶1的比例在样板台上弹出大样。当大样尺寸过大时,可分段弹出。对一些三角形的构件,如果只对其节点有要求,则可以缩小比例弹出样子,但应注意其精度。

(5)放样所画的实笔线条的粗细不得超过0.5 mm,粉线在弹线时的粗细不得超过1 mm。

(6)用作计量长度依据的钢盘尺,特别注意应使用经授权的计量单位计量,且附有偏差卡片,使用时按偏差卡片的记录数值校对其误差数。钢结构的制作、安装、验收及土建施工用的量具,必须用同一标准进行鉴定,应有相同的精度等级。

(7)放样时,铣、刨的工件要考虑加工余量,加工边一般要留的加工余量为

5 mm。

(8)倾斜杆件互相连接的地方,应根据施工详图及展开图进行节点放样,并且需要放构件大样,如果没有倾斜杆件的连接,则可以不放大样,直接做样板。

(9)实样完成后应做一次检查,主要检查其中心距、跨度、宽度及高度等尺寸,如果发现差错应及时进行改正。对于复杂的构件,其线条很多而不能都画在样台上时,可用孔的中心线代替。

2. 样板、样杆

样板一般采用薄钢板或薄塑料板制成,样杆一般用钢皮或扁铁制作,当长度较短时可用木尺杆。

样板、样杆上应注明加工符号、图号、零件号、数量及加工边、坡口部位、弯折线和弯折方向、孔径和滚圆半径等。

样板一般分为:号孔样板,是专用于号孔的样板;覆盖样板,按照放样图或实物图形,用覆盖方法所放出的实样,用于连接构件;卡形样板,分为内卡形样板和外卡形样板,是用于煨曲或检查构件弯曲形状的样板;弧形样板,是用于检查各种圆弧及圆的曲率的样板;成型样板,是用于煨曲或检查弯曲件平面形状的样板;平面样板,是用于在板料及型钢平面进行下料的样板;号料样板,是供号料或号料同时号孔的样板。

对不需要展开的平面型零件的号料样板有如下两种制作方法。

(1)画样法:即按零件图的尺寸直接在样板料上做出样板。

(2)过样法:这种方法又叫作移出法,分为不覆盖过样和覆盖过样两种方法。

①不覆盖过样法是通过作垂线或平行线,将实样图中的零件形状过到样板料上。

②覆盖过样法是把样板料覆盖在实样图上,再根据事前作出的延长线,画出样板。

为了保存实样图,一般采用覆盖过样法,而当不需要保存实样图时,可采用画样法制作样板。对单一的产品零件,可以直接在所需厚度的平板材料(或型材)上进行画线下料,不必在放样台上画出放样图和另行制出样板。对于较复杂、带有角度的结构零件,不能直接在板料型钢上号料时,可用覆盖过样法制出样板,利用样板进行画线号料。

覆盖过样法的步骤如下:

a.按施工设计图样的结构连接尺寸画出实样;

b.以实样上的型钢件和板材件的重心线或中心线为基准并适当延长;

c.把所用样板材料覆盖在实样上面,用直尺或粉线以实样的延长线在样板面上画出重心线或中心线;

d.再以样板上的重心线或中心线为准画出连接构件所需的尺寸,最后将样板的多余部分剪掉,做成过样样板。

3.号料

号料是以样板、样杆或图纸为根据,在原材料上做出实样,并打上各制造厂内部约定的加工记号。号料的一般工作内容包括:检查核对材料;在材料上画出切割、铣、刨、弯曲、钻孔等加工位置;打冲孔;标注出零件的编号。

为了合理使用和节约原材料,应最大限度地提高原材料的利用率,一般常用的号料方法有集中号料法、套料法、统计计算法和余料统一号料法等。

8.1.2 切割

钢材的切割下料应根据钢材的截面形状、厚度及切割边缘的质量要求而采用不同的切割方法。钢材的切割可以通过冲剪、切削、气体切割、锯切、摩擦切割和高温热源来实现。

目前,常用的切割方法有机械切割、气割等。

1.机械切割

根据切割原理,机械切割分为三类。

(1)利用上、下两剪刀的相对运动切割。

该法所用机械应能剪切厚度小于 30 mm 的钢材,具有剪切速度快、效率高的优点,但切口略粗糙,下端有毛刺。剪板机、联合冲剪机等机械属于此类。

①剪刀必须锋利,剪刀的材料用碳工具钢和合金工具钢。

②剪刀间隙应根据板厚调整,除薄板应调制在 0.3 mm 以下之外,一般为 0.5~0.6 mm。

③对材料剪切后的弯扭变形必须进行矫正。若发现断面粗糙或带有毛刺,必须修磨光洁。

④剪切过程中,坡口附近的金属因受剪力而发生挤压和弯曲,从而引起硬度提高、材料变脆的冷作硬化现象。因此,重要的结构构件和焊缝的接口位置,一定要用铣、刨或者砂轮磨削的方法将硬化表面加工清除。

（2）利用锯片的切削运动切制。

该法所用机械主要用于切割角钢、圆钢和各类型钢，切割精度好，弓锯床、带锯床和圆盘锯床等机械属于此类。

①弓锯床仅用于切割中小型的型钢、圆钢、扁钢等。

②带锯床用于切断型钢、圆钢、方钢等，具有效率高、切断面质量较好的特点。

③圆盘锯床的锯片呈圆形，在圆盘的周围只有锯齿，锯切工件时，电动机带动圆锯片旋转便可进刀锯断各种型钢。其能够切割大型的 H 型钢，因此，在钢结构制造厂的加工过程中常被用来进行柱、梁等型钢构件的下料切割。

（3）锯割。

该法所用机械有摩擦锯、砂轮锯等。

①摩擦锯能够锯割各类型钢，也可以用来切割管子和钢板等。其具有速度快、效率高的特点，切削速度可达到 120～140 m/s，进刀速度为 200～500 mm/min；但是其切口不光滑、噪声大，仅适用于锯切精度要求较低的构件，或者下料时留有加工余量需进行精加工的构件。

②砂轮锯是利用砂轮片高速旋转时与工件摩擦生热并使工件熔化而完成切割。砂轮锯适用于锯切薄壁型钢，具有切口光滑、毛刺较薄且容易消除的特点，但噪声大、粉尘多。

锯割机械施工中注意型钢应预先经过校直；所选用的设备和锯条规格必须满足构件所要求的加工精度；单件锯割的构件，先画出号料线，然后对线锯割；加工精度要求较高的重要构件，应考虑留出适当的精加工余量，以供锯割后进行端面精铣。

2. 气割

气割可以切割较大厚度范围的钢材，而且设备简单、费用经济、生产效率较高，并能实现空间各种位置的切割，所以在金属结构制造与维修中得到广泛的应用。尤其对于本身不便移动的巨大金属结构，应用气割更能显示其优越性。

供气割用的可燃气体种类很多，常用的有乙炔气、丙烷气和液化石油气等，但目前使用最多的还是乙炔气。这是因为乙炔气价廉、方便，而且火焰的燃烧温度也高。火焰切割也可使用混合气体。气割前，应去除钢材表面的油污、油脂，并在下面留出一定的空间，以利于熔渣的吹出。气割时，应匀速移动割炬，割件表面距离焰心尖端以 2～5 mm 为宜，距离太近会使切口边沿熔化，太远则热量不足，易使切割中断。气割时，还应调节好切割氧气射流（风线）的形状，使其保

持轮廓清晰、风线长和射力高。气割时应该正确选择割嘴型号、氧气压力、气割速度和预热火焰的能率等工艺参数。

氧-乙炔气割是根据某种金属被加热到一定温度时在氧气流中能够剧烈燃烧氧化的原理,用割炬来进行切割的。金属材料只有满足下列条件,才能进行气割。

(1)金属材料的燃点必须低于其熔点。这是保证切割在燃烧过程中进行的基本条件。否则,切割时金属会先熔化产生熔割过程,使割口过宽,而且不整齐。

(2)燃烧生成的金属氧化物的熔点应低于金属本身的熔点,同时流动性要好。否则,就会在割口表面形成固态氧化物,阻碍氧气流与下层金属的接触,使切割过程不能正常进行。

(3)金属燃烧时应能放出大量的热,而且金属本身的导热性要低。这是为了保证下层金属有足够的预热温度,使切割过程能连续进行。

满足上述条件的金属材料有纯铁、低碳钢、中碳钢和普通低合金钢。而铸铁,高碳钢,高合金钢及铜、铝等有色金属及其合金,均难以进行氧-乙炔气割。

气割时必须防止回火。回火的实质是氧-乙炔混合气体从割嘴内流出的速度小于混合气体的燃烧速度。造成回火的原因有:

(1)皮管太长,接头太多或皮管被重物压住;

(2)割炬连接工作时间过长或割嘴过于靠近钢板,均会使割嘴温度升高、内部压力增加,影响气体流速,甚至使混合气体在割嘴内自燃;

(3)割嘴出口通道被熔渣或杂质阻塞,氧气倒流入乙炔管道;

(4)皮管或割炬内部管道被杂物堵塞,增加了流动阻力。

发生回火时,应及时采取措施,将乙炔皮管折拢并捏紧,同时紧急关闭气源,一般先关闭乙炔阀,再关闭氧气阀,使回火在割炬内迅速熄灭,稍待片刻,再开启氧气阀,以吹掉割炬内残余的燃气和微粒,然后点火使用。

为了防止气割变形,在其各操作中应遵循下列程序:

(1)大型工件的切割,应先从短边开始;

(2)在钢板上切割不同尺寸的工件时,应先割小件,后割大件;

(3)在钢板上切割不同形状的工件时,应先割较复杂的,后割较简单的;

(4)对窄长条形板进行切割时,长度两端应留出 50 mm 不割,待割完长边后再割断,或者采用多割炬对称气割的方法。

8.1.3　制孔加工

在钢结构的制作中,常用的加工方法有钻孔、冲孔、扩孔、铰孔等,施工时可根据不同的技术要求合理选用。

构件制作应优先采取钻孔。钻孔在钻床上进行,可以钻任何厚度的钢材。其原理是切削,所以孔壁损伤较小,质量较高。厚度在 5 mm 以下的所有普通结构钢及厚度小于 12 mm 的次要结构允许冲孔,材料在冲切后仍保留有相当韧性则可焊接施工。当需要在所冲的孔上再钻大时,冲孔必须比指定的直径小 3 mm。冲孔采用转塔式多工位数控冲床可大大提高加工效率。

1. 钻孔加工

(1)画线钻孔。钻孔前先在构件上画出孔的中心和直径,在孔的圆周上(90°位置)打四只冲眼,以供钻孔后检查用。孔中心的冲眼应大而深,在钻孔时作为钻头定心用。画线工具一般用画针和钢直尺。

为提高钻孔效率,可将数块钢板重叠起来一起钻孔,但一般重叠板厚度应不超过 50 mm,重叠板边必须用夹具夹紧或定位焊固定。厚板和重叠板钻孔时要检查平台的水平度,以防止孔的中心倾斜。

(2)钻模钻孔。当批量大、孔距精度要求较高时,应采用钻模钻孔。钻模分为通用型钻模、组合式钻模和专用钻模。通用型钻模,可在当地模具出租站订租。组合式钻模和专用钻模则由本单位设计制造。

对无镗孔能力的单位,可先在钻模板上钻较大的孔眼,由钳工对钻套进行校对,符合公差要求后,拧紧螺钉,然后将模板大孔与钻套外圆间的间隙灌铅固定。钻模板材料一般为 Q235 钢,钻套使用材料可为 T10 A(热处理 55~60 HRC)。

2. 冲孔加工

冲孔是在冲孔机(冲床)上进行的,一般只能在较薄的钢板或型钢上冲孔,孔径一般应不小于钢材的厚度,多用于不重要的节点板、垫板、加强板、角钢拉撑等小件的孔加工,其制孔效率较高。但由于孔的周围产生冷作硬化,孔壁质量差,孔口下坍塌,故在钢结构制作中已较少直接采用。

冲孔的操作要点如下。

(1)冲孔的直径应大于板厚,否则易损坏冲头。冲孔下模上平面的孔应比上模的冲头直径大 0.8~1.5 mm。

(2)构件冲孔时,应装好冲模,检查冲模之间的间隙是否均匀一致,并用与构件相同的材料试冲,经检查质量符合要求后,再正式冲孔。

(3)大批量冲孔时,应按批抽查孔的尺寸及孔的中心距,以便及时发现问题,

及时纠正。

（4）环境温度低于－20 ℃时禁止冲孔。

3.扩孔加工

扩孔是用麻花钻或扩孔钻将工件上原有的孔进行全部或局部扩大，主要用于构件的拼装和安装，如叠层连接板孔，常先把零件孔钻成比设计小 3 mm 的孔，待整体组装后再行扩孔，以保证孔眼一致、孔壁光滑；或用于钻直径在 30 mm 以上的孔，先钻成小孔，后扩成大孔，以减小钻端阻力，提高工效。

用麻花钻扩孔时，由于钻头进刀阻力很小，极易切入金属，引起进刀量自动增大，从而导致孔面粗糙并产生波纹，所以，用时需将其后角修小。由于切削刃外缘吃刀，避免了横刃造成不良影响，因而切屑少且易排除，可提高孔的表面光洁度。

扩孔钻是扩孔的理想刀具。扩孔钻切屑少，容屑槽做得较小而浅，可通过增多刀齿（3 或 4 齿）、加粗钻心来提高扩孔钻的刚度。这样扩孔时导向性好，切削平稳，可增大切削用量并改善加工质量。扩孔钻的切削速度可为钻孔的 50%，进给量为钻孔的 1.5～2 倍。

扩孔前，可先用 90%孔径的钻头钻孔，再用等于孔径的扩孔钻头进行扩孔。

4.铰孔加工

铰孔是用铰刀对已经过粗加工的孔进行精加工，可降低孔的表面粗糙度和提高精度。

铰孔时必须选择好铰削用量和冷却润滑液。铰削用量包括铰削余量、切削速度（机铰时）和进给量，这些都对铰孔的精度和表面粗糙度有很大影响。

铰孔时工件要夹正，铰刀的中心线必须与孔的中心保持一致；手铰时用力要均匀，转速为 20～30 r/min，进刀量大小要适当，并且要均匀，可将铰削余量分为两三次铰完，铰削过程中要加适当的冷却润滑液，铰孔退刀时仍然要顺转。铰刀用后要擦干净，涂上机油，刀刃勿与硬物磕碰。

8.1.4　边缘加工

为了保证焊缝质量、焊透以及装配的准确性，不仅需要将钢板边缘刨成或铲成坡口，还需将边缘刨直或铣平。

常用的边缘加工方法主要有铲边、刨边、铣边、碳弧气刨和气割坡口等。

1. 铲边

对于加工质量要求不高,并且工作量不大的边缘加工,可采用铲边。铲边有手工铲边和机械铲边(风动铲锤)两种,手工铲边的工具有手锤和手铲等,机械铲边的工具有风动铲锤和铲头等。风动铲锤是用压缩空气作动力的一种风动工具。它由进气管、扳机、推杆、阀柜和锤体等主要部分组成,使用时将输送压缩空气的橡皮管接在进气管上,按动扳机,即可进行铲削工作。

用手工铲边应将零件卡在老虎钳上,施工人员需戴平光眼镜和手套以防铁片弹出伤目和擦破手指,但拿小锤的手不宜戴手套。进行铲边时在铲到工件边缘尽头时,应轻敲凿子,以防凿子突然滑脱而擦伤手指。

一般手动铲边和机械铲边的构件,其铲线尺寸与施工图纸尺寸要求不得相差 1 mm。铲边后的棱角垂直误差不得超过弦长的 1/3000,且不得大于 2 mm。

铲边时应注意以下事项。

(1)开动空气压缩机前,应放出储风罐内的油、水等混合物。

(2)铲前应检查空气压缩机设备上的螺栓、阀门是否完整,风管是否破裂漏风等。

(3)铲边时,铲头要注机油或冷却液,以防止铲头退火。

(4)铲边结束后应卸掉铲锤,并妥善保管,冬期施工后应盘好铲锤风带放入室内,以防止带内存水冻结。

(5)铲边时,对面应没有人或障碍物。

(6)高空铲边时,施工人员应系好安全带。

2. 刨边

刨边要在刨边机上进行。将需切削的板材固定在作业台上,由安装在移动刀架上的刨刀来切削板材的边缘。刀架上可以同时固定两把刨刀,以同方向进刀切削,也可在刀架往返行程时正反向切削。

刨边加工有刨直边和刨斜边两种。刨边加工的加工余量随钢材的厚度、钢板的切割方法的不同而不同,一般的刨边加工余量为 2~4 mm,下料时可参考规定的预放刨削余量,并应用符号注明刨斜边或刨直边。

被刨削的钢板放上机床后,可用刀架上的划线盘测定其刨削线,并予调整,然后用千斤顶压牢钢板。刨刀的中心线应略高于被刨钢板的中心线,这样可在刨削时,使刨刀的力向下压紧钢板而不使钢板颤动,以防止损坏刨刀和机床。刨直边的钢板可以将数块叠在一起进行,以提高生产效率。

刨边机的刨削长度一般为 3～15 mm,当构件较薄时,可采用多块钢板同时刨边。如果构件长度大于刨削长度,可用移动构件的方法进行刨边。如果条形构件的侧弯曲较大,刨边前应先校直。必须将气割加工的构件边缘的残渣消除干净再刨边,从而减少切削量并提高刀具寿命。

3. 铣边

对于有些构件的端部,可采用铣边(端面加工)的方法代替刨边。铣边的目的是保持构件的精度。如起重机梁、桥梁等接头部分,钢柱或塔架等金属抵承部位,能使其力由承压面直接传至底板支座,以减少连接焊缝的焊脚尺寸,其加工质量优于刨边的加工质量。

此种铣边加工,一般是在端面铣床或铣边机上进行的。端面铣削也可在铣边机上进行。

铣边机的结构与刨边机相似,但加工时用盘形铣刀代替刨边机走刀箱上的刀架和刨刀。其生产效率较高。

4. 碳弧气刨

碳弧气刨的切割原理是直流反接(工件接负极),通电后电弧将工件熔化,压缩空气将熔化金属吹掉,从而达到刨削或切削金属的目的。碳弧气刨专用碳棒用石墨制造,为提高导电能力外镀纯铜皮。碳棒的规格主要有 $\phi6$、$\phi7$、$\phi8$、$\phi10$ 及 □ 5 mm×15 mm 等。

碳弧气刨就是把碳棒作为电极,与被刨削的金属间产生电弧。此电弧具有 6000 ℃左右高温,足以把金属加热到熔化状态,然后用压缩空气的气流把熔化的金属吹掉,达到刨削或切削金属的目的。

碳弧气刨的应用范围:用碳弧气刨挑焊根,比采用风凿生产率高,特别适用于仰位和立位的刨切,噪声比风凿小,并能降低劳动强度;采用碳弧气刨翻修有焊接缺陷的焊缝时,容易发现焊缝中各种细小的缺陷;碳弧气刨还可以用来开坡口,清除铸件上的毛边和浇冒口,以及铸件中的缺陷等,同时还可以切割金属,如铸铁、不锈钢、铜、铝等。

当用碳弧气刨方法加工坡口或清焊根时,刨槽内的氧化层、淬硬层、顶碳或铜迹必须彻底打磨干净。但碳弧气刨在刨削过程中会产生一些烟雾,如施工现场通风条件差,对操作者的健康就会有影响,因此,施工现场必须具备良好的通风条件和通风措施。

5.气割坡口

气割坡口包括手工气割和用半自动、自动气割机进行坡口切割。其操作方法和使用的工具与气割相同。所不同的是,气割坡口将割炬嘴偏斜成所需要的角度,对准要开坡口的地方运行割炬。由于此种方法简单易行、效率高,能满足开 V 形、X 形坡口的要求,所以已被广泛采用,但要注意切割后需清理干净氧化铁残渣。

8.1.5　组装加工

组装是将制备完成的零件或半成品,按要求运输、安装单元,并通过焊接或螺栓连接工序装配成部件或构件,然后将其连接成整体的过程。

选择构件组装方法时,应根据构件的结构特性和技术要求,结合制造厂的加工能力、机械设备等情况选择能有效控制组装精度、耗工少、效益高的方法。

(1)地样法。地样法也称画线法组装,是钢构件组装中最简便的装配方法。其是用 1∶1 的比例在装配平台上放出构件实样,然后根据零件在实样上的位置,分别组装起来成为构件。此装配方法适用于桁架、构架等小批量结构的组装。

(2)仿形复制装配法。此法是先用地样法组装成单面(单片)的结构,然后把定位点焊牢固,将其翻身,作为复制胎模,在其上面装配另一单面的结构,往返两次组装。此种装配方法适用于横断面对称的桁架结构。

(3)立装。立装是根据构件的特点及其零件的稳定位置选择自上而下或自下而上的装配方法。此种装配方法适用于放置平稳、高度不大的结构或者大直径的圆筒。

(4)卧装。卧装是将构件卧倒放置进行的装配方法。此种装配方法适用于断面不大但长度较大的细长构件。

(5)胎模装配法。胎模装配法是目前制作大批量构件组装中普遍采用的组装方法之一,具有装配质量高、工效高的特点,是将构件的零件用胎模定位在其装配位置上的组装方法。

此种装配方法适用于制造构件批量大、精度高的产品。

胎模装配法主要用于表面形状比较复杂,又不便于定位和夹紧结构或大批量生产的焊接结构的装配与焊接。胎模装配法可以简化零件的定位工作,改善

焊接操作位置,从而提高装配与焊接的生产效率和质量。

8.1.6　钢结构热处理

焊接构件时,由于焊缝的收缩产生很大的内应力,构件容易产生疲劳的时效变形,而低碳钢和低合金钢的塑性好,可由应力重分配抵消部分疲劳影响。时效变形在一般构件中影响不大,因此不需要进行很大的处理,但是对于精度要求较高的机械骨架、齿轮箱体等,需进行退火处理。

退火操作要点如下。

(1)构件必须先矫正平直,方能进行退火。

(2)退火时构件必须垫平,一般应单层放置,多层放置时上、下垫块应在同一垂线上,并应尽量放在加劲板处。

(3)加热必须均匀,一般应用大型台车式炉为好。

随着厚板结构在钢结构中的采用,一些工程设计对厚板焊接件提出了焊缝区局部热处理的要求。焊缝区局部热处理可采用履带式红外线电加热器进行加热和保温,加热宽度一般为焊缝两侧各距焊缝 240 mm 以上范围。

焊缝区局部热处理,在 300 ℃以下为自由升温,从 300 ℃开始控制升温速度,升温速度不大于 150 ℃/h,升至规定温度时进行保温,保温时间一般按每毫米板 2~3 min 进行计算,但不小于 1 h。保温结束后,开始降温并控制降温速度,降温速度不大于 150 ℃/h,直到降至 300 ℃以下,可于空气中自然冷却。

8.1.7　钢构件预拼装

为了保证安装的顺利进行,应根据构件或结构的复杂程度、设计要求或合同协议的规定,在构件出厂前进行预拼装。构件在预拼装时,不仅要防止构件在拼装过程中产生的应力变形,还要考虑到构件在运输过程中将会受到的损害,必要时应采取一定的防范措施,把损害降到最低点。

预拼装有平装、定拼拼装及利用模具拼装三种方法。

1.平装法

平装法操作方便,不需要稳定加固措施,不需要搭设脚手架;焊缝焊接多数为平焊缝,焊接操作简易,不需要技术很高的焊接工人,焊缝质量易于保证;校正及起拱方便、准确。适于拼装跨度较小、构件相对刚度较大的钢结构,如长度小于 18 m 的钢柱、跨度小于 6 m 的天窗架及跨度小于 21 m 的钢屋架的拼装。

2. 定拼拼装法

可一次拼装多榀；块体占地面积小；不需要铺设或搭设专用拼装操作平台或枕木墩，节省材料和工时；省却翻身工序，质量易于保证，不需要增设专供块体翻身、倒运、就位、堆放的起重设备，可缩短工期；块体拼装连接件或节点的拼接焊缝可两边对称施焊，可防止预制构件连接件或钢构件因节点焊接变形而使整个块体产生侧弯，但需搭设一定数量的稳定支架；块体校正、起拱较难；钢构件的连接节点及预制构件的连接件的焊接立缝较多，增加焊接操作的难度。适于跨度较大、侧向刚度较差的钢结构，如长度大于 18 m 的钢柱、跨度为 9 m 及 12 m 的窗架、大于 24 m 的钢屋架以及屋架上的天窗架。

3. 利用模具拼装法

模具是指符合工件几何形状或轮廓的模型（内模或外模）。用模具来拼装组焊钢结构，具有产品质量好、生产效率高等许多优点。桁架结构的装配模具往往是以两点连直线的方法制成，其结构简单，使用效果好。

对成批的板材结构、型钢结构，应当考虑采用模具拼装法。

8.2　高层钢结构安装

8.2.1　高层钢结构安装的特点

高层钢结构安装的独有施工特点如下。

（1）结构复杂使施工复杂化。高层钢结构安装的精度要求高，允许误差小，为保证这些精度就需要采取一些特殊措施。而当建筑物采用钢-混凝土组合结构时，钢筋混凝土结构为现场浇筑，允许误差较大，两者配合，往往产生矛盾。同时，钢结构高层建筑要进行防火和防腐处理，为减轻建筑物自重，要采用一些新型的轻质材料和轻型结构，这也给施工增加了新的内容。因此，要求有严密的施工组织，否则会引起混乱和造成浪费。

（2）高空作业受天气的影响较大。高层钢结构的安装作业属高空作业，受风的影响很大，当风速达到某一限值时，起重安装工作就难以进行，会被迫停工。

所以,在高空可进行工作的时间要比一般情况更短,在安排施工计划时必须考虑这一因素。

(3)高空作业工作效率低。随着建筑物高度的增大,工作效率也有所降低。这主要表现在两个方面:一是人的工作效率降低,主要是恶劣天气(风、雨、寒冷等)的影响,以及高处工作不安全感的心理影响;二是起重安装效率降低,起重高度增大后,一个工作循环的时间延长,单位时间内的吊次减少,工效随之降低。

(4)施工安全问题十分突出。由于高度大,材料、工具、人员一旦坠落,会造成重大安全事故。尤其是钢结构电焊量大,防火十分重要,必须引起高度重视。

8.2.2　高层钢结构安装前的准备工作

1.安装机械的选择

高层钢结构的安装都用塔式起重机,这就要求塔式起重机的臂杆足够长以使其具有足够的覆盖面;要有足够的起重能力,满足不同部位构件的起吊要求;钢丝绳容量要满足起吊高度要求;起吊速度要有足够挡位,满足安装需要;多机作业时,相互要有足够的高差,以避免互相碰撞。

如用附着式塔式起重机,锚固点应选择钢结构中便于加固、有利于形成框架整体结构和有利于玻璃幕墙安装的部位,对锚固点应进行计算。

如用内爬式塔式起重机,爬升位置应满足塔身自由高度和每节柱单元安装高度的要求。

塔式起重机所在位置的钢结构,在爬升前应焊接完毕,形成整体。

2.安装流水段的划分

高层钢结构的安装需按照建筑物平面形状、结构形式、安装机械数量和位置等划分流水段。总原则是:平面流水段的划分应考虑钢结构安装过程中的整体稳定性和对称性,安装顺序一般由中央向四周扩展,以减少焊接误差。立面流水段的划分,一般以一节钢柱高度内所有构件作为一个流水段。

高层钢结构中,由于楼层使用要求不同和框架结构受力因素,其钢构件的布置和规则也相应不同。例如,底层用于公共设施,则楼层较高;受力关键部位则设置水平加强结构的楼层;管道布置集中区则增设技术楼层等。这些楼层的钢构件的布置都是不同的,但是多数楼层的使用要求是一样的,钢结构的布置也基本一致,称为钢结构框架的"标准节框架"。

标准节框架安装方法具休如下。

节间综合安装法:此法是在标准节框架中,先选择一个节间作为标准间。安装 4 根钢柱后立即安装框架梁、次梁和支撑等,构成空间标准间,并进行校正和固定。然后以此标准间为基准,按规定方向进行安装,逐步扩大框架,每立 2 根钢柱,就安装 1 个节间,直至该施工层完成。国外多采用节间综合安装法,随吊随运,现场不设堆场,每天提出构件需求清单,当天安装完毕。这种安装方法对现场管理要求严格,运输交通必须确保畅通,在保证构件运输的条件下能获得最佳的效果。

按构件分层大流水安装法:此法是在标准节框架中先安装钢柱,再安装框架梁,然后安装其他构件,按层进行,从下到上,最终完成框架。国内目前多数采用此法,原因是影响钢构件供应的因素多,不能按照综合安装法供应钢构件;在构件不能按计划供应的情况下尚可继续进行安装,有机动的余地;管理和生产工人容易适应。

以上两种不同的安装方法各有利弊,只要构件供应能够保证,构件质量又合格,其生产工效的差异不大,就可根据实际情况进行选择。

在标准节框架的安装中,要进一步划分主要流水区和次要流水区。以框架可进行整体校正为划分原则,塔式起重机爬升部位为主要流水区,其余为次要流水区,安装施工工期的长短取决于主要流水区。一般主要流水区内构件由钢柱和框架梁组成,其间的次要构件可随后安装,主要流水区构件一经安装完成,即开始框架整体校正。划分主要和次要流水区的目的是争取交叉施工,以缩短安装施工的总工期。

3.钢构件的运输和堆放

(1)运输。钢构件从制作厂发运前,应进行必要的包装处理,特别是构件的加工面、轴孔和螺纹,均应涂以油脂和贴上油纸,或用塑料布包裹,螺孔应用木楔塞住。装运时要防止相互挤压变形,避免损伤加工面。

(2)中转。现场钢结构的安装是根据规定的安装流水顺序进行的。钢构件必须按照流水顺序的要求供货到现场,但是构件加工厂是按构件的种类分批生产供货的,与结构安装流水顺序不一致。因此,宜设置钢构件中转堆场调节。中转堆场的主要作用如下。

①储存制造厂的钢构件(工地现场没有条件储存大量构件)。

②根据安装施工流水顺序进行构件配套,组织供应。

③对钢构件质量进行检查和修复,保证把合格的构件送到现场。中转堆场应尽量靠近工程现场,同市区公路相通,符合运输车辆的运输要求,要求电源、水源和排水管道畅通,场地平整。堆场的规模,应根据钢构件储存量、堆放措施、起重机行走路线、汽车道路、辅助材料堆场、构件配套用地、生活用地等情况确定。

(3)现场堆放。钢构件应按照安装流水顺序配套运入现场,利用现场的装卸机械尽量将其就位到安装机械的回转半径内。因运转造成的构件变形,在施工现场均要加以矫正。一般情况下,结构安装用地面积宜为结构工程占地面积的1.0~1.5倍。

4. 钢构件的预检

(1)出厂检验。钢构件在出厂前,制造厂应根据制作规范、规定及设计图的要求进行产品检验,填写质量报告和实际偏差值。钢构件交付结构安装单位后,结构安装单位在制造厂质量报告的基础上,根据构件性质分类,再进行复核或抽检。

(2)计量工具。预检钢构件的计量工具和标准应事先统一,质量标准也应统一。特别是对钢卷尺的标准要十分重视,有关单位(业主、土建施工单位、安装单位、制造厂)应各执统一标准的钢卷尺,制造厂按此尺制造钢构件,土建施工单位按此尺进行柱基定位施工,安装单位按此尺进行结构安装,业主按此尺进行结构验收。标准钢卷尺由业主提供,钢卷尺需同标准基线进行足尺比较,确定各地钢卷尺的误差值以及尺长方程式,应用时按标准条件实施。钢卷尺应用的标准条件为:拉力用弹簧秤称量,30 m 钢卷尺拉力值用 98.06 N,50 m 钢卷尺拉力值用147.08 N;温度为 20 ℃;水平丈量时钢卷尺要保持水平,挠度要加托。使用时,实际读数按上述条件,根据当时气温依其误差值、尺长方程式进行换算。实际应用时,如全部按上述方法进行,计算量太大,所以一般是关键性构件(如柱、框架大梁)的长度复检和长度大于 8 m 的构件计量按上法,其余构件均可以实际读数为依据。

(3)预检。结构安装单位对钢构件预检的项目,主要是与施工安装质量和工效直接有关的数据,如几何外形尺寸、螺孔大小和间距、预埋件位置、焊缝坡口、节点摩擦面、附件数量规格等。构件的内在制作质量应以制造厂的质量报告为准。预检数量一般是关键构件全部检查,其他构件抽检 10%~20%,应记录预检数据。

钢构件预检是项复杂而细致的工作,并需一定的条件。预检放在钢构件中转堆场配套时进行,可省去因预检而进行构件翻堆所耗费的机械和人工,其不足之处是发现问题进行处理的时间比较紧迫。

构件预检宜由结构安装单位和制造厂联合派人参加,同时也应组织构件处理小组,对预检出现的偏差及时给予修复,严禁不合格的构件运到工地现场,更不应该将不合格构件送到高空去处理。

现场施工安装应根据预检数据,采取相应措施,以保证安装顺利进行。钢构件的质量与施工安装有直接关系,要充分认识钢构件预检的必要性,具体做法应根据工程的不同条件而定,如由结构安装单位派驻厂代表来掌握制作加工过程中的质量,将质量偏差清除在制作过程中是可取的办法。

5. 柱基的检查

第一节钢柱是直接安装在钢筋混凝土柱基底顶上的。钢结构的安装质量和工效同柱基的定位轴线、基准标高直接相关。安装单位对柱基的预检重点是定位轴线间距、柱基顶面标高和地脚螺栓预埋位置。

(1)定位轴线的检查。定位轴线从基础施工起就应重视,先要做好控制桩。待基础浇筑混凝土后,再根据控制桩将定位轴线引测到柱基钢筋混凝土底板面上,然后检查定位轴线是否同原定位轴线重合、封闭,每根定位轴线总尺寸误差值是否超过控制数,纵、横定位轴线是否垂直、平行。定位轴线的检查在弹过线的基础上进行。检查应由业主、土建施工单位、安装单位三方联合进行,对检查数据要统一认可签证。

(2)柱间距的检查。柱间距的检查是在定位轴线认可后进行的。采用标准尺实测柱距。柱距偏差值应严格控制在±3 mm 范围内,绝不能超过±5 mm。若柱距偏差超过±5 mm,则必须调整定位轴线。原因是定位轴线的交点是柱基中心点,是钢柱安装的基准点,钢柱竖向间距以此为准。框架钢梁连接螺孔的孔洞直径一般比高强度螺栓直径大 1.5~2.0 mm,柱距过大或过小均将直接影响框架梁的安装连接和钢柱的垂直度。

(3)单独柱基中心线的检查。检查单独柱基的中心线同定位轴线之间的误差,调整柱基中心线使其同定位轴线重合,然后以柱基中心线为依据,检查地脚螺栓的预埋位置。

(4)柱基地脚螺栓的检查。检查柱基地脚螺栓,其内容有:检查螺栓的螺纹长度是否能保证钢柱安装后螺母拧紧的需要;检查螺栓垂直度是否超差,超过规定必须矫正,矫正方法包括冷校法和火焰热校法;检查螺纹有否损坏,检查合格后在螺纹部分涂上油,盖好帽盖加以保护;检查螺栓间距,实测独立柱地脚螺栓组间距的偏差值,绘制平面图表明偏差数值和偏差方向;检查地脚螺栓相对应的钢柱安装孔,根据螺栓的检查结果进行调查,如有问题,应事先扩孔,以保证钢柱的顺利安装。

地脚螺栓预埋的质量标准:任何两只螺栓之间的距离允许偏差为 1 mm;相邻两组地脚螺栓中心线之间距离的允许偏差为 3 mm。实际上由于柱基中心线的调整修改,工程中有相当一部分地脚螺栓不能达到上述标准,但可通过地脚螺栓预埋方法的改进来实现这一指标。

目前高层钢结构工程柱基地脚螺栓的预埋方法有直埋法和套管法两种。

①直埋法就是用套板控制地脚螺栓之间的距离。其优点是立固定支架控制地脚螺栓群不变形,在柱基底板绑扎钢筋时将地脚螺柱埋入控制位置,同钢筋连成一体,整浇混凝土,可一次固定;其缺点是难以再调整。采用此法实际上产生的偏差较大。

②套管法就是先安套管(内径比地脚螺栓大 2~3 倍),在套管外制作套板,焊接套管并立固定架,将其埋入浇筑的混凝土中,待柱基底板上的定位轴线和柱中心线检查无误后,再在套管内插入螺栓,使其对准中心线,通过附件或焊接加以固定,最后在套管内注浆锚固螺栓。注浆材料按一定级配制成。此法对保证地脚螺栓的定位质量有利,但施工费用较高。

(5)基准标高的实测。在柱基中心表面和钢柱底面之间,考虑到施工因素,设计时都考虑留有一定的间隙作为钢柱安装时的标高调整,该间隙一般规定为50 mm。基准标高点一般设置在柱基底板的适当位置,四周加以保护,作为整个高层钢结构工程施工阶段标高的依据。以基准标高点为依据,对钢柱柱基表面进行标高实测,将测得的标高偏差绘制为平面图,作为临时支承标高块调整的依据。

6.标高块的设置及柱底灌浆

(1)标高块的设置。柱基表面采取设置临时支承标高块的方法来保证钢柱安装标高控制,要根据荷载大小和标高块材料强度确定标高块的支承面积。标高块一般用砂浆、钢垫板和无收缩砂浆制作。一般砂浆强度低,只用于装配钢筋混凝土柱杯形基础;钢垫块耗钢多、加工复杂;无收缩砂浆是高层钢结构标高块的常用材料,它有一定的强度,柱底灌浆也用无收缩砂浆,传力均匀。

临时支承标高块的埋设:柱基边长小于 1 m 时,设一块;柱基边长为 1~2 m

时,设十字形块;柱基边长大于 2 m 时,设多块。标高块的形状为圆形、方形、长方形、十字形均可。为了保证表面平整,标高块表面可增设预埋钢板。标高块用无收缩砂浆时,其材料强度应不小于 30 N/mm²。

(2)柱底灌浆。一般在第一节钢框架安装完成后即可开始紧固地脚螺栓并进行灌浆。灌浆前必须对柱基进行清理,立模板,用水冲洗基础表面,排除积水,螺孔处必须擦干,然后用自流平砂浆连续浇灌,一次完成。流出的砂浆应清除干净,加盖草包养护。砂浆必须做试块,到期试压,作为验收资料。

8.2.3　高层钢结构构件的连接

1.焊接连接

现场焊接方法一般有手工焊接和半自动焊接两种。焊接母材厚度不大于 30 mm 时采用手工焊接,大于 30 mm 时采用半自动焊接,此外,还需根据工程焊接量的大小和操作条件等来确定。手工焊接的最大优点是灵活方便、机动性大;缺点是对焊工技术素质要求高、劳动强度大、影响焊接质量的因素多。半自动焊接的优点是质量可靠、工效高;缺点是操作条件相应比手工焊接要求高,并且需要同手工焊接结合使用。

高层钢结构构件接头的施焊顺序,比构件的安装顺序更为重要。焊接顺序不合理,会使结构产生难以挽回的变形,甚至会因内应力而使焊缝拉裂。

(1)柱与柱的对接焊,应由两名焊工在两相对面等温、等速对称焊接。加引弧板时,先焊第一个两相对面,焊层宜不超过 4 层,然后切除引弧板,清理焊缝表面,再焊第二个两相对面,焊层可达 8 层,再换焊第一个两相对面,如此循环,直到焊满整个焊缝。

(2)梁、柱接头的焊缝,一般先焊 H 型钢的下翼缘板,再焊上翼缘板。梁的两端先焊一端,待其冷却至常温后再焊另一端。

只有在一个垂直流水段(一节柱段高度范围内)的全部构件吊装、校正和固定后,才能施焊。

(3)柱与柱、梁与柱的焊缝接头,应试验测出焊缝收缩值,反馈到钢结构制作单位,作为加工的参考。要注意焊缝收缩值随周围已安装柱、梁的约束程度的不同而变化。

焊接设备的选用、工艺要求以及焊缝质量检验等按现行施工验收规范执行。

2. 高强度螺栓连接

钢结构高强度螺栓连接,一般是指摩擦连接。它借助螺栓紧固产生的强大轴力夹紧连接板,靠板与板接触面之间产生的抗剪摩擦力传递同螺栓轴线方向垂直的应力。

因此,螺栓只受拉不受剪。其施工简便而迅速,易于掌握,可拆换,受力好,耐疲劳,较安全,已成为取代铆接和部分焊接的一种主要的现场连接手段。

《钢结构用高强度大六角头螺栓》(GB/T 1228—2006)和《钢结构用扭剪型高强度螺栓连接副》(GB/T 3632—2008)等标准规定,大六角头高强度螺栓的性能等级分为 8.8S 级和 10.9S 级,前者用 45 号钢或 35 号钢制作,后者用 20 MnTiB,20 MnTiB 或 35 VB 钢制作。扭剪型螺栓只有 10.9 级,用 20 MTB 钢制作。我国高强度螺栓性能等级的表示方法是,小数点前的"8"或"10"表示螺栓经热处理后的最低抗拉强度属于 800 N/mm^2(实际为 830 N/mm^2)或 1000 N/mm^2(实际为 1010 N/mm^2)这一级;小数点后的"8"或"9"表示螺栓经热处理后的屈强比,即屈服强度与抗拉强度的比值。

高强度螺栓的类型,除大六角头普通型外,广泛采用的是扭剪型高强度螺栓。

扭剪型高强度螺栓是在普通大六角头高强度螺栓的基础上发展起来的。它们的区别仅是外形和施工方法不同,其力学性能和紧固后的连接性能完全相同。

扭剪型高强度螺栓的螺头与铆钉头相似,螺尾多了一个梅花形卡头和一个能够控制紧固扭矩的环形切口。在螺栓副的组成上,它较普通高强度螺栓少一个垫圈,因为在螺头一边把垫圈与螺头的功能结合成一体。在施工方法上,只是紧固扭矩的控制方法不同。普通高强螺栓施加于螺母上的紧固扭矩靠扭矩扳手控制,而扭剪型高强度螺栓施加于螺母上的紧固扭矩,则是由螺栓本身环形切口的扭断力矩来控制的,即自标量型螺栓。

扭剪型高强度螺栓的紧固是用一种特殊的电动扳手进行的。扳手有内、外两个套筒。紧固时,内套筒套在梅花卡头上,外套筒套在螺母上,紧固过程中产生的反力矩通过内套筒由梅花卡头承受。扳手内、外套筒间形成大小相等、方向相反的一对力偶。螺栓切口部分承受纯扭转。当施加于螺母上的扭矩增加到切口扭断力矩时,切口扭断,紧固完毕。

高强度螺栓的运输、装卸、保管过程中,要防止损坏螺纹,并应按包装箱上注明的批号、规格分类保管,在安装使用前严禁任意开箱。

高强度螺栓施工包括摩擦面处理、螺栓穿孔、螺栓紧固等工序。

(1)摩擦面处理。对高强度螺栓连接的摩擦面一般在钢构件制作时进行处理,处理方法是采用喷砂、酸洗后涂无机富锌漆或贴塑料纸加以保护。但是由于运输或长时间暴露在外,安装前应进行检查,如摩擦面有锈蚀、污物、油污、油漆等,需加以清除处理,使之达到要求。常用的处理工具有铲刀、钢丝刷、砂轮机、除漆剂等,可结合实际情况选用。施工中应十分重视对摩擦面的处理,摩擦面将直接影响节点的传力性能。

(2)螺栓穿孔。安装高强度螺栓时用尖头撬棒及冲钉对正上、下或前、后连接板的螺孔,将螺栓自由穿入。安装临时螺栓可用普通标准螺栓或冲钉,高强度螺栓不宜作为临时安装螺栓使用。临时螺栓穿入数量应由计算确定,并应符合下述规定:

①不得少于安装孔总数的 1/3;

②至少应穿两个临时螺栓;

③如穿入部分冲钉,则其数量不得多于临时螺栓的 30%。

临时螺栓穿好后,在余下的螺孔中穿入高强度螺栓。在同一连接面上,高强度螺栓应按同一方向穿入,并应顺畅穿入孔内,不得强行敲打入孔。如不能自由穿入,该孔应用铰刀修整,修整后孔的最大直径应小于 1.2 倍螺栓直径。

(3)螺栓紧固。高强度螺栓一经安装,应立即进行初拧,初拧值一般取终拧值的 60%~80%,在一个螺栓群中进行初拧时应规定先后顺序。终拧紧固采用终拧电动扳手。根据操作要求,大六角头普通型高强度螺栓应采用扭矩扳手控制终拧扭矩,扭剪型高强度螺栓尾端螺杆的梅花卡头扭断,终拧即完成。

高强度螺栓的初拧、复拧、终拧应在同一天内完成。螺栓拧紧要按一定顺序进行,一般应由螺栓群中央开始,顺序向外拧紧。

(4)螺栓紧固后的检查。观察高强度螺栓末端梅花卡头是否扭下,连接板接触面之间是否有空隙,螺纹是否穿过螺母露出 3 扣螺纹,垫圈是否安装在螺母一侧,用测力扳手紧固的螺栓是否有标记,然后在此基础上进行抽查。

8.2.4　钢结构的连接节点

连接节点是钢结构中极其重要的结构部位,它把梁、柱等构件连接成整体结构系统,使其获得空间刚度和稳定性,并通过它将一切荷载传递给基础。连接节点本身应有足够的强度、延性和可靠性,应能按照设计要求工作,制作和安装应当简单。

连接节点按其传力情况分为铰接、刚接和介于两者之间的半刚接。设计中主要采用前两者,半刚接采用较少。在实际工程中,真正的铰接和刚接是不容易做到的,只能接近铰接或刚接。按连接的构件分,主要有钢柱柱脚与基础的连接、柱-柱连接、柱-梁连接、柱梁-支撑连接、梁-梁连接(梁与梁对接和主梁与次梁连接)、柱梁-支撑连接、梁-混凝土筒连接等。

8.2.5　钢结构构件的安装工艺

1. 钢柱安装

第一节钢柱是安装在柱基临时标高支撑块上的,钢柱安装前应将登高扶梯和挂篮等临时固定好。钢柱起吊后对准中心轴线就位,固定地脚螺栓,校正垂直度。其他各节钢柱都安装在下节钢柱的柱顶(采用对接焊),钢柱两侧装有临时固定用的连接板,上节钢柱对准下节钢柱柱顶中心线后,即用螺栓固定连接板作临时固定。

钢柱起吊有以下两种方法:

(1)双机抬吊法,其特点是用两台起重机悬高起吊,柱根部不能着地摩擦;

(2)单机吊装法,其特点是钢柱根部必须垫以垫木,以回转法起吊,严禁柱根拖地。钢柱就位后,先对钢柱的垂直度、轴线、牛腿面标高进行初校,然后安装临时固定螺栓,再拆除吊索。

2. 框架钢梁安装

钢梁在吊装前,应于柱子牛腿处检查标高和柱子间距。主梁吊装前,应在梁上装好扶手杆和扶手绳,待主梁吊装就位后,将扶手绳与钢柱系牢,以保证施工人员的安全。

钢梁采用两点起吊,一般在钢梁上翼缘处开孔,作为吊点。吊点位置取决于钢梁的跨度。为加快吊装进度,对质量较小的次梁和其他小梁,常利用多头吊索一次吊装数根。

水平桁架的安装基本同框架梁,但吊点位置的选择应根据桁架的形状而定,需保证起吊后平直,以便于安装连接。安装连接螺栓时严禁在情况不明的情况下任意扩孔,连接板必须平整。

3. 墙板安装

装配式剪力墙板安装在钢柱和楼层框架梁之间,剪力墙板有钢制墙板和钢筋混凝土墙板两种。墙板有以下两种安装方法。

(1)先安装好框架,再装墙板。进行墙板安装时,选用索具吊到就位部位附近临时搁置,然后调换索具,在分离器两侧同时下放对称索具绑扎墙板,再起吊安装到位。此法安装效率不高,临时搁置需采取一定的措施。

(2)先将上部框架梁组合,再进行安装。剪力墙板的四周与钢柱和框架梁用螺栓连接再用焊接固定,安装前在地面先将墙板与上部框架梁组合,然后一并安装,定位后再连接其他部位。该方法的组合安装效率高,是较合理的安装方法。

剪力支撑安装部位与剪力墙板吻合,安装时也应采用剪力墙板的安装方法,尽量组合后再进行安装。

4. 钢扶梯安装

钢扶梯一般以平台部分为界限分段制作,构件是空间体,与框架同时进行安装,然后进行位置和标高的调整。钢扶梯在安装施工中常作为操作人员在楼层之间的工作通道。其安装工艺简便,但定位固定较复杂。

8.2.6　高层钢框架的校正

1. 框架校正的基本原理

(1)校正流程。框架整体校正是在主要流水区安装完成后进行的。

(2)校正时的允许偏差。目前只能针对具体工程,由设计单位参照有关规定提出校正的质量标准和允许偏差,供高层钢结构安装实施。

(3)标准柱和基准点的选择。标准柱是能控制框架平面轮廓的少数柱子,用它来控制框架结构安装的质量。一般选择平面转角柱为标准柱。如正方形框架取 4 根转角柱;长方形框架当长边与短边之比大于 2 时取 6 根柱;多边形框架取转角柱为标准柱。

基准点的选择以标准柱的柱基中心线为依据,从 X 轴和 Y 轴分别引出距离为 l 的补偿线,其交点作为标准柱的测量基准点。对基准点应加以保护,防止损坏。

进行框架校正时,采用激光经纬仪以基准点为依据对框架标准柱进行垂直度观测,对钢柱顶部进行垂直度校正,使其在允许范围内。

框架其他柱子的校正不用激光经纬仪,通常采用丈量测定法。具体做法是以标准柱为依据,用钢丝组成平面封闭状方格,用钢尺丈量距离,超过允许偏差

者需调整偏差,在允许范围内者只记录不调整。框架校正完毕要调整数据列表,进行中间验收鉴定,然后才能开始高强度螺栓紧固工作。

2. 高层钢框架结构的校正方法

(1)轴线位移校正。任何一节框架钢柱的校正,均以下节钢柱顶部的实际柱中心线为准。安装钢柱的底部对准下节钢柱的中心线即可。控制柱节点时需注意四周外形,尽量平整以利焊接。实测位移按有关规定作记录。校正位移时应特别注意钢柱的扭矩。钢柱扭转对框架安装极为不利,应引起重视。

(2)柱子标高调整。每安装一节钢柱后,应对柱顶作一次标高实测,根据实测标高的偏差值来确定调整与否(以设计±0.000为统一基准标高)。当标高偏差值不大于 6 mm 时,只记录不调整,当标高偏差值超过 6 mm 时,需进行调整。钢柱标高调整应注意下列事项:偏差过大(>20 mm)不宜一次调整时,可先调整一部分,待下一步再调整,因为一次调整过大,会影响支撑的安装和钢梁表面的标高;中间框架柱的标高宜稍高些,通过实际工程的观察证明,中间列柱的标高一般均低于边柱标高,这主要是因为钢框架安装工期长,结构自重不断增大,中间列柱承受的结构荷载较大,因此中间列柱的基础沉降值也大。

(3)垂直度校正。垂直度校正用一般的经纬仪难以满足要求,应采用激光经纬仪来测定标准柱的垂直度。测定方法是将激光经纬仪中心放在预定的基准点上,使激光经纬仪光束射到预先固定在钢柱上的靶标上,光束中心同靶标中心重合,表明钢柱垂直度无偏差。激光经纬仪须经常检验,以保证仪器本身的精度。光束中心与靶标中心不重合,表明有偏差。偏差超过允许值时应校正钢柱。

测量时,为了减小仪器误差的影响,可采用 4 点投射光束法来测定钢柱的垂直度,就是在激光经纬仪定位后,旋转经纬仪水平度盘,向靶标投射四次光束(按0°、90°、180°、270°位置),将靶标上四次光束的中心用对角线连接,其对角线交点即正确位置。以此为准检验钢柱是否垂直,决定钢柱是否需要校正。

(4)框架梁平面标高校正。用水平仪、标尺实测框架梁两端标高误差情况。超过规定时应做校正,方法是扩大端部安装连接孔。

8.2.7 楼面工程及墙面工程

高层钢结构中,楼面由钢梁和混凝土楼板组成。它有传递垂直荷载和水平荷载的结构功能。楼面应当轻质,并有足够的刚度,易于施工,为结构安装提供方便,尽可能快地为后继防火、装修和其他工程创造条件。

1. 楼板种类

高层钢结构中,楼板种类有压型钢板现浇楼板、钢筋混凝土叠合楼板、预制楼板和现浇楼板。

(1)压型钢板现浇楼板。压型钢板模板,是采用镀锌或经防腐处理的薄钢板,经冷轧成具有梯波形截面的槽形钢板。压型钢板作为永久性模板,一般用于钢结构工程,按其结构功能分为组合式和非组合式两种。组合式压型钢板既起到模板的作用,又作为现浇楼板底面受拉配筋,不但在施工阶段承受施工荷载和现浇层自重,而且在使用阶段还承受使用荷载。非组合式压型钢板则只起模板功能,只承受施工荷载和现浇层自重,不承受使用阶段荷载。

压型钢板一般采用 0.75～1.6 mm 厚(不包括镀锌和饰面层)的 Q235 薄钢板冷轧制作。

压型钢板作为一种永久性模板,其优点是可以减少或完全免去支拆模作业,简化施工,严密性好,不漏浆,可作主体结构安装施工的操作平台和下部楼层施工人员的安全防护板,有利于立体交叉作业,有利于照明管线的敷设和吊顶龙骨的固定。其缺点是湿作业工作量大,用作底面受拉配筋时,必须做防火层,造价较高。不过,从总的施工效果看,只有采用压型钢板模板,才能充分发挥钢结构工程快速施工的特点和效益。如果采用密度小、耐火性能好的轻集料混凝土,还可以有效地降低楼板厚度和压型钢板的厚度。

压型钢板铺设前要将油渍擦净,一面刷好防锈漆。压型钢板一般直接铺设于次钢梁上,相互搭接长度不小于 10 cm,用点焊与钢梁上的翼缘焊牢,或设置锚固栓钉,现常采用剪力栓钉(又称柱状螺栓)。由于设置数量多,一般采用专门的栓焊机在极短的时间内(0.8～1.2 s)通过大电流(1 800～2000 A)把栓钉直接焊在钢柱、钢梁上作为剪力件。

(2)钢筋混凝土叠合楼板。在厚度较小的预制钢筋混凝土薄板上浇一层混凝土形成整体实心楼板,称为叠合楼板。因为在施工工艺上它不如压型钢板和预制楼板简单,故这种楼板在高层钢结构中并不多见,但它是一种永久性模板,可省去支、拆模工序,节省模板材料,整体性比预制楼板好,而且有利于抗震。

在这类楼板结构中,下层预制薄板可为预应力或非预应力的,厚度为 40 mm 左右,含楼板的全部底部受拉配筋。它的上部剪力配筋伸出板面以外(如钢筋环),以解决预制薄板和现浇层之间的黏结抗剪强度问题。此外,端部伸出的钢筋可使薄板相互连接。如在现浇层中配置连续钢筋网,那么楼板即成为连续楼板,可作为抗风荷载水平隔板加以利用。为使楼板与钢梁共同工作,钢梁上同样应焊有剪力栓钉。浇筑混凝土时,必须注意把接缝填满并振实。

(3)预制楼板。预制楼板在钢结构高层旅馆、公寓建筑中采用较多,因为这类建筑的预埋管线比办公楼少。预制楼板一般具有很高的表面质量,现场湿作业少,而且隔声性能好,振动小。但是它传递水平荷载的能力不及现浇整体楼板,大多不做吊顶。

采用预制楼板,要着重解决预制板之间的纵、横向接缝问题。为了不使板、梁相互作用的区域受到干扰,预制板端部接缝可设在两根钢梁之间的跨中。此时其纵向钢筋应伸入接缝中,相互连接并浇筑混凝土(下支模板)。对于高层钢结构,横向接缝一般与钢梁轴线重合。此时,板端应预留喇叭口形凹槽,以容纳抗剪栓钉。

(4)现浇楼板。普通现浇楼板在高层钢结构中采用不多,因为支拆模非常费工,施工速度慢。但为降低工程造价,这种楼板仍不失为一种经济的做法。

由于高层钢结构现浇楼板对建筑物的刚度和稳定性具有重要影响,而且楼板还是抗扭的重要结构构件,因此,要求钢结构安装到第六层时,应将第一层楼板的混凝土浇完,使钢结构安装和楼板施工相距不超过5层。

2. 墙面工程

对高层钢框架体系,一般在钢框架内填充与钢框架有效连接的剪力墙板(也称框架-剪力墙结构)。这种剪力墙板可以是预制钢筋混凝土墙板、带钢支撑的预制钢筋混凝土墙板或钢板墙板,墙板与钢结构的连接用焊接或高强度螺栓固定,也可以是现浇的钢筋混凝土剪力墙。

为减轻自重,对非承重结构的隔墙、围护墙等,一般采用各种轻质材料,如加气混凝土、石膏板、矿渣棉、塑料、铝板、玻璃围幕等。

8.2.8　安全施工措施

钢结构高层和超高层建筑施工,安全问题十分突出,应该采取有力措施以保证安全施工。

(1)在柱、梁安装后未设置压型钢板的楼板,为便于人员行走和施工方便,需在钢梁上铺设适当数量的走道板。

(2)在钢结构吊装期间,为防止人员、物料和工具坠落或飞出造成安全事故,需铺设安全网。安全网分为平网和竖网两种。

①平网设置在梁面以上 2 m 处,当楼层高度小于 4.5 m 时,平网可隔层设置。平网要在建筑平面范围内满铺。

②竖网铺设在建筑物外围,防止人、物飞出造成安全事故。竖网铺设的高度一般为两节柱的高度。

(3)为便于接柱施工,并保证操作工人的安全,在接柱处要设操作平台,平台固定在下节柱的顶部。

(4)钢结构施工需要许多设备,如电焊机、空气压缩机、氧气瓶、乙炔瓶等,这些设备需随着结构安装而逐渐升高。为此,需在刚安装的钢梁上设置存放施工设备用的平台。固定平台钢梁的临时螺栓数要根据施工荷载计算确定,不能只投入少量的临时螺栓。

(5)为便于施工登高,吊装钢柱前要先将登高钢梯固定在钢柱上。为便于对柱梁节点进行紧固高强度螺栓和焊接的操作,需在柱梁节点下方安装吊篮脚手架。

(6)施工用的电动机械和设备均需接地,绝对不允许使用破损的电线和电缆,严防设备漏电。施工用电气设备和机械的电缆,需集中在一起,并随楼层的施工而逐节升高。每层楼面须分别设置配电箱,供每层楼面施工用电需要。

(7)高空施工时,若风速达 10 m/s,有些吊装工作要停止;若风速达到 15 m/s,一般应停止所有的施工工作。

(8)施工期间应该注意防火,配备必要的灭火设备和消防人员。

8.3　钢结构防火与防腐工程

8.3.1　防火工程

钢结构高层建筑要特别重视火灾的预防。钢材热传导快,比热容小,虽是一种不燃材料,但极不耐火。当钢构件暴露于火灾高温之下时,其温度很快上升,当其温度达到 600 ℃时,钢的结构发生变化,其抗拉强度、屈服点和弹性模量都急剧下降(如屈服点可下降 60%)。另外,钢柱以及承重钢梁会由于挠度的急剧增大而失去稳定性,导致整个建筑物坍塌。

钢结构防火工程的目的,在于用防火材料阻断火灾热流传给钢构件的通路,延缓传热速率(延长钢构件温度达到临界温度的时间),使钢结构在某个特定时间内能够继续承受荷载。

1. 耐火极限等级

钢结构构件的耐火极限等级,是根据它在耐火试验中能继续承受荷载作用的最短时间来划分的。耐火时间大于或等于 30 min,则耐火极限等级为 F30,每一级都比前一级长 30 min,所以耐火极限等级分为 F30、F60、F90、F120、F150、F180 等。

钢结构构件的耐火极限等级,依建筑物的耐火等级和构件种类而定;而建筑物的耐火等级又是根据火灾荷载确定的。火灾荷载是指建筑物内如结构部件、装饰构件、家具和其他可燃材料等燃烧时产生的热量。

与一般钢结构不同,高层钢结构的耐火极限又与建筑物的高度相关,因为建筑物越高,重力荷载也越大。高层钢结构的耐火等级可分为Ⅰ、Ⅱ两级。

2. 防火材料

钢结构的防火保护材料,应选择绝热性好、具有一定抗冲击振动能力、能牢固地附着在钢构件上,又不腐蚀钢材的防火涂料或不燃性板型材。选用的防火材料应具有国家检测机构提供的物理化学、力学和耐火极限试验检测报告。

防火材料的种类主要有热绝缘材料、能量吸收(烧蚀)材料、膨胀涂料。

大多数最常用的防火材料实际上是前两类材料的混合物。采用最广的具有优良性能的热绝缘材料有矿物纤维和膨胀集料(如蛭石和珍珠岩);最常用的热能吸收材料有石膏和硅酸盐水泥,它们遇热会释放出结晶水汽化吸热。

(1)混凝土。混凝土是采用最早和最广泛的防火材料,其导热系数较高,因而不是优良的绝热体,同其他防火涂层比较,它的防火能力主要依赖于它的化学结合水和游离水,其含量为 16%～20%。火灾中混凝土温度相对较低,这是因为它的表面和内部有水。当它的非暴露表面温度上升到 100 ℃时,即不再升高,一旦水分完全汽化,其温度就将再度上升。

混凝土可以延缓金属构件的升温,而且可承受与其相对面积和刚度成比例的一部分柱子荷载,有助于减小破坏。混凝土防火性能主要依靠的是厚度。当耐火时间小于 90 min 时,耐火时间同混凝土层的厚度呈曲线关系;当耐火时间大于 90 min 时,耐火时间则与厚度的平方成正比。

(2)石膏。石膏具有不寻常的耐火性质。当其暴露在高温下时,可释放出 20%的结晶水而被火灾产生的热量所汽化。所以,火灾中石膏一直保持相对的冷却状态,直至被完全煅烧脱水为止。石膏作为防火材料,既可做成板材,粘贴于钢构件表面,也可制成灰浆,涂抹或喷射到钢构件表面。

(3)矿物纤维。矿物纤维是最有效的轻质防火材料,它不燃烧,抗化学侵蚀,导热性低,隔声性能好。以前采用的矿物纤维有石棉、岩棉、矿渣棉和其他陶瓷纤维,当今采用的矿物纤维则不含石棉和晶体硅,原材料为岩石或矿渣,在 1371℃下制成。

①矿物纤维涂料。矿物纤维涂料由无机纤维、水泥类胶结料以及少量的掺合料配成。添加掺合料有助于混合料的浸湿、凝固和控制粉尘飞扬。掺合料中还掺有空气凝固剂、水化凝固剂和陶瓷凝固剂。根据需要,这几种凝固剂可按不同比例混合使用,或只使用某一种。

②矿棉板。如岩棉板,它有不同的厚度和密度。密度越大,耐火性能越高。矿棉板的固定件有以下几种:用电阻焊焊在翼缘板内侧或外侧的销钉;用薄钢带固定于柱上的角铁形固定件等。

矿棉板防火层一般做成箱形,可把几层叠置在一起。当矿棉板绝缘层不能做得太厚时,可在最外面加高熔点绝缘层,但造价会上升。当矿棉板厚度为62.5 mm 时,耐火极限为 2 h。

(4)氯氧化镁。氯氧化镁水泥用作地面材料已近 50 年,从 20 世纪 60 年代开始被用作防火材料。它与水的反应是这种材料防火性能的基础,其含水量可达 44%～54%,相当于石膏含水量(按质量计)的 2.5 倍以上。当其被加热到大约 300 ℃时,开始释放化学结合水。

经标准耐火试验,当涂层厚度为 14 mm 时,耐火极限为 2 h。

(5)膨胀涂料。膨胀涂料是一种极有发展前景的防火材料,它极似油漆,直接喷涂于金属表面,黏结和硬化与油漆相同。涂料层上可直接喷涂装饰油漆,不透水,抗机械破坏性能好,耐火极限最大可达 2 h。

(6)绝缘型防火涂料。近年来,我国科研单位大力开发了很多热绝缘型防火涂料,如 TN-LG、JG276、ST1-A、SB1、ST1-B 等。其厚度在 30 mm 左右时,耐火极限均不低于 2 h。

3. 防火方法

钢结构构件的防火方法如下。

(1)外包层法。

①湿作业。

湿作业又分为浇筑法、抹灰法和喷射法三种。

a. 浇筑法,即在钢构件四周浇筑一定厚度的混凝土、轻质混凝土或加气混凝土等,以隔绝火焰或高温。为增强所浇筑的混凝土的整体性和防止其遇火剥落,可埋入细钢筋网或钢丝网。

b. 抹灰法,即在钢构件四周包以钢丝网,外面再抹以蛭石水泥灰浆、珍珠岩水泥灰浆、石膏灰浆等,它们的厚度视耐火极限等级而定,一般约为 35 mm。

c. 喷射法,即用喷枪将混有胶黏剂的石棉或蛭石等保护层喷涂在钢构件表面,形成防火的外包层。喷涂的表面较粗糙,还需另行处理。

②干作业。

干作业即用预制的混凝土板、加气混凝土板、蛭石混凝土板、石棉水泥板、陶瓷纤维板或者矿棉毡、陶瓷纤维毡等包围钢构件形成防火层。板材用化学胶黏剂粘贴。棉毡等柔软材料则用钢丝网固定在钢构件表面,钢丝网外面再包以铝箔、钢套等,以防在施工过程中下雨使棉毡受潮,同时也起隔离剂作用,减弱日后棉毡等的吸水性。

(2)屏蔽法。

屏蔽法即将不做防火外包层的钢结构构件包藏在耐火材料构成的墙或顶棚内,或用耐火材料将钢构件与火焰、高温隔绝开来。这通常是较经济的防火方法,国外有些钢结构高层建筑的外柱即采用这种方法防火。具体来说有两种方式:一种是在结构设计上,让外柱在外墙之外,距离外墙一定距离,同时也不靠近窗子,这样一旦发生火灾,火焰就达不到柱子,柱子也就没必要做防火保护;另一种是将防火板放在柱子后面做防火屏障,防火板每边凸出柱外一定的宽度(7～15 cm),其宽度视耐火极限、型钢种类和大小而定,这样就能防止窗口喷出的火焰烧热柱子。如果外墙嵌在外柱之间,不直接靠近窗子的外柱,那么只在柱子里面用防火材料做屏蔽即可。

(3)水冷却法。

水冷却法即在呈空心截面的钢柱内充水进行冷却。如发生火灾,钢柱内的水被加热而产生循环,热水上升,冷水自设于顶部的水箱流下,以水的循环将火灾产生的热量带走,以保证钢结构不丧失承载能力。此法已在柱子中应用,也可扩大用于水平构件。为了防止钢结构生锈,可在水中掺入专门的防锈外加剂。冬期为了防冻,也可在水中加入防冻剂。

钢结构高层建筑的防火是十分重要的,它关系到居住人员的生命财产安全和结构的稳定。高层钢结构防火措施的费用一般占钢结构造价的 18%～20%,占结构造价的 9%～10%,占整个建筑物造价的 5%～6%。

8.3.2　防腐工程

除不锈钢等特殊钢材外,钢结构在使用过程中,由于受到环境介质的作用易被腐蚀破坏。因此钢结构都必须进行防腐处理,以防止氧化腐蚀和其他有害气体的侵蚀。钢结构高层建筑的防腐处理很重要,它可以延长结构的使用寿命和减少维修费用。

1. 钢结构腐蚀的化学过程与防腐蚀方法

钢结构腐蚀的程度和速度,与相对大气湿度以及大气中侵蚀性物质的含量密切相关。研究表明,当相对大气湿度小于 70% 时,钢材的腐蚀并不严重;只有当相对大气湿度超过 70% 时,才会产生值得重视的腐蚀。在潮湿环境中,主要是氧化腐蚀,即氧气与钢材表面的铁发生化学作用而引起锈蚀。

防止氧化腐蚀的主要措施是把钢结构与大气隔绝。如在钢结构表面现浇一定厚度的混凝土覆面层或喷涂水泥砂浆层等,这样不但能防火,还能保护钢材免遭腐蚀。例如,香港汇丰银行大厦,对于钢组合柱、桁架吊杆、大梁等,就用水泥砂浆喷涂来进行防腐。砂浆的成分是水泥、砂、钢纤维,并与一种专用的乳胶加水混合后用压缩空气经喷嘴喷涂在钢构件表面。防腐喷涂层的厚度不小于 12 mm,但也不大于 20 mm。一般分两次喷涂,每层厚度不小于 6 mm。第一层加钢纤维,第二层(面层)可以不加。喷涂后用聚氯乙烯薄膜覆盖,以防止水分蒸发,起养护作用,同时也防止防腐层被雨水冲坏。另外,在钢结构表面增加一层保护性的金属镀层(如镀锌),也是一种有效的防腐方法。

2. 钢结构的涂装防护

用涂油漆的方法对钢结构进行防腐,是用得最多的一种防腐方法。钢结构的涂装防护施工,包括钢材表面处理、涂层设计、涂层施工等。

(1)钢材表面处理。进行钢材表面处理,先要确定钢材表面的原始状态、除锈质量等级、除锈方法和表面粗糙度等,以便决定处理措施和施工方案。

钢结构表面防护涂层的有效寿命,在很大程度上取决于其表面的除锈质量。施工现场的临时除锈,至少要求除去疏松的氧化皮和涂层,使钢材表面在补充清理后呈现轻微的金属光泽。

除锈方法主要有喷射法、手工或机械法、酸洗法和火焰喷射法等。国外对钢结构除锈大多采用喷射法,包括离心喷射、压缩空气喷射、真空喷射和湿喷射等。

在我国较大的金属结构厂,钢材除锈多用酸洗方法。在中、小型金属结构厂和施工现场,多采用手工或机械法除锈。有特殊要求的才用火焰喷射法除锈。

采用不同的除锈方法,其涂层的防锈效果也不一样,因为每个除锈质量等级都有一定的表面粗糙度,而钢结构的表面粗糙度影响着涂层的附着力、涂料用量和防锈效果。如果表面粗糙度很大,仅涂一或两道底漆很难填平钢材表面的波峰。如果不在短时间内涂上面漆,表面的波峰很快就会被锈蚀掉。因此,表面粗糙度大的钢材在涂漆前应经机械打磨或喷射处理。

(2)涂层设计。涂层设计包括选择涂料品种、确定涂层结构和涂层厚度。

①选择涂料品种,首先要了解涂层的使用条件。靠近工业区的钢结构,要求能耐工业大气腐蚀或化学介质腐蚀。但是一般的钢结构高层建筑,主要考虑耐大气腐蚀和满足色彩上的要求,如建筑处于沿海地区,还要考虑海洋气候的腐蚀。其次要掌握各种涂料的组成、性能和用途。钢结构用的涂料,一般分防锈底漆和面漆两种。底漆中含有阻蚀剂,对金属起阻蚀作用。面漆用于底漆的罩面,起保护底漆的作用,同时显示色彩,起装饰作用。

我国常用的钢结构面漆有醇酸漆、过氯乙烯漆和丙烯酸漆。醇酸漆光泽亮、耐候性优良、施工性能好、附着力好,不足之处是漆膜较软、耐火和耐碱性差、干燥较慢、不能打磨;过氯乙烯漆的耐候性和耐化学性好,耐水和耐油,不足之处是附着力差、不能在 70 ℃以上使用、打磨抛光性差;丙烯酸漆的保色性好、耐候性优良、有一定耐化学性能、耐热性较好,不足之处是耐溶剂性差。

②面漆和底漆要配套使用。如油基底漆不能用含强溶剂的面漆罩面,以免出现咬底现象;过氯乙烯面漆只能用过氯乙烯底漆配套,而不宜用其他的漆种配套。各种油漆都有专用的稀释剂,不是专用的稀释剂不能乱用。

为了避免漏刷或漏喷,相邻两涂层不宜选用同一种颜色的涂料,也不宜选用色差过于明显或过于接近的颜色。

③涂层结构。一般做法是:底漆→面漆。国外很多钢结构涂层的做法是:底漆→中涂漆→面漆。相比较而言,后一种涂层结构更为合理:底漆起阻蚀作用;中涂漆含着色颜料和体质颜料较多,漆膜无光,同底漆和面漆的附着力好;面漆起保护中涂漆的作用。这是一种较为完善的防护结构体系。

④底漆与面漆的层数。总层数为3层时,底漆可为1层;当总层数为4层或4层以上时,底漆可分为2层。底漆层数不宜过多,因为底漆的抗渗性能差,涂层过厚时其表层上部不与金属接触,也起不到阻蚀作用,反而会降低整个涂层的抗渗性和抗老化性。

至于底漆的复合使用问题,试验证明,在配套性允许的条件下,选用不同品种的底漆构成的复合涂层,其防锈效果更好。

根据涂层的防锈机理,涂层之所以能防锈,在于涂层能使腐蚀介质与金属隔离。从这个意义来讲,涂层厚度对涂层的防锈效果有影响。实际使用中也证实了这一点,即涂层相对厚一些,防锈效果会更好。但涂层也不宜过厚,若涂层过厚,在施工和经济上都是不合理的,机械性能也有所降低。所以,人们要求用最小的涂层厚度来满足最低要求的防锈效果,这个厚度即所谓的临界厚度。钢结构涂层的临界厚度,应根据钢材表面处理、涂料品种、使用环境和施工方法等来确定。

(3)涂层施工。涂层施工前,钢结构表面处理的质量必须达到要求的等级标准。在有影响施工因素的条件下(大风、雨、雪、灰尘等)应禁止施工。施工温度一般规定为 $5\sim35$ ℃,根据涂料产品使用说明书中的规定选用。一般规定施工时相对湿度不得超过 85%。

涂料使用前应予以搅拌,使之均匀,然后调整施工黏度。施工方法不同,施工黏度也有所区别。

钢结构涂层的施工方法,常用的有涂刷法、压缩空气喷涂法、滚涂法和高压无气喷涂法。涂刷法施工简便、省料费工,对任意大小和形状的构件均可采用。压缩喷涂法工效高,但涂料消耗多。滚涂法适用于大面积的构件施工。此外,也可应用热喷涂法和静电喷涂法。

3. 金属镀层防腐

锌是保护性镀层中用得最多的金属。在钢结构高层建筑中也有很多构件是采用镀锌方法来进行防腐的。镀锌防腐多用于较小的构件。

镀锌可用热浸镀法或喷镀法。热浸镀法在镀槽中进行,可用来浸镀大构件,镀的锌层厚度为 $80\sim100~\mu m$。喷镀法可用于车间或工地上,镀锌层厚度为 $80\sim150~\mu m$。在喷镀之前应先将钢构件表面适当打毛。

钢结构防腐的费用占建筑总造价的 $0.1\%\sim0.2\%$。一个较好的防腐系统,在正常气候条件下的使用寿命可达 $10\sim15$ 年。在到达使用年限的末期时,只要重新油漆一遍即可。

第9章 防水工程施工

9.1 地下室防水工程施工

各种房屋的地下室及不允许进水的地下构筑物,其墙与底面长期埋在潮湿的土中或浸在地下水中。为此,必须做防潮或防水处理。防潮处理比较简单,防水处理则比较复杂。

在高层建筑或超高层建筑工程中,由于深基础的设置或建筑功能的需要,一般均设有一层或数层地下室,其对防水功能的要求则更高。

9.1.1 地下卷材防水层施工

1. 材料

在高层建筑的地下室及人防工程中,采用合成高分子卷材做全外包防水,能较好地适应钢筋混凝土结构沉降、开裂、变形的要求,并具有抵抗地下水化学侵蚀的能力。

防水卷材的品种规格和层数,应根据地下工程防水等级、地下水水位高低及水压力作用状况、结构构造形式和施工工艺等因素确定。

2. 施工工艺

(1)高层建筑采用箱形基础时,地下室一般多采用整体全外包防水做法。

①外贴法。外贴法是将立面卷材防水层直接粘贴在需要防水的钢筋混凝土结构外表面上。采用外防外贴法铺贴卷材防水层时,应符合下列规定。

a. 应先铺平面,后铺立面,交接处应交叉搭接。

b. 临时性保护墙宜采用石灰砂浆砌筑,内表面宜做找平层。

c. 从底面折向立面的卷材与永久性保护墙的接触部位,应采用空铺法施工;卷材与临时性保护墙或围护结构模板的接触部位,应将卷材临时贴附在该墙上或模板上,并应将顶端临时固定。

d.当不设保护墙时,从底面折向立面的卷材接槎部位应采取可靠的保护措施。

e.混凝土结构完成,铺贴立面卷材时,应先将接槎部位的各层卷材揭开,并将其表面清理干净,如卷材有局部损伤,应及时进行修补;卷材接槎的搭接长度,高聚物改性沥青类卷材应为 150 mm,合成高分子类卷材应为 100 mm;当使用两层卷材时,卷材应错槎接缝,上层卷材应盖过下层卷材。

②内贴法。内贴法是在施工条件受到限制,外贴法施工难以实施时,不得不采用的一种防水施工法,它的防水效果不如外贴法。其做法是先做好混凝土垫层及找平层,在垫层混凝土边沿上砌筑永久性保护墙,并在平、立面上同时抹砂浆找平层后,刷基层处理剂,完成卷材防水层粘贴,然后在立面防水层上抹一层 15～20 mm 厚的 1∶3 水泥砂浆,平面铺设一层 30～50 mm 厚的 1∶3 水泥砂浆或细石混凝土,作为防水卷材的保护层。最后进行地下室底板和墙体钢筋混凝土结构的施工。

(2)卷材铺贴要求。地下防水层及结构施工时,地下水水位要设法降至底部最低标高下 300 m,并防止地面水流入,否则应设法排除。卷材防水层施工时,气温不宜低于 5 ℃,最好在 10～25 ℃时进行。铺贴各类防水卷材应符合下列规定。

①应铺设卷材加强层。

②结构底板垫层混凝土部位的卷材可采用空铺法或点粘法施工,其黏结位置、点粘面积应按设计要求确定。侧墙采用外防外贴法的卷材及顶板部位的卷材应采用满粘法施工。

③卷材与基面、卷材与卷材间的黏结应紧密、牢固;铺贴完成的卷材应平整顺直,搭接尺寸应准确,不得产生扭曲和皱褶。

④卷材搭接处和接头部位应粘贴牢固,接缝口应封严或采用材性相容的密封材料封缝。

⑤铺贴立面卷材防水层时,应采取防止卷材下滑的措施。

⑥铺贴双层卷材时,上、下两层和相邻两幅卷材的接缝应错开 1/3～1/2 幅宽,且两层卷材不得相互垂直铺贴。

3. 质量要求

(1)所选用的合成高分子防水卷材的各项技术性能指标,应符合标准规定或

设计要求,并应有现场取样进行复核验证的质量检测报告或其他有关材料的质量证明文件。

(2)卷材的搭接缝宽度和附加补强胶条的宽度,均应符合设计要求。一般搭接缝宽度不宜小于 100 mm,附加补强胶条的宽度不宜小于 120 mm。

(3)卷材的搭接缝以及与附加补强胶条的黏结必须牢固,封闭严密,不允许有褶皱、孔洞、翘边、脱层、滑移或存在渗漏水隐患的其他外观缺陷。

(4)卷材与穿墙管之间应黏结牢固,卷材的末端收头部位必须封闭严密。

9.1.2　混凝土结构自防水施工

混凝土结构自防水是以工程结构本身的密实性和抗裂性来实现防水功能的一种防水做法,它使结构承重和防水合为一体。其具有材料来源丰富、造价低廉、工序简单、施工方便等特点。

防水混凝土是以自身壁厚及其憎水性和密实性来达到防水目的的。防水混凝土一般分为普通防水混凝土、集料级配防水混凝土、外加剂(密实剂、防水剂等)防水混凝土和特种水泥(大坝水泥、防水水泥、膨胀水泥等)防水混凝土。不同类型的防水混凝土具有不同的特点,应根据工程特征及使用要求进行选择。

随着防水混凝土技术的发展,高层建筑地下室目前广泛应用外加剂防水混凝土,值得推荐的是应用补偿收缩混凝土(膨胀水泥)做钢筋混凝土结构自防水。

1.外加剂防水混凝土

外加剂防水混凝土是依靠掺入少量的有机物或无机物外加剂来改善混凝土的和易性,提高其密实性和抗渗性,以适应工程需要的防水混凝土。按所掺外加剂种类的不同,外加剂防水混凝土可分为减水剂防水混凝土、氯化铁防水混凝土、加气剂防水混凝土、三乙醇胺防水混凝土等。

1)减水剂防水混凝土

减水剂对水泥具有强烈的分散作用,它借助极性吸附作用,大大降低了水泥颗粒间的吸引力,有效地阻碍和破坏了颗粒间的凝聚作用,并释放出凝聚体中的水,从而提高了混凝土的和易性。在满足施工和易性的条件下就可大大降低拌和用水量,使硬化后孔结构的分布情况得以改变,孔径及总孔隙率均显著减小,毛细孔更加细小、分散和均匀,混凝土的密实性、抗渗性得到提高。在大体积防水混凝土中,减水剂可使水泥水化热峰值推迟出现,这就减少或避免了在混凝土取得一定强度前因温度应力而开裂,从而提高了混凝土的防水效果。

减水剂防水混凝土的配制除应遵循普通防水混凝土的一般规定外,还应注意以下技术要求。

(1)应根据工程要求、施工工艺和温度及混凝土原材料的组成、特性等,正确选用减水剂品种。对所选用的减水剂,必须经过试验,求得减水剂适宜掺量。

(2)根据工程需要调节水胶比。当工程需要混凝土坍落度为 80～100 mm 时,可不减少或稍减少拌合用水量;当要求混凝土坍落度为 30～50 mm 时,可大大减少拌合用水量。

(3)减水剂能增大混凝土的流动性,故掺有减水剂的防水混凝土,其最大施工坍落度可不受 50 mm 的限制,但也不宜过大,以 50～100 mm 为宜。

(4)混凝土拌和物泌水率的大小对硬化后混凝土的抗渗性有很大影响。加入不同品种的减水剂后,均能获得降低泌水率的良好效果,一般有引气作用的减水剂(如 MF、木钙)效果更为显著,故可采用矿渣水泥配制防水混凝土。

2)氯化铁防水混凝土

氯化铁防水混凝土是在混凝土拌和物中加入少量氯化铁防水剂拌制而成的、具有高抗渗性和密实度的混凝土。氯化铁防水混凝土依靠化学反应的产物氢氧化铁等胶体的密实填充作用、新生的氯化钙对水泥熟料矿物的激化作用,将易溶性物质转化为难溶性物质,再加上降低析水性等作用而增强混凝土的密实性和提高其抗渗性。

(1)氯化铁防水剂的准备。

目前制备氯化铁防水剂常用的含铁原料为轧钢时脱落下来的氧化镀锌薄钢板。其制备方法是:先将一份质量的氧化镀锌薄钢板投入耐酸容器(常用陶瓷缸)中,然后注入两份质量的盐酸,用压缩空气或机械等方法不断搅拌,使其充分反应,反应进行 2 h 左右,向溶液中加入 0.2 份质量的氧化镀锌薄钢板,继续反应 4～5 h 后,反应液逐渐变成深棕色浓稠的酱油状氯化铁溶液。静置 3～4 h,吸出上部清液,再向清液中加入相当于清液质量 5% 的硫酸铝,经搅拌至完全溶解,并使其相对密度达到 1.4 以上,即成为氯化铁防水剂。

(2)氯化铁防水混凝土配制注意事项。

①氯化铁防水剂的掺量以水泥质量的 3% 为宜,掺量过多对钢筋锈蚀及混凝土收缩有不良影响;如果采用氯化铁砂浆抹面,掺量可增至 3%～5%。

②氯化铁防水剂必须符合质量标准,不得使用市场上出售的化学试剂氯化铁。

③配料要准确。配制防水混凝土时,首先称取需用量的防水剂,并用80%以上的拌和水稀释,搅拌均匀后,再将该水溶液拌和砂浆或混凝土,最后加入剩余的水。严禁将防水剂直接倒入水泥砂浆或混凝土拌和物中,也不能在防水基层面上涂刷纯防水剂。

当采用机械搅拌时,必须先注入水泥及粗细集料,而后再注入氯化铁水溶液,以免搅拌机遭受腐蚀。搅拌时间需大于2 min。

(3)氯化铁防水混凝土施工注意事项。

①施工缝要用10~15 mm厚的防水砂浆胶结。防水砂浆的质量配合比为水泥∶砂∶氯化铁防水剂=1∶0.5∶0.03,水胶比为0.55。

②氯化铁防水混凝土必须认真进行养护。养护温度不宜过高或过低,以25 ℃左右为宜。

自然养护时,温度不得低于10 ℃,浇筑8 h后即用湿草袋等覆盖,24 h后浇水养护14 d。

3)加气剂防水混凝土

加气剂防水混凝土是在混凝土拌和物中掺入微量加气剂配制而成的防水混凝土。

(1)加气剂防水混凝土的主要特征。

①加气剂防水混凝土中存在适宜的闭孔气泡组织,故可提高混凝土的抗渗性和耐久性。

②加气剂防水混凝土抗渗性能较好,水不易渗入,从而提高了混凝土的抗冻胀破坏能力。一般抗冻性最高可为普通混凝土的3~4倍。

③加气剂防水混凝土的早期强度增长较慢,7 d后强度增长比较正常。但这种混凝土的抗压强度随含气量的增加而降低,一般含气量增加1%,28 d后强度下降3%~5%,但加气剂改善了混凝土的和易性,在保持和易性不变的情况下可减少拌合用水量,从而可补偿部分强度损失。

因此,加气剂防水混凝土适用于抗渗、抗冻要求较高的防水混凝土工程,特别适用于恶劣的自然环境工程。目前常用的加气剂有松香酸钠和松香热聚物,此外还有烷基磺酸钠、烷基苯磺酸钠等,以前者采用较多。

(2)加气剂防水混凝土的配制。

①加气剂掺量。加气剂防水混凝土的质量与含气量密切相关。从改善混凝土内部结构、提高抗渗性及保持应有的混凝土强度出发,加气剂防水混凝土含气量以3%~6%为宜。此时,松香酸钠掺量为0.1%~0.3%,松香热聚物掺量约

为 0.1%。

②水胶比。控制水胶比在某一适宜范围内,混凝土可获得适宜的含气量和较高的抗渗性。实践证明,水胶比最大不得超过 0.65,以 0.5~0.6 为宜。

③砂子细度。砂子细度对气泡的生成有不同程度的影响,宜采用中砂或细砂,特别是采用细度模数在 2.6 左右的砂子效果较好。

(3)加气剂防水混凝土的施工注意事项。

①加气剂防水混凝土宜采用机械搅拌。搅拌时首先将砂、石、水泥倒入混凝土搅拌机。

加气剂应预先加入混凝土拌和水中搅拌均匀后,再加入搅拌机内。加气剂不得直接加入搅拌机,以免气泡集中而影响混凝土质量。

②在搅拌过程中,应按规定检查拌和物的和易性(坍落度)与含气量,严格将其控制在规定的范围内。

③宜采用高频振动器振捣,以排除大气泡,保证混凝土的抗冻性。

④宜在常温条件下养护,冬期施工必须特别注意温度的影响。养护温度越高,对提高防水混凝土的抗渗性越有利。

4)三乙醇胺防水混凝土

三乙醇胺防水混凝土是在混凝土拌和物中随拌和水掺入适量的三乙醇胺而配制成的混凝土。

依靠三乙醇胺的催化作用,混凝土在早期生成较多的水化产物,部分游离水结合为结晶水,相应地减少了毛细管通路和孔隙,从而提高了混凝土的抗渗性,且具有早强作用。

当三乙醇胺和氯化钠、亚硝酸钠等无机盐复合时,三乙醇胺不仅能促进水泥本身的水化,还能促进氯化钠、亚硝酸钠等无机盐与水泥的反应,生成氯铝酸盐等络合物,体积膨胀,能堵塞混凝土内部的孔隙,切断毛细管通路,增大混凝土的密实性。

三乙醇胺防水混凝土配制的注意事项如下。

(1)当设计抗渗压力为 0.8~1.2 N/mm² 时,水泥用量以 300 kg/m³ 为宜。

(2)砂率必须随水泥用量的降低而相应提高,使混凝土有足够的砂浆量,以确保其抗渗性。当水泥用量为 280~300 kg/m³ 时,砂率以 40% 左右为宜。掺三乙醇胺早强防水剂后,灰砂比可以小于普通防水混凝土 1∶2.5 的限值。

(3)对石子级配无特殊要求,只要在一定水泥用量范围内并保证有足够的砂率,无论采用哪一种级配的石子,都可以使混凝土有良好的密实度和抗渗性。

(4)三乙醇胺早强防水剂对不同品种水泥的适应性较强,特别是能改善矿渣水泥的泌水性和黏滞性,明显地提高其抗渗性。因此,对要求低水化热的防水工程,使用矿渣水泥为好。

(5)三乙醇胺防水剂溶液随拌和水一起加入,比例约为 50 kg 水泥加 2 kg 防水剂溶液。

2. 补偿收缩混凝土

补偿收缩混凝土以膨胀水泥或在水泥中掺入膨胀剂制成,使混凝土产生适度膨胀,以补偿混凝土的收缩。

1)主要特征

(1)具有较高的抗渗功能。补偿收缩混凝土是依靠膨胀水泥或水泥膨胀剂在水化反应过程中形成的钙矾石为膨胀源,这种结晶是稳定的水化物,填充于毛细孔隙中,使大孔变小孔,总孔隙率大大降低,从而增加了混凝土的密实性,提高了补偿收缩混凝土的抗渗能力,其抗渗能力比同强度等级的普通混凝土提高 2～3 倍。

(2)能抑制混凝土裂缝的出现。补偿收缩混凝土在硬化初期产生体积膨胀,在约束条件下,它通过水泥石与钢筋的黏结,使钢筋张拉,被张拉的钢筋对混凝土本身产生压应力(称为化学预应力或自应力)可抵消混凝土干缩和徐变产生的拉应力。也就是说补偿收缩混凝土的拉应变接近零,从而达到补偿收缩和抗裂防渗的双重效果。因此,补偿收缩混凝土是结构自防水技术的新发展。

(3)后期强度能稳定上升。由于补偿收缩混凝土的膨胀作用主要发生在混凝土硬化的早期,所以补偿收缩混凝土的后期强度能稳定上升。

具有膨胀特性的水泥及外掺剂主要有明矾石膨胀水泥、石膏矾土水泥及 UEA 微膨胀剂等。

2)施工注意事项

(1)补偿收缩混凝土具有膨胀可逆性和良好的自密作用,必须特别注意加强早期潮湿养护。

养护时间太晚,则可能因强度增长较快而抑制了膨胀。在一般常温条件下,补偿收缩混凝土浇筑后 8～12 h 即应开始浇水养护,待模板拆除后则应大量浇水。养护时间一般应不小于 14 d。

(2)补偿收缩混凝土对温度比较敏感,一般不宜在低于 5 ℃和高于 35 ℃的条件下进行施工。

3.防水混凝土施工

防水混凝土工程质量的好坏不仅取决于混凝土材料质量本身及其配合比，而且施工过程中的搅拌、运输、浇筑、振捣及养护等工序都对混凝土的质量有着很大的影响。因此，施工时必须对上述各个环节严格控制。

（1）施工要点。防水混凝土施工除严格按现行《混凝土结构工程施工质量验收规范》(GB 50204—2015)的要求进行施工作业外，还应注意以下几项。

①施工期间，应做好基坑的降、排水工作，使地下水水位低于施工底面至少 30 cm，严防地下水或地表水流入基坑造成积水，影响混凝土的施工和正常硬化，导致防水混凝土的强度及抗渗性能降低。在主体混凝土结构施工前，必须做好基础垫层混凝土，使其起到辅助防水的作用。

②模板应表面平整，拼缝严密，吸水性小，结构坚固。浇筑混凝土前，应将模板内部清理干净。模板固定一般不宜采用螺栓拉杆或钢丝对穿，以免在混凝土内部造成引水通路。

当固定模板必须采用螺栓穿过防水混凝土结构时，应采取有效的止水措施，如螺栓加止水环、预埋套管加止水、螺栓加堵头等。

③钢筋不得用钢丝或钢钉固定在模板上，必须采用与防水混凝土同强度等级的细石混凝土或砂浆块做垫块，并确保钢筋保护层的厚度不小于 30 mm，不允许出现负误差。如结构内部设置的钢筋的确用钢丝绑扎，绑扎丝均不得接触模板。

④防水混凝土的配合比应通过试验选定。选定配合比时，应按设计要求的抗渗等级提高 0.2 N/mm^2。

⑤防水混凝土应连续浇筑，尽量不留或少留施工缝，一次性连续浇筑完成。对于大体积的防水混凝土工程，可采取分区浇筑、使用发热量低的水泥或掺外加剂（如粉煤灰）等相应措施。

地下室顶板、底板混凝土应连续浇筑，应不留置施工缝。墙一般只允许留置水平施工缝，其位置应不留在剪力与弯矩最大处或底板与侧壁交接处，一般宜留在高出底板上表面不小于 200 mm 的墙身上。当墙体设有孔洞时，施工缝距孔洞边缘不宜小于 300 mm。

如必须留垂直施工缝，应尽量与变形缝结合，按变形缝进行防水处理，并应避开地下水和裂隙水较集中的地段。在施工缝中推广应用遇水膨胀橡胶止水条代替传统的凸缝、阶梯缝或金属止水片进行处理，其止水效果更佳。

⑥防水混凝土不宜过早拆模，拆模时混凝土表面温度与周围气温之差不得超过 20 ℃，以防止混凝土表面出现裂缝。

⑦防水混凝土浇筑后严禁打洞,所有预埋件、预留孔都应事先埋设准确。

⑧防水混凝土工程的地下室结构部分,拆模后应及时回填土,以利于混凝土后期强度的增长并获得预期的抗渗性能。

回填土前,也可在结构混凝土外侧铺贴一道柔性防水附加层或抹一道刚性防水附加层。当为柔性防水附加层时,防水层的外侧应粘贴一层 5~6 mm 厚的聚乙烯泡沫塑料片材(花贴固定即可)作为软保护层,然后分步回填三七灰土,分步夯实。同时做好基坑周围的散水坡,以免地面水入侵。一般散水坡宽度大于800 mm,横向坡度大于 5%。

(2)局部构造处理。防水混凝土结构内的预埋铁件、穿墙管道以及结构的后浇缝部位均为防水薄弱环节,应采取有效的措施,仔细施工。

①预埋铁件的防水做法。用加焊止水钢板的方法或加套遇水膨胀橡胶止水环的方法,既简便又可获得一定的防水效果。施工时,注意将铁件及止水钢板或遇水膨胀橡胶止水环周围的混凝土浇捣密实,保证质量。

②穿墙管道的处理。在管道穿过防水混凝土结构时,预埋套管上应加套遇水膨胀橡胶止水环或加焊钢板止水环。如为钢板止水环,则应满焊严密,止水环的数量应符合设计规定。安装穿墙管时,先将管道穿过预埋管,并找准位置临时固定,然后将一端用封口钢板将套管焊牢,再将另一端套管与穿墙管之间的缝隙用防水密封材料嵌填严密,最后用封口钢板封堵严密。

③后浇缝。后浇缝主要用于大面积混凝土结构,是一种混凝土刚性接缝,适用于不允许设置柔性变形缝的工程及后期变形已趋于稳定的结构,施工时应注意以下几点:

a.后浇缝留设的位置及宽度应符合设计要求,缝内的结构钢筋不能断开;

b.后浇缝可留成平直缝、企口缝或阶梯缝;

c.后浇缝混凝土应在其两侧混凝土浇筑完毕,待主体结构达到标高或间隔六个星期后,再用补偿收缩混凝土进行浇筑;

d.后浇缝必须选用补偿收缩混凝土浇筑,其强度等级应与两侧混凝土相同;

e.后浇缝在浇筑补偿收缩混凝土前,应将接缝处的表面凿毛,清洗干净,保持湿润,并在中心位置粘贴遇水膨胀橡胶止水条;

f.后浇缝在浇筑补偿收缩混凝土后,其湿润养护时间应不少于 4 个星期。

(3)质量检查。

①防水混凝土的质量应在施工过程中按下列规定检查:

a.必须对原材料进行检验,不合格的材料严禁在工程中应用。当原材料有

变化时,应取样复验,并及时调整混凝土配合比;

b.每班检查原材料称量多于 2 次;

c.在拌制和浇筑地点,测定混凝土坍落度,每班应多于两次;

d.测定加气剂防水混凝土含气量,每班多于 1 次。

②连续浇筑混凝土量为 500 m³ 以下时,应留两组抗渗试块;每增加 250～500 m³ 混凝土时应增留两组。试块应在浇筑地点制作,其中一组在标准情况下养护,另一组应在与现场相同条件下养护。试块养护期应大于 28 d,不超过 90 d。使用的原材料、配合比或施工方法有变化时,均应另行留置试块。

9.1.3　刚性防水附加层施工

地下室工程以钢筋混凝土结构自防水为主,并不意味着其他附加防水层的做法不重要,因为大面积的防水混凝土难免会有缺陷。另外,防水混凝土虽然不透水,但透湿量还是相当大的,故对防水、防湿要求较高的地下室,还必须在混凝土的迎水面做刚性或柔性防水附加层。

刚性防水附加层是在钢筋混凝土表面抹压防水砂浆的做法。这种水泥砂浆防水主要依靠特定的施工工艺或在水泥砂浆中掺入某种防水剂,来提高它的密实性或改善它的抗裂性能,从而达到防水抗渗的目的。各种防水砂浆均可在潮湿基面上进行施工,操作简便,造价适中,且容易修补。但由于韧性较差、拉伸强度较低,其对基层伸缩或开裂变形的适应性差,容易随基层开裂而开裂。为了克服这一缺陷,近年来,人们利用高分子聚合物乳液拌制成聚合物改性水泥砂浆,来提高其抗渗和抗裂性能。目前使用较多的聚合物品种主要有阳离子氯丁胶乳、聚丙烯酸乳液、丁苯胶乳以及有机硅水溶液等,它们被应用于地下工程防渗、防潮及某些有特殊气密性要求的工程中,已取得较好的效果。

1.水泥砂浆防水层的分类及适用范围

1)分类

(1)刚性多层抹面水泥砂浆防水层。这种防水层利用不同配合比的水泥浆和水泥砂浆分层施工,相互交替抹压密实,充分切断各层次毛细孔网的渗水通道,使其构成一个多层防线的整体防水层。

(2)掺外加剂水泥砂浆防水层。

①掺无机盐防水剂。在水泥砂浆中掺入占水泥质量 3%～5% 的防水剂,可

以提高水泥砂浆的抗渗性能,其抗渗压力一般在 0.4 N/mm² 以下,故只适用于水压较小的工程或作为其他防水层的辅助措施。

②掺聚合物。掺入各种橡胶或树脂乳液组成的水泥砂浆防水层,其抗渗性能优异,是一种刚柔结合的新型防水材料,可单独用于防水工程,并能获得较好的防水效果。

2)适用范围

(1)水泥砂浆防水,适用于埋置深度不大,使用时不会因结构沉降、温度和湿度变化以及受振动等产生有害裂缝的地下防水工程。

(2)除聚合物水泥砂浆外,其他均不宜用在长期受冲击荷载和较大振动作用下的防水工程,也不适用于受腐蚀、高温(100 ℃以上)以及遭受反复冻融的砌体工程。

聚合物水泥砂浆防水层由于抗渗性能优异、与混凝土基层黏结牢固、抗冻融性能以及抗裂性能好,因此在地下防水工程中的应用前景广阔。

2. 聚合物水泥砂浆防水层

聚合物水泥防水砂浆由水泥、砂和一定量的橡胶乳液或树脂乳液以及稳定剂、消泡剂等化学助剂,经搅拌混合均匀配制而成。它具有良好的防水抗渗性、胶黏性、抗裂性、抗冲击性和耐磨性。在水泥砂浆中掺入各种合成高分子乳液,能有效地封闭水泥砂浆中的毛细孔隙,从而提高水泥砂浆的抗渗透性能,有效地降低材料的吸水率。

与水泥砂浆掺和使用的聚合物品种繁多,主要有天然和合成橡胶乳液、热塑性及热固性树脂乳液等,其中常用的聚合物有阳离子氯丁胶乳(简称 CR 胶乳)和聚丙烯酸乳液等。

阳离子氯丁胶乳水泥砂浆不但可用于地下建筑物和构筑物,还可用于屋面、墙面做防水、防潮层和修补建筑物裂缝等。

1)阳离子氯丁胶乳砂浆防水层

(1)砂浆配制。根据配方,先将阳离子氯丁胶乳混合液和一定量的水混合搅拌均匀。另外,按配方将水泥和砂子干拌均匀后,再将上述混合乳液加入,用人工或砂浆搅拌机搅拌均匀,即可进行防水层的施工。胶乳水泥砂浆人工拌和时,必须在灰槽或铁板上进行,不宜在水泥砂浆地面上进行,以免胶乳失水、成膜过快而失去稳定性。配制时要注意以下几点。

①严格按照材料配方和工艺进行配制。

②胶乳凝聚较快,因此,配制好的胶乳水泥砂浆应在 1 h 内用完。最好随用随配制,用多少配制多少。

③胶乳水泥砂浆在配制过程中,容易出现越拌越干结的现象,此时不得任意加水,以免破坏胶乳的稳定性而影响防水功能。必要时可适当补加混合胶乳,经搅拌均匀后再进行涂抹施工。

(2)基层处理。

①基层混凝土或砂浆必须坚固并具有一定强度,一般应不低于设计强度的 70%。

②基层表面应洁净,无灰尘、无油污,施工前最好用水冲刷一遍。

③基层表面的孔洞、裂缝或穿墙管的周边应凿成 V 形或环形沟槽,并用阳离子氯丁胶乳砂浆填塞抹平。

④如有渗漏水的情况,应先采用压力灌注化学浆液堵漏或用快速堵漏材料进行堵漏处理后,再抹胶乳水泥砂浆防水层。

⑤阳离子氯丁胶乳砂浆的早期收缩虽然较小,但在大面积施工时仍难避免因收缩而产生裂纹,因此在抹胶乳砂浆防水层时应进行适当分格,分格缝的纵横间距一般为 2～3 m,分格缝宽度宜为 15～20 mm,缝内应嵌填弹塑性的密封材料封闭。

(3)胶乳水泥砂浆的施工。

①在处理好的基层表面上,由上而下均匀涂刷或喷涂胶乳水泥砂浆一遍,其厚度以 10 mm 左右为宜。它的作用是封堵细小孔洞和裂缝,并增强胶乳水泥砂浆防水层与基层表面的黏结能力。

②在涂刷或喷涂胶乳水泥砂浆 15～30 min 后,即可将混合好的胶乳水泥砂浆抹在基层上,并要求顺着一个方向边压实边抹平。一般垂直面每次抹胶乳水泥砂浆的厚度为 5～8 mm,水平面为 10～15 mm,施工顺序原则上为先立墙后地面,阴、阳角处的防水层必须抹成圆弧或八字坡。因胶乳容易成膜,故在抹压胶乳砂浆时必须一次完成,切勿反复揉搓。

③胶乳水泥砂浆施工完后,需进行检查,如发现砂浆表面有细小孔洞或裂缝,应用胶乳水泥砂浆涂刷一遍,以提高胶乳水泥砂浆表面的密实度。

④在胶乳水泥砂浆防水层表面还需抹普通水泥砂浆做保护层,一般宜在胶乳水泥砂浆初凝(7 h)后终凝(9 h)前进行。

⑤胶乳水泥砂浆防水层施工完成后,前 3 d 应保持潮湿养护,有保护层的养护时间为 7 d。在潮湿的地下室施工时,则不需要再采用其他养护措施,在自然

状态下养护即可。在整个养护过程中,应避免振动和冲击,并防止风干和雨水冲刷。

2)有机硅水泥砂浆防水层

有机硅防水剂的主要成分是甲基硅醇钠(钾),当它的水溶液与水泥砂浆拌和后,可在水泥砂浆内部形成一种具有憎水功能的高分子有机硅物质,它能防止水在水泥砂浆中的毛细作用,使水泥砂浆失去浸润性,提高抗渗性,从而起到防水作用。

(1)砂浆配制。将有机硅防水剂和水按规定比例混合,搅拌均匀制成的溶液称为硅水。

根据各层施工的需要,将水泥、砂和硅水按配合比混合搅拌均匀,即配制成有机硅防水砂浆。各层砂浆的水胶比应以满足施工要求为准。若水胶比过大,砂浆易产生离析;水胶比过小,则不易施工。因此,严格控制水胶比对确保砂浆防水层的施工质量十分重要。

(2)施工要点。

①先将基层表面的污垢、浮土杂物等清除干净,进行凿毛,用水冲洗干净并排除积水。

基层表面如有裂缝、缺棱掉角、凹凸不平等,应用聚合物水泥素浆或砂浆修补,待固化干燥后再进行防水层施工。

②喷涂硅水。在基层表面喷涂一道硅水(配合比为有机硅防水剂:水=1:7),并在潮湿状态下进行刮抹。

③刮抹结合层。在喷涂硅水湿润的基层上刮抹 2~3 mm 厚的水泥浆膏,使基层与水泥浆膏牢固地黏合在一起。水泥浆膏需边配制边刮抹,待其达到初凝时,再进行下道工序的施工。

④抹防水砂浆。应分别进行底层和面层二遍抹法,间隔时间不宜过短,以防开裂。底层厚度一般为 5~6 mm,待底层达到初凝时再进行面层施工。抹防水砂浆时,应首先把阴、阳角抹成小圆弧,然后进行底层和面层施工。抹面层时,要求抹平压实,收水后应进行两次压光,以提高防水层的抗渗性能。

⑤养护。待防水层施工完后,应及时进行湿润养护,以免防水砂浆中的水分过早蒸发而引起干缩裂缝,养护时间不宜小于 14 d。

(3)施工注意事项。

①雨天或基底表面有明水时不得施工。

②有机硅防水剂为强碱性材料,稀释后的硅水仍呈碱性,使用时应避免防水

剂与人体皮肤接触,并要特别注意对眼睛的保护。施工完成后应及时把施工机具清洗干净。

9.1.4　涂膜防水施工

地下防水工程采用涂膜防水技术具有明显的优越性。涂膜防水就是在结构表面基层上涂上一定厚度的防水涂料,防水涂料是以合成高分子材料或以高聚物改性沥青为主要原料,加入适量的化学助剂和填充剂等加工制成的在常温下呈无定型液态的防水材料。将防水涂料涂布在基层表面后,能形成一层连续、弹性、无缝、整体的涂膜防水层。涂膜防水层的总厚度小于 3 mm 的为薄质涂料,总厚度大于 3 mm 的为厚质涂料。

涂膜防水的优点是质量轻,耐候性、耐水性、耐蚀性优良,适用性强,可冷作业,易于维修等;其缺点是涂布厚度不易均匀、抵抗结构变形能力差、与潮湿基层黏结力差、抵抗动水压力能力差等。

目前防水涂料的种类较多,按涂料类型可分为溶剂型、水乳型、反应型和粉末型四大类;按成膜物质可分为合成树脂类、合成橡胶类、聚合物-水泥复合材料类、高聚物改性石油沥青类等。高层建筑地下室防水工程施工中常用的防水涂料应以化学反应固化型材料为主,如聚氨酯防水涂料、硅橡胶防水涂料等。

1. 聚氨酯涂膜防水施工

聚氨酯涂膜防水材料是双组分化学反应固化型的高弹性防水涂料,其中甲组分是以聚醚树脂和二异氰酸酯等为原料,经过氢转移加成聚合反应制成的含有端异氰酸酯基的氨基甲酸酯预聚物;乙组分由交联剂(或称硫化剂)、促进剂(或称催化剂)、抗水剂(石油沥青等)、增韧剂、稀释剂等材料,经过脱水、混合、研磨、包装等工序加工制成。

1)施工准备工作

(1)为了防止地下水或地表滞水的渗透,确保基层的含水率能满足施工要求,在基坑的混凝土垫层表面上,应抹 20 mm 左右厚度的无机铝盐防水砂浆(配合比为水泥:中砂:无机铝盐防水剂:水 =1:3:0.1:(0.35~0.40)),要求抹平压光,没有空鼓、起砂、掉灰等缺陷。立墙外表面的混凝土如出现水泡、气孔、蜂窝、麻面等现象,应采用加入水泥量为 15% 的高分子聚合物乳液调制成的水泥腻子填充刮平。阴、阳角部位应抹成小圆弧。

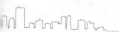

(2)通有穿墙套管部位,套管两端应带法兰盘,并要安装牢固,收头圆滑。

(3)涂膜防水的基层表面应干净、干燥。

2)工艺要点

(1)聚氨酯涂膜防水的施工顺序如下:清理基层→平面涂布底胶→平面防水层涂布施工→平面部位铺贴油毡隔离层→平面部位浇筑细石混凝土保护层→钢筋混凝土地下结构施工→修补混凝土立墙外表面→立墙外侧涂布底胶和防水层施工→立墙防水层外粘贴聚乙烯泡沫塑料保护层→基坑回填。

(2)聚氨酯涂膜防水施工程序如下。

①清理基层。施工前,应对底板基层表面进行彻底清扫,清除凸起物、砂浆疙瘩等异物,清洗油污、铁锈等。

②涂布底胶。将聚氨酯甲、乙组分和有机溶剂按 1∶1.5∶2 的比例(质量比)配合搅拌均匀,再用长把滚刷蘸满并均匀涂布在基层表面,涂布量一般以 0.3 kg/m² 左右为宜。涂布底胶后应待其干燥固化 4 h 以上,才能进行下一道工序的施工。

③配制聚氨酯涂膜防水涂料。其配制方法是:将聚氨酯甲、乙组分和有机溶剂按 1∶1.5∶0.3 的比例(质量比)配合,用电动搅拌器强力搅拌均匀备用。聚氨酯涂膜防水材料应随用随配,配制好的混合料最好在 2 h 内用完。

④涂膜防水层施工。用长把滚刷蘸满已配制好的聚氨酯涂膜防水混合材料,均匀涂布在底胶已干涸的基层表面。涂布时要求厚薄均匀一致,对平面基层以涂刷 3~4 度为宜,每度涂布量为 0.6~0.8 kg/m²;对立面基层以涂刷 4~5 度为宜,每度涂布量为 0.5~0.6 kg/m²。防水涂膜的总厚度以不小于 1.5 mm 为合格。

涂完第一度涂膜后,一般需固化 5 h 以上,在基本不粘手时,再按上述方法涂布第二、三、四、五度涂膜。前、后两度的涂布方向应相互垂直。底板与立墙连接的阴、阳角,均宜铺设聚酯纤维无纺布进行附加增强处理。

⑤平面部位铺贴油毡保护隔离层。当平面部位最后一度聚氨酯涂膜完全固化,经过检查验收合格后,即可虚铺一层石油沥青纸胎油毡做保护隔离层。

⑥浇筑细石混凝土保护层。在铺设石油沥青纸胎油毡保护隔离层后,即可浇筑 40~50 mm 厚的细石混凝土做刚性保护层。

⑦地下室钢筋混凝土结构施工。在完成细石混凝土保护层的施工和养护后,即可根据设计要求进行地下室钢筋混凝土结构施工。

⑧立面粘贴聚乙烯泡沫塑料保护层。在完成地下室钢筋混凝土结构施工并

在立墙外侧涂布防水层后,可在防水层外侧直接粘贴 5～6 mm 厚的聚乙烯泡沫塑料片材作软保护层。

(3)质量要求。

①聚氨酯涂膜防水材料的技术性能应符合设计要求或标准规定,并应附有质量证明文件和现场取样进行检测的试验报告以及其他有关质量的证明文件。

②聚氨酯涂膜防水层的厚度应均匀一致,其总厚度应不小于 2.0 mm,必要时可选点割开进行实际测量(割开部位可用聚氨酯混合材料修复)。

③防水涂膜应形成一个连续、弹性、无缝、整体的防水层,不允许有开裂、翘边、滑移、脱落和末端收头封闭不严等缺陷。

④聚氨酯涂膜防水层必须均匀固化,无明显的凹坑、气泡和渗漏水现象。

2.硅橡胶涂膜防水施工

硅橡胶防水涂料是以硅橡胶乳液及其他乳液的复合物为主要基料,掺入无机填料及各种助剂配制而成的乳液型防水涂料,该涂料兼有涂膜防水和浸透性防水材料两者的优良性能,具有良好的防水性、渗透性、成膜性、弹性、黏结性和耐高/低温性。

硅橡胶防水涂料分为 1 号及 2 号,均为单组分,1 号用于底层及表层,2 号用于中间层做加强层。

1)硅橡胶涂膜防水施工顺序及要求

(1)一般采用涂刷法,用长板刷、排笔等软毛刷进行。

(2)涂刷的方向和行程长短应一致,要依次上、下、左、右均匀涂刷,不得漏刷,涂刷层次一般为四道,第一、四道用 1 号材料,第二、三道用 2 号材料。

(3)首先在处理好的基层上均匀地涂刷一道 1 号防水涂料,待其渗透到基层并固化干燥后再涂刷第二道。

(4)第二、三道均涂刷 2 号防水涂料,每道涂料均应在前一道涂料干燥后再施工。

(5)当第四道涂料表面干固时,再抹水泥砂浆保护层。

(6)其他与聚氨酯涂膜防水施工相同。

2)硅橡胶涂膜防水施工注意事项

(1)由于渗透性防水材料具有憎水性,因此,抹砂浆保护层时其稠度应小于一般砂浆,并注意压实、抹光,以保证砂浆与防水材料黏结良好。

（2）砂浆层的作用是保护防水材料。因此,应避免砂浆中混入小石子及尖锐的颗粒,以免在抹砂浆保护层时损伤涂层。

（3）施工温度宜在 5 ℃以上。

（4）使用时涂料不得任意加水。

9.1.5　架空地板及离壁衬套墙内排水施工

在高层建筑中,如果地下室的标高低于最高地下水水位或使用上的需要（如车库冲洗车辆的污水、设备运转冷却水排入地面以下）以及对地下室干燥程度要求十分严格,可以在外包防水做法的前提下,利用基础底板反梁或在底板上砌筑砖地垄墙,在反梁或地垄墙上铺设架空的钢筋混凝土预制板,并可在钢筋混凝土结构外墙的内侧砌筑离壁衬套墙,以达到排水的目的。

架立地板及高壁衬套墙内排水施工的具体做法是:在底板的表面浇筑强度等级为 C20 的混凝土并形成 0.5％ 的坡度,在适当部位设置深度大于 500 mm 的集水坑,使外部渗入地下室内部的水顺坡度流入集水坑中。再用自动水泵将集水坑中的积水排出建筑物的外部,从而保证架空板以上的地下室处于干燥状态,以满足地下室的使用要求。

9.2　外墙及厕浴间防水施工

外墙防水主要是预制外墙板及有关部位的接缝防水施工。在高层框架结构、大模板"内浇外挂"结构和装配式大板结构工程中,其外墙一般多采用预制外墙板。对预制外墙板和有关部位（如阳台、雨罩、挑檐等）的接缝防水问题,以往多采用构造防水。近年来,随着建材工业的发展,防水工程已开始采用材料防水,以及构造和材料两者兼用的综合防水。

9.2.1　构造防水施工

构造防水又称空腔防水,即在外墙板的四周设置线型构造,加滴水槽、挡水台等,放置防寒挡风（雨）条,形成压力平衡空腔,利用垂直或水平减压空腔的作用切断板缝毛细管通路,根据水的重力作用,通过排水管将渗入板缝的雨水排除,以达到防水目的。这是早期预制外墙板板缝防水的做法。

1. 防水构造

常用的防水构造分为垂直缝、水平缝和十字缝三种。

(1)垂直缝。两块外墙板安装后形成垂直缝。在垂直缝内设滴水槽一道或两道。滴水槽内放置软塑料挡风(雨)条,在组合柱混凝土浇筑前,放置油毡聚苯板,用以防水和隔热、保温。塑料条与油毡聚苯板之间形成空腔。设一道滴水槽形成一道空腔的,称为单腔;设两道滴水槽形成两道空腔的,称为双腔。空腔腔壁要涂刷防水胶油,使进入腔内的雨水利用水的重力作用,顺利地沿着滴水槽流入十字缝处的排水管而排出。塑料条外侧的空腔要勾水泥砂浆填实。垂直缝宽度应为 3 mm。

(2)水平缝。上、下外墙板之间所形成的缝隙称为水平缝,缝高为 3 mm,一般做成企口形式。外墙板的上部设有挡水台和排水坡,下部设有披水,在披水内侧放置油毡卷,外侧勾水泥砂浆,这样,油毡卷以内即形成水平空腔。顺墙面流下的雨水,一部分在风压下进入缝内,由于披水和挡水台的作用,仍顺排水坡和十字缝处的排水管排出。

(3)十字缝。十字缝位于垂直缝和水平缝相交处。在十字缝正中设置塑料排水管,使进入垂直缝和水平缝的雨水通过排水管排出。由于防水构造比较复杂,构造防水的质量取决于防水构造的完整度和外墙板的安装质量,应确保其缝隙大小均匀一致。因此,在施工中如有碰坏应及时修理。另外,在安装外墙板时要防止披水高于挡水台,防止企口缝向里错位太大,将水平空腔挤严,水平空腔或垂直空腔内不得堵塞砂浆和混凝土等,以免形成毛细作用而影响防水效果。

2. 构造防水施工方法

(1)外墙板进场后必须进行外观检查,确保防水构造的完整。如有局部破损,应对其进行修补。修补方法是:先在破损部位刷一道高分子聚合物乳液,然后用高分子聚合物乳液分层抹实。配合比按质量比为水泥∶砂子∶108 胶＝1∶2∶0.2,加适量水拌和。每次抹砂浆不能太厚,否则将会出现下坠而造成裂缝,达不到修补目的。低温施工时可在砂浆中掺入水泥质量为 0.6%～0.7%的玻璃纤维和 3%的氯化钠,以减少开裂和防止冻结。

(2)吊装前,应将垂直缝中的灰浆清理干净,保持平整光滑,并在滴水槽和空腔侧壁满涂防水胶油一道。

(3)首层外墙板安装前,应按防水构造要求,沿外墙做好现浇混凝土挡水台,

即在地下室顶板圈梁中预埋插铁,配纵向钢筋,支模板后浇筑混凝土。待混凝土强度达到 5 N/mm² 以上时,再安装外墙板。

(4)外墙板安装前,应做好油毡聚苯板的裁制粘贴工作和塑料挡水条的裁制工作。泡沫聚苯板应按设计要求进行裁制,其长度可比层高长 50 mm;油毡条的裁制长度比楼层高度长 100 mm,宽度比泡沫聚苯板略宽一些,然后将泡沫聚苯板粘贴在油毡上。

塑料挡水条应选用 1.5～2 mm 厚的软塑料,其宽度比垂直缝宽 25 mm,可采用"量缝裁条"的办法,或事先裁制不等宽度的塑料挡水条,按缝宽选用。

(5)每层外墙板安装后,应立即插放油毡聚苯板和塑料挡水条,再进行现浇混凝土组合柱施工。

插放塑料挡水条前,应将空腔内的杂物清除干净。插放时,可采用直径为 13 mm 的电线管,一端焊上 φ4 钢筋钩子,钩住塑料挡水条,沿垂直空腔壁自上而下插入,使塑料挡水条下端放在下层排水披上,上端搭在挡水台阶上,搭接要顺槎,以保证流水畅通,其搭接长度不小于 150 mm。

油毡聚苯板的插放,要保证位置准确,上、下接槎严密,紧贴在空腔后壁上。浇筑和振捣混凝土组合柱时,要注意防止油毡聚苯板位移和破损。

上、下外墙板之间的连接键槽,在灌混凝土时要在外侧用油毡将缝隙堵严,防止混凝土挤入水平空腔内。

相邻外墙板挡水台和披水之间的缝隙要用砂浆填实,然后将下层塑料防水条搭放其上,如交接不严,可用油膏密封。在上、下两塑料条之间放置塑料排水管和排水簸箕,外端伸出墙面 1～1.5 cm,应主要注意其坡度,以保证排水畅通。

(6)外墙板垂直、水平缝的勾缝施工,可采用屋面移动悬挑车或吊篮在勾缝前,应将缝隙清理干净,并将校正墙板用的木楔和铁楔从板底拔出,不得遗留或折断在缝内。勾水平缝防水砂浆前,先将油毡条嵌入缝内。防水砂浆的配合比为水泥∶砂子∶防水粉＝1∶2∶0.02(质量比)。调制时先以干料拌和均匀后,再加水调制,以利防水。

为防止垂直缝砂浆脱落,勾缝时,一定要将砂浆挤进立槽内,但不得用力过猛,防止将塑料挡水条挤进减压空腔里。要严禁砂浆或其他杂物落入空腔里。水平缝外口防水砂浆需分 2 或 3 次勾严。板缝外口的防水砂浆要求勾得横平竖直、深浅一致,力求美观。为防止和减少水泥砂浆的开裂,勾缝用的砂浆应掺入水泥质量的 0.6%～0.7% 的玻璃纤维。低温施工时,为防止冻结,应掺适量氯盐。

(7)为了提高板缝防水效果,宜在勾缝前先进行缠缝,且材料应作防水处理。

9.2.2　材料防水施工

材料防水即预制外墙板板缝及其他部位的接缝,采用各种弹性或弹塑性的防水密缝膏嵌填,以达到板缝严密堵塞雨水通路的方法。其工艺简单,操作方便。

(1)嵌填法与刷涂法施工。除丁基密封胶适用涂刷法外,多数密封膏适用嵌填法,即用挤压枪将筒装密封膏压入板缝中。

①填塞背衬材料。将背衬材料按略大于缝宽(4~6 mm)的尺寸裁好,用小木条或开刀塞严,沿板缝上下贯通,不得有凹陷或凸出。通过填塞背衬材料借以确定合理的宽深比。处理后的板缝深度应在 1.5 cm 左右。

②粘贴胶黏带防污条。防污条可采用自黏性胶黏带或用 108 胶粘贴牛皮纸条,沿板缝两侧连续粘贴,在密封膏嵌填并修整后再予揭除。其目的是防止刷底层涂料及嵌、刷密封膏时污染墙面,并使密封膏接缝边沿整齐美观。

③刷底层涂料。刷底层涂料的目的在于提高密封膏与基层的黏结力,并可防止混凝土或砂浆中碱性成分的渗出。依据密封膏的不同,底层涂料的配制也不同,丙烯酸类可用清水将膏体稀释,氯磺化聚乙烯需用二甲苯将膏体稀释,丁基橡胶类需用 120 号汽油稀释,聚氨酯类则需用二甲苯稀释。涂刷底层涂料时要均匀盖底,不漏刷,不流坠,不得污染墙面。

④嵌填(刷涂)密封膏。嵌填(刷涂)双组合的密封膏,按配合比经搅拌均匀后先装入塑料小筒内,要随用随配,防止固化。

嵌填时将密封膏筒装入挤压枪内,根据板缝的宽度,将筒口剪成斜口,扳动扳机,将膏体徐徐挤入板缝内填满。在条板缝嵌好后,立即用特制的圆抹子将密封膏表面压成弧形,并仔细检查所嵌部位,将其全部压实。

刷涂时,用棕刷涂缝隙。涂刷密封膏要超出缝隙宽度 2~3 cm,涂刷厚度应在 2 mm 以上。

⑤清理。密封膏嵌填、修补完毕后,要及时揭掉防污条。如墙面粘上密封膏,可用与膏体配套的溶剂将其清理干净。所用工具应及时清洗干净。

⑥成品保护。密封膏嵌填完成后,经过 7~15 d 才能固化,在此期间要防止触碰及污染。

(2)压入法施工。压入法是将防水密封材料事先轧成片状,然后压入板缝之中。这种做法可以节约筒装密封膏的包装费,降低材料消耗。目前适合压入法的密封材料不多,只有 XM-43 丁基密封膏。

①首先将配制好的底胶均匀涂刷于板缝中,自然干燥 0.5 h 后即可压入密封膏。

②将轧片机调整至施工所需密封腻子厚度,将轧辊用水润湿,防止粘辊。将密封膏送入轧辊,即可轧出所需厚度的片材,然后裁成适当的宽度,放在塑料薄膜上备用。

③将膏片贴在清理干净的墙板接缝中,用手持轧辊在板缝两侧压实、贴牢。

④最后在表面涂刷 691 涂料,用以保护密封腻子,增强防水效果,并增加美感。691 涂料要涂刷均匀,全部盖底。

9.2.3 厕浴间防水施工

建筑工程中的厕浴间一般都布置有穿过楼地面或墙体的各种管道,这些管道具有形状复杂、面积较小、变截面等特点。在这种情况下,如果继续沿用以石油沥青纸胎油毡或其他卷材类材料进行防水的传统做法,则因防水卷材在施工时的剪口和接缝多,很难黏结牢固和封闭严密,难以形成一个弹性与整体的防水层,比较容易发生渗漏等工程质量事故,影响厕浴间的装饰质量及使用功能。为了确保高层建筑中厕浴间的防水工程质量,现在多用涂膜防水或抹聚合物水泥砂浆防水取代各种卷材做厕浴间防水的传统做法,尤其是选用高弹性的聚氨酯涂膜、弹塑性的高聚物改性沥青涂膜或刚柔结合的聚合物水泥砂浆等新材料和新工艺,可以使厕浴间的地面和墙面形成一个连续、无缝、封闭严密的整体防水层,从而保证厕浴间的防水工程质量。

总之,从施工技术的角度看,高层建筑的厕浴间防水与一般多层建筑并无区别,只要结构设计合理,防水材料运用适当,严格按规程施工,确保工程质量并非难事。

9.2.4 其他部位接缝防水施工

1. 阳台、雨罩板部位防水

(1)平板阳台板上部平缝全长和下部平缝两端 30 mm 处以及两端垂直缝,均应嵌填防水油膏,相互交圈密封。槽形阳台板只在下侧两端嵌填防水油膏。

防水油膏应具有良好的防水性、黏结性以及耐老化,高温不流淌、低温柔韧等性能。

基层应坚硬密实,表面不得有粉尘。嵌填防水油膏前,应先刷冷底子油一道,待冷底子油晾干后再嵌入防水油膏。如遇瞎缝,应剔凿出 20 mm×30 mm

的凹槽,然后刷冷底子油、嵌填防水油膏。嵌填时,可将防水油膏搓成长条,用溜子压入缝内。防水油膏与基层一定要黏结牢固,不得有剥离、下垂、裂缝等现象,然后在防水油膏表面再涂刷冷底子油一道。为便于操作,可在手上、溜子上涂少量鱼油,以防防水油膏与手及溜子黏结。

阳台板的泛水做法要正确,以确保使用期间排水畅通。

(2)雨罩板与墙板压接及其对接接缝部位,先用水泥砂浆嵌缝,并抹出防水砂浆帽。防水砂浆帽的外墙板垂直缝内要嵌入防水油膏,或将防水卷材沿外墙向上铺设 30 cm。

2. 屋面女儿墙防水

屋面女儿墙部位的现浇组合柱混凝土与预制女儿墙板之间容易产生裂缝,雨水会顺缝隙流入室内。因此,应尽量防止组合柱混凝土的收缩(宜采用干硬性混凝土或微膨胀混凝土)。混凝土浇筑在组合柱外侧,沿垂直缝嵌入防水油膏,外抹水泥砂浆加以保护。女儿墙外墙板垂直缝用防水油膏和水泥砂浆填实。另外,还应增设女儿墙压顶,压顶两侧需留出滴水槽,以防止雨水沿缝隙顺流而下。

质量检查与验收标准如下。

(1)质量检查。外墙防水在施工过程中和施工后,均应进行认真的质量检查,发现问题应及时解决。完工后应进行淋水试验。试验方法是:用长 1 m 的 $\phi25$ 的水管,表面钻若干 1 mm 的孔,接通水源后,放在外墙最上部位,沿每条垂直缝进行喷淋。喷淋时间:无风天气为 2 h,五、六级风时为 0.5 h。若发现渗漏,应查明原因和部位并进行修补。

(2)验收标准。

①外墙接缝部位不得有渗漏现象。

②缝隙宽窄一致,外观平整光滑。

③防水材料与基层嵌填牢固,不开裂、不翘边、不流坠、不污染墙面。

④采用嵌入法时宽厚比应一致,最小厚度不小于 10 mm;采用刷涂法时涂层厚度不小于 2 mm;采用压入法时密封腻子厚度不小于 3 mm。

9.3　屋面及特殊建筑部位防水施工

对高层建筑施工而言,屋面及特殊建筑部位防水施工与普通多层建筑基本相同。

9.3.1 屋面防水施工

高层建筑的屋面防水等级一般为二级,其防水耐用年限为 15 年,如果继续采用原有的传统石油沥青纸胎油毡防水,已远远不能适应屋面防水基层伸缩或开裂变形的需要,而应采用各种拉伸强度较高,抗撕裂强度较好,延伸率较大,耐高、低温性能优良,使用寿命较长的弹性或弹塑性的新型防水材料做屋面的防水层。屋面一般宜选用合成高分子防水卷材、高聚物改性沥青防水卷材和合成高分子防水涂料等进行两道防水设防,其中必须有一道卷材防水层。施工时应根据屋面结构特点和设计要求选用不同的防水材料或不同的施工方法,以获得较为理想的防水效果。

目前,常采用的屋面防水形式多为合成高分子卷材防水、聚氨酯涂膜防水组成的复合防水构造,或与刚性保护层组成的复合防水构造,其施工工艺与一般多层建筑的屋面防水施工工艺相同。

9.3.2 特殊建筑部位防水施工

在现代化的建筑工程中,往往在楼地面或屋面上设有游泳池、喷水池、四季厅、屋顶(或室内)花园等,从而增加了这些工程部位建筑防水施工的难度。在这些特殊建筑部位中,如果防水工程设计不合理、选材不当或施工作业不精心,则有发生水渗漏的可能。这些部位一旦发生水渗漏,不但不能发挥其使用功能,而且会损坏下一层房间的装饰装修材料和设备,甚至会破坏到不能使用的程度。为了确保这些特殊部位的防水工程质量,最好采用现浇的防水混凝土结构做垫层,同时选用高弹性无接缝的聚氨酯涂膜与三元乙丙橡胶卷材或其他合成高分子卷材相复合,进行刚柔并用、多道设防、综合防水的施工做法。

(1)对基层的要求及处理。楼层地面或屋顶游泳池、喷水池、花园等基层应为全现浇的整体防水混凝土结构,其表面要抹水泥砂浆找平层,要求抹平压光,不允许有空鼓、起砂、掉灰等缺陷存在,凡穿过楼层地面或立墙的管件(如进出水管、水底灯电线管、池壁爬梯、池内挂钩、制浪喷头、水下音响以及排水口等),都必须安装牢固、收头圆滑。进行防水层施工前,基层表面应全面泛白无水印,并要将基层表面的尘土杂物彻底清扫干净。

(2)涂膜防水层的施工。涂膜防水层应选用无污染的石油沥青聚氨酯防水涂料施工,该品种的材料固化形成的涂膜防水层不但无毒无味,而且各项技术性能指标均优于煤焦型聚氨酯涂膜。

（3）三元乙丙橡胶卷材防水层的施工。在聚氨酯涂膜防水层施工完毕并完全固化后，把排水口和进、出水管等管道全部关闭，放水至游泳池或喷水池的正常使用水位，蓄水 24 h 以上，经认真检查确无渗漏现象后，即可把水全部排放掉。待涂膜表面完全干燥，再按合成高分子卷材防水施工的工艺，进行三元乙丙橡胶卷材防水层的施工。

（4）细石混凝土保护层与瓷砖饰面层的施工。在涂膜与卷材复合防水层施工完毕，经质监部门认真检查验收合格后，即可按照设计要求或标准的规定，浇筑细石混凝土保护层，并抹平压光，待其固化干燥后，再选用耐水性好、抗渗能力强和黏结强度高的专用胶黏剂粘贴瓷砖饰面层。

需要特别注意的是，在进行保护层施工的过程中，绝对不能损坏复合防水层，以免留下渗漏的隐患。

第10章 建筑幕墙施工

10.1 玻璃幕墙施工

10.1.1 铝合金玻璃幕墙施工

1. 施工准备

(1)施工现场准备。

①施工前,首先要对现场管理和安装人员进行全面的技术和质量交底及安全规范教育,备齐防火和安全器材与设施。

②在构件进场搬运、吊装时,需要加强保护,不得碰撞和损坏。构件应放在通风、干燥、不与酸碱类物质接触的地方,并要严防雨水渗入。

③构件应按品种、规格、种类和编号堆放在专用架子或垫木上。玻璃构件应稍稍倾斜直立摆放,在室外堆放时,应采取防护措施。

④构件安装前,均应进行检验与校正。构件应符合设计图纸及相关质量标准的要求,不得有变形、损伤和污染,不合格构件不得上墙安装。玻璃幕墙构件在运输、堆放、吊装过程中有可能会人为地使构件产生变形、损坏等,在安装之前一定要提前对构件进行检验,发现不合格的应及时更换。同时,幕墙施工承包商应根据具体情况和以往施工经验,对易损坏和丢失的构件、配件、玻璃、密封材料、胶垫等,有一定的更换储备数量。一般构件、配件等储备数量为 1%~5%,玻璃在安装过程中的损坏率为总块数的 3%~5%。

⑤构件在现场的辅助加工如钻孔、攻丝、构件偏差的现场修改等,其加工位置、精度、尺寸应符合设计要求。

⑤玻璃幕墙与主体结构连接的预埋件,应在主体结构施工时按设计要求埋设。在放置预埋件之前,应按幕墙安装基线校核预埋件的准确位置,预埋件应牢固固定在预定位置上,并将锚固钢筋与主体构件主钢筋用铁丝绑扎牢固或点焊固定,

防止预埋件在浇筑混凝土时位置变动。施工时预埋件锚固钢筋周围的混凝土必须密实振捣,混凝土拆模后,应及时将预埋件钢板表面上的砂浆清除干净。

(2)施工技术准备。

①熟悉工程玻璃幕墙的特点,其中包括骨架设计的特点,玻璃安装的特点及构造方面的特点。然后根据其特点,研究具体的施工方案,并细致、严格地复查。另外,对主体结构的预留孔洞及表面的缺陷,应做好检查记录,并及时提请有关单位注意。

③根据主体结构的施工质量,最后调整主体结构与玻璃幕墙之间的间隔距离,以便确保安装工作顺利进行,基本做到准确无误。

(3)测量放线及放线定位。

①测量放线。

a.根据幕墙分格大样图和土建单位给出的标高控制点、进出口线及轴线位置,采用重锤、钢丝线、测量器具及水平仪等测量工具在主体结构上测出幕墙平面、立柱、分格及转角基准线,并用经纬仪进行调校、复测。

b.幕墙分格轴线的测量放线应与主体结构测量放线相配合,水平标高要逐层从地面引上,以免误差累积。误差大于规定的允许偏差时,包括垂直偏差值,应经监理、设计人员的同意后,适当调整幕墙的轴线,使其符合幕墙的构造需要。

c.对高层建筑的测量应在风力不大于四级的情况下进行,测量应在每天定时进行。

d.质量检验人员应及时对测量放线情况进行检查,并将其查验情况填入记录表。

e.在测量放线的同时,应对预埋件的偏差进行检验,其上、下、左、右偏差值应不超过±45 mm,超过误差允许范围的预埋件必须进行适当的处理后方可进行安装施工,并把处理意见上报监理、业主和公司相关部门。

f.质量检验人员应对预埋件的偏差情况进行抽样检查,抽检量应为幕墙预埋件总数量的 5% 以上且不少于 5 件,所检测点不合格数不超过 10%,可判为合格。

②放线定位。

放线是指将骨架的位置弹到主体结构上。这项工作也是为了确保玻璃幕墙位置准确的准备工作。只有准确地将设计要求反映到结构表面,才能保证设计意图。

a.放线工作应根据土建单位提供的中心线及标高控制点进行,因为玻璃幕

墙设计一般是以建筑物的轴线为依据的,玻璃幕墙的布置应与轴线取得一定的关系。所以,放线应首先弄清楚建筑物的轴线,对于所有的标高控制点,均应进行复校。

b.对于由横竖杆件组成的幕墙骨架,一般先弹出竖向杆件的位置,然后将竖向杆件的锚固点确定,再将横向杆件弹到竖向杆件上。

c.放线是玻璃幕墙施工中技术难度较大的一项工作,除了需充分掌握设计要求,还需具备丰富的工作经验。因为有些细部构造处理,设计图纸有时交代得并不十分明确,而是留给操作人员结合现场情况具体处理。特别是玻璃面积大、层数较多的高层建筑或超高层建筑玻璃幕墙,其放线难度更大,精度要求更高。

(4)预埋件偏差处理。

①预埋件尺寸偏差处理原则。

a.预埋件偏差超过 45 mm 时,应及时把信息反馈回有关部门及设计负责人,并书面通知业主、监理及有关各方。

b.预埋件偏差在 45～150 mm 时,允许加接与预埋件等厚度、同材料的钢板,一端与预埋件焊接,焊缝高度大于 7 mm,焊缝为连续周边焊,焊接质量符合《钢结构工程施工质量验收标准》(GB 50205—2020)。

c.预埋件偏差超过 300 mm 或由于其他原因无法现场处理时,应经设计部门、业主、监理等有关方面共同协商提出可行性处理方案并签审后,施工部门按方案施工。

d.预埋件表面沿垂直方向倾斜误差较大时,应采用厚度合适的钢板垫平后焊牢,严禁用钢筋头等不规则金属件做垫焊或搭接焊。

e.预埋件表面沿水平方向倾斜误差较大,影响正常安装时,可采用上述的方法修正,钢板的尺寸及建筑锚栓的数量、位置可根据现场实际情况由设计确定。

②预埋件偏差尺寸处理措施。

a.预埋件防腐措施必须按国家标准要求执行,必须经手工打磨,外露金属光泽后,方可涂防锈漆。如有特殊要求,须按要求处理。

b.因楼层向内偏移引起支座长度不够,无法正常安排时,可采用加长支座的办法解决,也可以采用在预埋件上焊接钢板或槽钢加垫的方法解决。

采用加长支座时:

Ⅰ.当加长幅度小于 100 mm 时,可采用角钢制作支座,令其端部与预埋件表面焊接,焊缝高度大于 7 mm,焊缝为连续周边焊,焊接质量特合现行国家标准

《钢结构工程施工质量验收标准》(GB 50205—2020);

Ⅱ.当加长幅度大于 100 mm 时,在采用角钢做支座的同时,应在支座下部加焊三角支撑。支撑的材料可采用不小于 50 mm×50 mm×5 mm 的角钢,一端与支座焊接,焊缝长度大于 80 mm,焊缝高度大于 5 mm;另一端与主体结构采用建筑锚栓连接,加强支撑的位置以牢固和不妨碍正常安装为原则。

2. 竖框安装

根据放线的具体位置,进行骨架安装。骨架固定,常采用连接件与主体结构相连。连接件与主体结构的固定,通常有两种方法。一种方法是在主体结构上预埋铁件,用连接件与主体结构相连。另一种方法是在主体结构上打孔,用膨胀螺栓通过连接件将骨架与主体结构连接。这种方法要注意保证膨胀螺栓埋入深度,因为膨胀螺栓的拉拔力大小与埋入的深度有关。这样,就要求用冲击钻在混凝土结构上钻孔时,按要求的深度钻孔。当遇到钢筋时,应错开钢筋位置,另择钻孔点。

连接件通常用型钢加工而成,其形状可因不同的结构类型、不同形式、不同的安装部位而有所不同。但不论何种形状的连接件,均应固定在结实、坚固的位置上。

待连接件固定后,可以安装骨架。一般先安装竖向杆件,因为竖框与主体结构相连,竖框就位后,可安装横梁。

(1)施工准备。

①应注意骨架(竖框、横梁)本身的处理。如果是钢骨架,要涂刷防锈漆,其遍数应符合设计要求。如果是铝合金骨架,要注意骨架氧化膜的保护,在与混凝土直接接触的部位,应对氧化膜进行防腐处理。

②大面积的玻璃幕墙骨架,都存在骨架接长问题,特别是骨架中的竖框。对于型钢一类的骨架接长,一般比较容易处理。而铝合金骨架,由于是空腹薄壁构件,其连接不能简单地对接,而是采用连接件,分别穿进上、下杆件的端部,然后再用螺栓拧紧。

(2)施工安装要点。

①竖框安装的准确性和质量,将影响整个玻璃幕墙的安装质量,是幕墙施工安装的关键之一。竖框一般根据施工及运输条件确定,可以是一层楼高为一整根,长度可达到 7.5 m。接头应有一定空隙,采用套筒连接,可适应和消除建筑挠度变形和温度变形的影响;连接件与预埋件的连接,可采用间隔的铰接和刚接

构造,铰接仅抗水平力,而刚接除抗水平力外,还应承担垂直力并传给主体结构。

②立柱安装前应认真核对立柱的规格、尺寸、数量、编号是否与施工图纸相一致;施工人员必须进行有关高空作业的培训,并取得上岗证,方可进入施工现场施工。施工时严格执行国家有关劳动、卫生法规和现行行业标准《建筑施工高处作业安全技术规范》(JGJ 80—2016)的有关规定,特别要注意在风力超过 6 级时,不允许进行高空作业。

③应将竖框先与连接件连接,然后连接件再与主体预埋件连接,并调整和固定竖框,安装标高偏差应不大于 3 mm,轴线前后偏差应不大于 2 mm,左右偏差应不大于 3 mm,同时注意误差不得积累,且开启窗处为正误差。

④相邻竖框安装标高偏差应不大于 3 mm,同层竖框的最大标高偏差应不大于 3 mm,相邻竖框的距离偏差应不大于 2 mm,竖框安装的允许偏差及检查方法还应符合规定。

⑤竖框与连接件(支座)接触面之间一定要加防腐隔离垫片。

⑥竖框按偏差要求初步定位后,应进行自检,对不合格的应进调校修正。自检合格后,再报质检人员进行抽检,抽检数量应为竖框总数量的 5% 以上,且不少于 5 件。抽检合格后才能将连接件(支座)正式焊接牢固,焊缝位置及要求按设计图纸规定,焊缝高度大于等于 7 mm,焊接质量应符合现行国家标准《钢结构工程施工质量验收标准》(GB 50205—2020)。焊接好的连接件必须采取可靠的防腐措施,如有特殊要求,须按要求处理。

⑦玻璃幕墙竖框安装就位、调整后应及时固定。玻璃幕墙安装的临时螺栓等在构件安装、就位、调整、固定后应及时拆除。

⑧焊工为特殊工种,需经专业安全技术学习和训练,考试合格,获得"特殊工种操作证"后,方可独立工作。

⑨焊接场地必须采取防火、防爆安全措施,方可进行操作。焊件下方应设置接火斗、安排看火人,操作者操作时戴好防护眼镜和面罩;电焊机接地零线及电焊工作回线必须符合有关安全规定。

⑩竖框安装牢固后,必须取掉上下两竖框之间用于定位伸缩缝的标准块,并在伸缩缝处打密封胶。

(3)避雷设施。

①在安装竖框的同时应按设计要求进行防雷体系的可靠连接;均压环应与主体结构避雷系统连接,预埋件与均压环通过截面积不小于 48 mm² 的圆钢或扁钢连接。

②圆钢或扁钢与预埋件、均压环进行搭接焊接,焊缝长度不小于 75 mm。位于均压层的每个竖框与支座之间应用宽度不小于 24 mm、厚度不小于 2 mm 的铝带条连接,保证其导电电阻小于 10 Ω。

③在各均压层上连接导线部位需进行必要的电阻检测,接地电阻应小于 10 Ω,对幕墙的防雷体系与主体的防雷体系之间的连接情况也要进行电阻检测,接地电阻值小于 10 Ω。检测合格后还需要质检人员进行抽检,抽检数量为 10 处,其中一处必须是对幕墙的防雷体系与主体的防雷体系之间连接的电阻检测。如有特殊要求,须按要求处理。

④所有避雷材料均应热镀锌。避雷体系安装完后应及时提交验收,并将检验结果及时做记录。

3. 横梁安装

(1)竖框与横梁连接方式。

①横向杆件横梁的安装,宜在竖向杆件竖框安装后进行。如果横竖杆件均是型钢一类的材料,可以采用焊接,也可以采用螺栓或其他方法连接。当采用焊接时,大面积的骨架需焊的部位较多,由于受热不均,可能会引起骨架变形,要注意焊接的顺序及操作。当采用螺栓连接时,将横梁用螺栓固定在竖框的铁码上。

②也有的采用一个特制的穿插件,分别插到横向杆件的两端,将横向杆件担住。此种办法安装简便,固定又牢靠。由于横杆件担在穿插件上,横竖杆件之间有微小的间隙,可是横向杆件又不能产生错动,对伸缩和安装都很有利。穿插件用螺栓固定在竖框上。

③如果横竖杆件均是铝合金型材,一般多用角铝作为连接件。角铝的一条肢固定横向杆件,另一肢固定竖向杆件。

骨架安装完毕后应进行全面检查,特别是横竖杆件的中心线。对于某些通长的竖向杆件,当高度较高时,应用仪器进行中心线校正。对于不太高的幕墙竖向杆件,也可用吊垂线的办法进行检查,这样做是为了保证骨架的安装质量。因为玻璃固定在骨架上,在玻璃尺寸既定的情况下,幕墙骨架尺寸的准确就显得至关重要。

(2)安装施工要求。

①横梁一般为水平构件,是分段在立柱中嵌入连接,横梁两端与竖框连接处应加弹性橡胶垫,弹性橡胶垫应有 20% ～35% 的压缩性,以适应和消除横向温度变形的要求。需要说明的是,一些隐框玻璃幕墙的横梁不是分段与竖框连接

的,而是作为铝框的一部分与玻璃组成一个整体组件后,再与竖框连接。因此,这里所说的横梁安装是指明框玻璃幕墙中横梁的安装。

②横梁安装必须在土建湿作业完成及竖框安装后进行。大楼从上至下安装,同层从下至上安装。当安装完一层高度时,应进行检查、调整、校正、固定,使其符合质量要求。

③应按设计要求牢固安装横梁,横梁与竖框接缝处应打密封胶,密封胶应选择与竖框、横梁相近的颜色,这才不至于反差太大。

④横梁安装的允许偏差及检查方法应符合规定。

⑤横梁安装定位后,应进行自检。对不合格的应及时进行调校修正,自检合格后,再报质检人员进行抽检,抽检量应为横梁总数量的 5% 以上,且不少于 5件。所有检测点不合格数不超过 10%,可判为合格。抽检合格后才能进行下道工序。

⑥安装横梁时,应注意如设计中有排水系统,冷凝水排出管及附件应与横梁预留孔连接严密,与内衬板出水孔连接处应设橡胶密封条;其他通气留槽孔及雨水排出口等应按设计施工,不得遗漏。

4. 幕墙组件安装

玻璃的安装,因玻璃幕墙的结构类型不同,固定的方法也有所不同。如果是钢结构骨架,因为型钢没有镶嵌玻璃的凹槽,所以多用窗框过渡,先将玻璃安装在铝合金窗框上,再将窗框与骨架连接。此种类型可以是几樘窗框并联在一个网格内,也可用单独窗框独立使用。

铝合金型材的幕墙框架就与其不同,它是在成型的过程中,已经将固定玻璃的凹槽随同整个断面一次挤压成型,所以安装玻璃很方便。将玻璃安装在铝合金型材上,是目前应用最多也是最普及的方法,它不仅构造简单,安装方便,同时也是玻璃幕墙中较经济的一种。为确保工程质量,还是应注意以下问题。

(1)选用封缝材料。

玻璃与硬性金属之间,应避免直接接触,要用弹性的材料过渡。通常将这种弹性材料称作封缝材料。

①不能将玻璃直接搁置在金属下框上,须先在金属框内衬垫氯丁橡胶一类的弹性材料,以防止玻璃因温度变化引起的胀缩导致破坏,橡胶垫起到缓冲的作用。

②胶垫宽度以不超过玻璃厚度为标准,胶垫长度由玻璃质量决定。单块玻

璃质量越大,胶垫的压力也越大。对氯丁橡胶垫,其表面承受压力以不超过 0.1 MPa 为宜。胶垫应有一定硬度,松软的泡沫材料是不合适的。

③凹槽两侧的封缝材料,一般由两部分组成。一部分是填缝材料,同时兼有固定的作用。这种填缝材料常用橡胶压条,也可将橡胶压条剪成一小段,然后在玻璃两侧挤紧,起到防止玻璃移动的作用。不过,这种做法在玻璃幕墙中少用,而多用长的橡胶压条。另一部分是填缝材料上面的防水密封胶。由于硅酮系列的密封胶耐久性能好,所以目前用得较多。但密封胶要注得均匀、饱满,一般注入深度在 5 mm 左右。

(2)明框玻璃幕墙。

①玻璃安装前应将表面尘土、污染物擦拭干净。热反射玻璃安装时应将镀膜面朝向室内,非镀膜面朝向室外。

②幕墙玻璃镶嵌时,对于插入槽口的配合尺寸按《建筑幕墙》(GB/T 21086—2007)中的有关规定进行校核。

③玻璃与构件不得直接接触,玻璃四周与构件槽口底保持一定空隙,每块玻璃下部必须按设计要求加装一定数量的定位垫块,定位垫块的宽度应与槽口相同,长度不小于 100 mm,并用胶条或密封胶将玻璃与槽口两侧之间进行密封。

④玻璃定位后及时在四周镶嵌密封橡胶条或打密封胶,并保持平整。密封橡胶条和密封胶应按规定型号选用。

⑤玻璃安装后应先自检,合格后报质检人员进行抽检,抽检量为总数的 5% 以上,且不少于 5 件;所检测点不合格数不超过 10%,可判为合格。

(3)隐框玻璃幕墙。

玻璃框在安装前应对玻璃及四周的铝框进行必要的清洁,保证嵌缝耐候胶能可靠黏结。安装前玻璃的镀膜面应粘贴保护膜加以保护,交工前再全部揭去。

①玻璃的品种、规格与色彩应与设计要求相符,整幅幕墙玻璃的色泽应均匀,玻璃的镀膜面应朝室内方向;若发现玻璃的颜色有较大出入或镀膜脱落等现象,应及时向有关部门反映,得到处理后方可安装。

②玻璃框在安装时应注意保护,避免碰撞、损伤或跌落。当玻璃框面积较大或自身质量较大时,可采用机械安装,或用真空吸盘提升安装。

③隐框玻璃幕墙组装允许偏差及检查方法应符合《建筑幕墙》(GB/T 21086—2007)中的有关规定。

④用于固定玻璃框的勾块、压块或其他连接件,应严格按设计要求或有关规范执行,严禁少装或不装紧固螺钉。

⑤分格玻璃拼缝应竖直横平,缝宽均匀、并符合设计及偏差要求。每块玻璃框初步定位后,应与相邻玻璃框进行协调,保证拼缝符合要求。对不符合要求的应进行调校修正,自检合格后报质检人员进行抽检,每幅幕墙抽检 5％的分格,且不得少于 5 个分格。允许偏差项目中有 80％抽检实测值合格,其余抽检实测值不影响安全和使用,则可判定为合格。抽检合格后方可进行固定和打耐候胶。

5.窗扇安装施工及其他工序

(1)窗扇安装施工。

①按照施工组织设计要求,安装窗扇前一定要核对窗扇的规格是否与设计图纸和施工图纸相符,安装时要采取适当的保护措施,防止脱落。

②窗扇在安装前应进行必要的清洁,安装时应注意窗扇与窗框的上下、左右、前后、里外的配合间隙,以保证其密封性。

③窗扇连接件的规格、品种、质量一定要符合设计要求,并应采用不锈钢或轻金属制品,严禁私自减少连接用自攻螺钉等紧固件的数量,并应严格控制自攻螺钉的底孔直径尺寸。

(2)防火保温措施。

①有热工要求的幕墙,保温部分宜从内向外安装;当采用内衬板时,四周应套装弹性橡胶密封条,内衬板与构件接缝应严密,内衬板就位后应进行密封处理。

②防火保温材料的安装应严格按设计要求施工,防火保温材料宜采用整块岩棉,固定防火保温材料的防火衬板应锚固牢靠。

③玻璃幕墙四周与主体结构之间的缝隙,均应采用防火保温材料填塞,填装防火保温材料时一定要填实、填平,不允许留有空隙,并采用铝箔或塑料薄膜包扎,防止防火保温材料受潮失效。同时,填塞防火保温材料时,不宜在雨天或有风天气下施工。

④在填装防火保温材料的过程中,质检人员应不定时进行抽检,发现不合格者应及时返工,杜绝隐患。

(3)密封处理。

玻璃或玻璃组件安装完毕后,必须及时用耐候密封胶嵌缝,予以密封,保证玻璃幕墙的气密性和水密性。

玻璃幕墙的密封处理常用的是耐候硅酮密封胶。耐候硅酮密封胶的施工应符合下列要求。

①耐候硅酮密封胶的施工必须严格按工艺规范执行,施工前应对施工区域

进行清洁,应保证缝内无水、油渍、铁锈、水泥砂浆、灰尘等杂物;可采用甲苯,丙酮或甲基二乙酮作清洁剂。

②施工时,应对每一管胶的规格、品种、批号及有效期进行检查,符合要求方可施工,严禁使用过期的密封胶。

③耐候硅酮密封胶的施工厚度应大于 3.5 mm,施工宽度应不小于施工厚度的 2 倍。注胶后应将胶缝表面刮平,去掉多余的密封胶。

④耐候硅酮密封胶在缝内应形成相对两面黏结,不得三面黏结,较深的密封槽口底部应采用聚乙烯发泡材料填塞。

⑤为保护玻璃和铝框不被污染,应在可能导致污染的部位贴纸基胶带,填完胶刮平后立即将基纸胶带除去。

⑥采用橡胶条密封时,橡胶条应严格按设计规定型号选用,镶嵌应平整,橡胶条长度宜比边框内槽口长 1.5%～2%,其断口应留在四角。斜面断开后应拼成预定的设计角度,用胶黏剂黏结牢固后嵌入槽内。

⑦幕墙内外表面的接缝或其他缝隙应采用与周围物体色泽相近的密封胶连续密封,接缝应平整、光滑,并严密不漏水。

(4)保护和清洁。

①施工中的幕墙应采用适当的措施加以保护,防止发生碰撞、污染、变形、变色及排水管堵塞等现象。

②施工中,对幕墙及幕墙构件表面装饰造成影响的黏附物要及时清除,恢复其原貌。

③玻璃幕墙工程安装完成后,应制定清扫方案,防止幕墙表面污染和发生异常,其清扫工具、吊盘以及清扫方法、时间、程序等,应得到专职人员批准。

④幕墙安装完后,应从上到下用中性清洁剂对幕墙表面及外露构件进行清洗。清洗玻璃和铝合金件的中性清洁剂,清洗前应进行腐蚀性检验,证明对铝合金和玻璃无腐蚀作用后方能使用。清洁剂有玻璃清洗剂和铝合金清洗剂之分,互有影响,不能错用,清洗时应隔离。清洁剂清洗后应及时用清水冲洗干净。

(5)检查与维修。

①检查工作。

a.幕墙安装完毕,质量检验人员应进行总检,指出不合格的部位并督促及时整改,出现较大不合格项或无法整改时,应及时向有关部门反映,待设计等部门出具解决方案。

b.对幕墙进行总检的同时应及时记录检验结果,所有检验记录、评定表格等资料都应,归档保存,以备最终工程交工验收。

c.总检合格后方可提交监理、业主验收,但最终必须经有关质检部门验收后才算合格。

②维修工作。

维修过程除严格遵循安装施工的有关要求外,还应注意以下几点。

a.更换隐框幕墙玻璃时,一定要在玻璃四周加装压块,要求每一块框加装三块,并在底部加垫块;压块与玻璃之间应加弹性材料,待结构胶干后应及时去掉压块和垫块,并补上密封胶。

b.在更换楼层较高的玻璃时,应采用可靠固定的吊篮或清洗机,必须有管理人员现场指挥。高空作业时必须要两人以上进行操作,并设置防止玻璃及工具掉下的防护设施。

c.不得在四级以上的风力及大雨天更换楼层较高的玻璃,并且不得对幕墙表面及外部构件进行维修。

d.更换的玻璃、铝型材及其他构件应与原来状态保持一致或相近,修复后的功能及性能不能低于原状态。

6.安全施工要求

(1)玻璃幕墙安装施工应符合《建筑施工高处作业安全技术规范》(JGJ 80—2016)、《建筑机械使用安全技术规程》(JGJ 33—2012)、《施工现场临时用电安全技术规范》(JGJ 46—2005)的有关规定。

(2)安装施工机具在使用前,应进行严格检查。电动工具应进行绝缘电压试验;手持玻璃吸盘及玻璃吸盘机应进行吸附重量和吸附持续时间试验。

(3)采用外脚手架施工时,脚手架应经过设计,并应与主体结构可靠连接。采用落地式钢管脚手架时,应双排布置。

(4)当高层建筑的玻璃幕墙安装与主体结构施工交叉作业时,在主体结构的施工层下方应设置防护网;在距离地面约 3 m 高度处,应设置挑出宽度不小于 6 m 的水平防护网。

(5)采用吊篮施工时,应符合下列要求:

①吊篮应进行设计,使用前应进行安全检查;

②吊篮不能作为竖向运输工具,并不得超载;

③不要在空中进行吊篮检修。

10.1.2　全玻幕墙施工

1.施工机具与施工准备

全玻璃幕墙的安装施工是一项多工种联合施工,不仅工序复杂,操作也要求十分精细。同时它又与其他分项工程的施工进度计划有密切的关系。为了使玻璃幕墙的施工安装顺利进行,必须根据工程实际情况,编制好单项工程施工组织设计,并经总承包单位确定。

(1)施工机具。

①电动吸盘机。

电动吸盘机是一种真空装卸装置。它主要由起重悬吊架、电动真空装置、横杆、可拆除伸延臂、吸盘等组成。真空吸盘安装在双弹簧悬挂装置上,以保证吸盘能准确地排列和吸附物件。真空装置要有报警显示和延时功能,不仅能及时发现有吸盘泄漏,且能有足够的时间处置,使玻璃不致掉落。可拆除伸延臂是为方便吊不同尺寸的玻璃。施工前要根据该工程所用玻璃的尺寸和自身质量,选择电动吸盘的型号。

②液压起重吊车。

液压起重吊车要根据吊装玻璃的质量和吊装半径尺寸以及吊车行驶位置选择吊车的型号,吊车必须要有液压微动操作功能。

(2)施工准备。

①技术准备。

a.现场土建设计资料收集和土建结构尺寸测量。

由于土建施工时可能会有一些变动,实际尺寸不一定都与设计图纸符合。全玻璃幕墙对土建结构相关的尺寸要求较高,所以在设计前必须到现场量测,取得第一手资料数据,然后才能根据业主要求绘制切实可行的幕墙分隔图。对于有大门出入口的部位,还必须与制作自动旋转门、全玻门的单位配合,使玻璃幕墙在门上和门边都有可靠的收口。同时也需满足自动旋转门的安装和维修要求。

b.设计和施工方案确定。

在对玻璃幕墙进行设计分隔时,除要考虑外形的均匀美观外,还应注意尽量减少玻璃的规格型号。由于各类建筑的室外设计都不尽相同,对有室外大雨棚、行车坡道等项目,更应注意协调好总体施工顺序和进度,防止其他室外设施的建

设影响吊车行走和玻璃幕墙的安装。在正式施工前,还应对施工范围的场地进行整平填实,做好场地的清理,保证吊车行走畅通。

②材料及机具准备。

a.主要材料质量检查。

玻璃的尺寸规格是否正确,特别要注意检查玻璃在储存、运输过程中有无受到损伤,发现有裂纹、崩边的玻璃绝不能安装,并应立即通知工厂尽快重新加工补充。

金属结构构件的材质是否符合设计要求,构件是否平直,加工尺寸、精度、孔洞位置是否满足设计要求。要刷好第一道防锈漆,所有构件编号要标注明显。

b.主要施工机具检查。

检查内容有:玻璃吊装和运输机具及设备的检查,特别是对吊车的操作系统和电动吸盘的性能检查;各种电动和手动工具的性能检查;预埋件的位置与设计位置偏差应不大于 20 mm。

③搭脚手架。

由于施工程序中的不同需要,施工中搭建的脚手架需满足不同的要求。

a.放线和制作承重钢结构支架时,应搭建在幕墙面玻璃的两侧,方便工人在不同位置进行焊接和安装等作业。

b.安装玻璃幕墙时,应搭建在幕墙的内侧。要便于玻璃吊装斜向伸入时不碰脚手架,又要使站立在脚手架上下各部位的工人都能很方便地握住手动吸盘,协助吊车使玻璃准确就位。

c.玻璃安装就位后注胶和清洗阶段,这时需在室外另行搭建一排脚手架,由于全玻璃幕墙连续面积较大,使室外脚手架无法与主体结构拉接,所以要特别注意脚手架的支撑和稳固,可以用地锚、缆绳和用斜撑的支柱拉接。

施工中各操作层高度都要铺放脚手板,顶部要有围栏,脚手板要用铁丝固定。在搭建和拆除脚手架时要格外小心,不能从高处向下抛扔钢管和扣件,防止损坏玻璃。

2.吊挂式全玻璃幕墙安装施工

(1)测量放线及放线定位。

①测量放线。

a.幕墙定位轴线的测量放线必须与主体结构的主轴线平行或垂直,以免幕墙施工和室内外装饰施工发生矛盾,造成阴阳角不方正和装饰面不平行等缺陷。

b. 要使用高精度的激光水准仪、经纬仪,配合用标准钢卷尺、重锤、水平尺等复核。对高度大于 7 m 的幕墙,还应反复 2 次测量核对,以确保幕墙的垂直精度。要求上、下中心线偏差小于 1~2 mm。

c. 测量放线应在风力不大于 4 级的情况下进行,对实际放线与设计图之间的误差应进行调整、分配和消化,不能使其积累。通常以利用适当调节缝隙的宽度和边框的定位来解决。如果发现尺寸误差较大,应及时反映,以便采取重新制作一块玻璃或其他方法合理解决。

②放线定位。

吊挂式全玻璃幕墙是直接将玻璃与主体结构固定,那么应首先将玻璃的位置弹到地面上,然后根据外缘尺寸确定锚固点。

(2)上部承重钢结构安装。

①注意检查预埋件或锚固钢板的牢固,选用的锚栓质量要可靠,锚栓位置不宜靠近钢筋混凝土构件的边缘,钻孔孔径和深度要符合锚栓厂家的技术规定,孔内灰渣要清吹干净。

②每个构件安装位置和高度都应严格按照放线定位和设计图纸要求进行。最主要的是承重钢横梁的中心线必须与幕墙中心线相一致,并且椭圆螺孔中心要与设计的吊杆螺栓位置一致。

③内金属扣夹安装必须通顺平直。要用分段拉通线校核,对焊接造成的偏位要进行调直。外金属扣夹要按编号对号入座试拼装,同样要求平直。内外金属扣夹的间距应均匀一致,尺寸符合设计要求。

④所有钢结构焊接完毕后,应进行隐蔽工程质量验收,请监理工程师验收签字,验收合格后再涂刷防锈漆。

(3)下部和侧边边框安装。

要严格按照放线定位和设计标高施工,所有钢结构表面和焊缝刷防锈漆,将下部边框内的灰土清理干净。在每块玻璃的下部都要放置不少于 2 块氯丁橡胶垫块,垫块宽度同槽口宽度,长度应不小于 100 mm。

(4)玻璃安装就位。

①玻璃吊装。

大型玻璃的安装是一项十分细致、精确的整体组织施工。施工前要检查每个工位的人员是否到位,各种机具工具是否齐全正常,安全措施是否可靠。高空作业的工具和零件要有工具包并可靠放置,防止物件坠落伤人或击破玻璃。待一切检查完毕后方可吊装玻璃。

a.再一次检查玻璃的质量,尤其要注意玻璃有无裂纹和崩边,吊夹铜片位置是否正确。用干布将玻璃的表面浮灰抹净,用记号笔标注玻璃的中心位置。

b.安装电动吸盘机。电动吸盘机必须定位,左右对称,且略偏玻璃中心上方,使起吊后的玻璃不会左右偏斜,也不会发生转动。

c.试起吊。电动吸盘机必须定位,然后应先将玻璃试起吊,将玻璃吊起2~3 cm,以检查各个吸盘是否都牢固吸附玻璃。

d.在玻璃适当位置安装手动吸盘、拉缆绳索和侧边保护胶套。玻璃上的手动吸盘可使玻璃在就位时,在不同高度工作的工人都能用手协助玻璃就位。拉缆绳索是为了玻璃在起吊、旋转、就位时,工人能控制玻璃的摆动,防止因风力和吊车转动发生失控。

e.在要安装玻璃处上下边框的内侧粘贴低发泡间隔方胶条,胶条的宽度与设计的胶缝宽度相同。粘贴胶条时要留出足够的注胶厚度。

②玻璃就位。

a.吊车将玻璃移近就位位置后,司机要听从指挥长的命令操纵液压微动操作杆,使玻璃对准位置徐徐靠近。

b.上层工人要把握好玻璃,防止玻璃在升降移位时碰撞钢架。待下层各工位工人都能把握住手动吸盘后,可将拼缝一侧的保护胶套摘去。利用吊挂电动吸盘的手动倒链将玻璃徐徐吊高,使玻璃下端超出下部边框少许。此时,下部工人要及时将玻璃轻轻拉入槽口,并用木板隔挡,防止与相邻玻璃碰撞。另外,有工人用木板依靠玻璃下端,保证在倒链慢慢下放玻璃时,玻璃能被放入底框槽口内,要避免玻璃下端与金属槽口磕碰。

c.玻璃定位。安装好玻璃吊夹具,吊杆螺栓应放置在标注在钢横梁上的定位位置。反复调节杆螺栓,使玻璃提升和正确就位。第一块玻璃就位后要检查玻璃侧边的垂直度,以后就位的玻璃只需检查与已就位好的玻璃上下缝隙是否相等,且是否符合设计要求。

d.安装上部外金属夹扣后,填塞上下边框外部槽口内的泡沫塑料圆条,使安装好的玻璃有临时固定。

(5)注密封胶。

①所有注胶部位的玻璃和金属表面都要用丙酮或专用清洁剂擦拭干净,不能用湿布和清水擦洗,注胶部位表面必须干燥。

②沿胶缝位置粘贴胶带纸带,防止硅胶污染玻璃。

③要安排受过训练的专业注胶工施工,注胶时应内外双方同时进行,注胶要

匀速、匀厚,不夹气泡。

④注胶后用专用工具刮胶,使胶缝呈微凹曲面。

⑤注胶工作不能在风雨天进行,防止雨水和风沙侵入胶缝。另外,注胶也不宜在低于 5 ℃的低温条件下进行,温度太低胶液会发生流淌、延缓固化时间,甚至会影响拉伸强度。应严格遵照产品说明书要求施工。

⑥耐候硅酮嵌缝胶的施工厚度应介于 3.5～4.5 mm 之间,太薄的胶缝对保证密封质量和防止雨水不利。

⑦胶缝的宽度通过设计计算确定,最小宽度为 6 mm,常用宽度为 8 mm,对受风荷载较大或地震设防要求较高时,可采用 10 mm 或 12 mm。

⑧结构硅酮密封胶必须在产品有效期内使用,施工验收报告要有产品证明文件和记录。

(6)表面清洁和验收。

①将玻璃内外表面清洗干净。

②再一次检查胶缝并进行必要的修补。

③整理施工记录和验收文件,积累经验和资料。

3. 保养和维修

目前,全玻璃幕墙的保养和维修尚未得到业主的足够重视。现在全玻璃幕墙使用的材料都有一定的有效期,在正常使用中还应定期观察和维护,所以在验收交工后,使用单位最好能制定幕墙的保养和维修计划,并与有关公司签订合同。

(1)应根据幕墙的积灰涂污程度,确定清洗幕墙的次数和周期,每年至少清洗一次。

(2)清洗幕墙外墙面的机械设备(如清洁机或吊篮),应有安全保护装置,不能擦伤幕墙墙面。

(3)不得在 4 级以上风力和大雨天进行维护保养工作。

(4)如发现密封胶脱落或破损,应及时修补或更换。

(5)要定期到吊顶内检查承重钢结构,如有锈蚀应除锈补漆。

(6)当发现玻璃有松动时,要及时查找原因和修复或更换。

(7)当发现玻璃出现裂纹时,要及时采取临时加固措施,并应立即安排更换,以免发生重大伤人事故。

(8)当遇台风、地震、火灾等自然灾害时,灾后应对玻璃幕墙进行全面检查。

(9)玻璃幕墙在正常使用情况下,每 5 年要进行一次全面检查。

10.1.3 点支承玻璃幕墙施工

1.概述

点支承玻璃幕墙的施工,是实现建筑设计思想的最后阶段。施工质量的好坏,对整个幕墙工程建成后的质量有着举足轻重的作用。

点支承玻璃幕墙的施工,是和幕墙构件加工制作相衔接的一个建设阶段。钢结构制作完成后,就可以开始进行现场施工,同时进行爪接件的制造。整体钢结构安装完毕,即可焊接爪接件,最后进行玻璃安装。整个过程一环套一环,既要保证施工工作的连续性,也要尽量减少仓储的时间和空间,以降低成本。

点支承玻璃幕墙的现场施工,包括施工前的准备、测量放线、搭设脚手架、钢结构的安装、玻璃的安装等过程。其中,钢结构安装和玻璃安装是工程的两个主要部分。

钢结构的安装,在整个工程中占有相当大的比重(一般占整个工程工作量的60%左右)。钢结构的安装有两个特点:一是和传统主体结构施工一样,必须完全遵循原结构设计,保证结构的各项功能要求;二是点连接式玻璃幕墙追求的是玻璃和钢结构交相辉映的建筑艺术效果,如果点支承玻璃幕墙支承钢结构施工时,只重"质",不顾"形",那就完全违背了建筑师的设计意图,达不到应有的建筑效果,所以,点支承玻璃幕墙支承钢结构的施工,应该比传统主体结构施工精细得多。

玻璃的安装是整个幕墙施工的重点,有画龙点睛的作用。同时玻璃是易碎品,安装过程中任何的划伤、崩角,都会导致整块玻璃面板报废,所以玻璃安装必须有严格、规范的操作程序和质量控制体系。

2.施工准备工作

施工前的准备工作,包括主体工程完工后现场的清理、临时设施用地的规划和管理、各类许可证的办理以及施工前的技术准备。

(1)主体工程完工后现场的清理。

幕墙本身具有装饰工程的性质,现场清洁非常重要。对已完工的主体结构,要进行现场清理。所有可能造成幕墙施工环境严重污染的分项工程,应安排在幕墙施工前进行,否则要采取保护措施,避免破坏幕墙建筑的美观。

(2)临时设施用地的规划和管理。

临时设施用地的规划和管理是施工过程中必不可少的。开工前应根据工程的实际工作量,计算进场开工所需要的临时设施的用地大小,并进行分区管理,避免混乱。一般可以将临时设施用地分为七个功能区,即:钢结构堆放区;铝合金中储区;铝板中储区;石材中储区;玻璃中储区;办公区(包括项目经理办公室、文印室、治安室等);生活区(包括宿舍、厨房、开水房、冲凉房、仓库等)。临时设施用地安排好以后,工地安保人员就应进入工地进行管理,为施工队进场做好准备。

(3)各类许可证的办理。

工地现场布置完成后,各种现场施工机械、器具、车辆可以进场。同时要开始办理施工许可证、工地施工出入证、临时暂住户口卡、施工单项注册报告等法规程序。只有在拿到监理工程师批复的开工报告书和开工许可证,在有关单位办理好施工单位注册报告和税务登记后,才能根据批准的开工日期进场施工。

(4)施工前的技术准备。

办理好各类法规程序后就可以进行施工。但在正式施工前,还必须做好一些技术性的准备工作,包括施工组织设计、施工技术交底等各项工作。

①施工组织设计。

点支承玻璃幕墙工程的施工组织设计,包括编写施工组织网络图、制定工艺程序、安排施工进度、分配劳动力、选择和分配安装机械工具等内容。

施工组织设计一般应达到以下要求:

a.对构件半成品进料、运输、堆放、保管、搬运、吊装和测量放线、打墨线、安装清扫以及检查和分层施工等,应制定详细计划;

b.制定安全措施及劳动保护计划;

c.应拟定玻璃幕墙安装施工的方法、要求和施工规程,并绘制连接节点图;

d.确定安装工具、吊装机具,并拟定操作规程;

e.制定质量要求及检查计划;

f.制定成品保护及清扫计划。

②现场技术交底。

工地技术人员要熟悉图纸,了解设计意图、质量要求以及细部做法,对各个环节要认真研究、全部领会。如对图纸有不同意见或不理解的部分,应在设计及施工图纸会审时提出,以求解答。

技术人员熟悉了工程的所有细节后,开工前,要对进场工人进行技术交底。技术交底时,要特别注意各个工序的交接环节,保证各项施工工序的顺利进行和交接。

③材料的准备。

施工平面整齐堆放各种材料,不合格的构件应及时予以更换。幕墙构件在运输、堆放、吊装过程中有可能变形、损坏,所以,幕墙施工过程中,根据具体情况,对易损坏和丢失的构件、配件、玻璃、密封材料、胶垫等,应有一定的更换储备量,有关费用可计入报价中。

一般的构件损失率在1%~5%,玻璃在安装过程中的自爆损坏率为总块数的3%~5%,而竣工后在保险年限内,一般玻璃自爆率为1%~3%。

④施工机械设施的安排、架设、安装与调试。

点支承玻璃幕墙的施工精度要求比较高,所有机械设备必须经过调试、校准后方可投入使用。施工中发现问题,应随时进行调整。

⑤常用施工器具的准备。

点支承玻璃幕墙属于比较特殊的建筑结构,施工中要用到一些特殊的工具,如手动真空吸盘、牛皮带、电动吊篮、嵌缝枪、玻璃箱靠放架等。

手动真空吸盘是抬运玻璃的基本工具,由两个或三个橡胶圆盘组成,每个圆盘上各有一个手动扳柄,按动扳柄可使圆盘鼓起,形成负压将玻璃平面吸住。使用吸盘时应注意表面要清洁;再密封的吸盘也会漏气,所以,吸盘吸附玻璃20 min后,应取下重新吸附。

牛皮带用于玻璃近距离运输。运输时,玻璃两侧由工人一手用手动真空吸盘将玻璃吸附抬起,另一手握住兜住玻璃的牛皮带,这样操作简单方便,安全可靠。

电动吊篮主要供安装玻璃幕墙时工人操作用,起重量一般为500 kg。

嵌缝枪是用来将未硬化的液体封缝料或密封胶挤入玻璃与框架间隙中的一种嵌缝工具。操作时,可将胶筒或料筒安装在手柄上,扳动扳机,顶杆自行顶动筒后端的活塞,缓缓将未干化的液体挤出,注入缝隙中,完成嵌缝工作。

玻璃从集装箱中取出后,切不可随意堆放,应放在玻璃箱靠放架上,避免损坏。

⑤结构构件安装前的辅助加工。

拉杆和拉索等钢构件在工厂加工完毕并运抵现场后,安装前,要在现场进行简单的装配、安装附件等辅助加工。其加工位置、尺寸,应与设计图纸相符。

⑥预埋件检查。

为了保证幕墙与主体结构连接的可靠性,幕墙与主体结构连接的预埋件,应在主体结构施工时,按设计要求的数量、位置和方法进行埋设。如果幕墙的承包商对幕墙的固定和连接件有特殊要求,应提出书面要求或提供预埋件图、样品等,反馈给结构工程师,并在主体结构施工图中注明要求。

施工安装前,应检查各连接位置预埋件是否齐全,位置是否符合设计要求:标高偏差不超过±10 mm,轴线左右偏差不超过±30 mm,轴线前后偏差不超过±20 mm。如果发现预埋件遗漏、位置偏差过大、倾斜,要及时会同设计单位采取补救措施。

3. 幕墙测量放线

测量放线宣告幕墙施工的正式开始。施工放线直接关系到幕墙施工中的定位,必须严格按有关规范要求进行,确保施工测量精度。

(1)玻璃幕墙放线前的准备工作。

施工放线前,首先要熟悉图纸、资料,了解施工现场的±0.000 标高和轴线。施工放线主要依据现场提供的±0.000 标高、建筑轴线和幕墙设计图纸,所有资料必须齐备。

幕墙开始施工时,主体结构已经完工,除幕墙以外,一些设备也开始安装。幕墙承包者应弄清幕墙结构安装和设备安装的关系,避免相互间的冲突和干扰。

幕墙一般由承包厂家按设计院的意图自行设计,幕墙设计和主体结构设计存在交接问题,所以特别要注意校核图纸尺寸和放线数据。一般要检查分尺寸和总尺寸是否一致,建筑图、结构施工图和幕墙施工图尺寸是否一致,分层高度和总高是否一致等。

很多情况下,玻璃幕墙分散在建筑的各个部位,所以应该具体拟定测量放线计划,并做好幕墙放线工程的技术交底工作。最后,对所使用的仪器、工具等应进行必要的检验校正。

(2)幕墙测量放线的注意事项。

幕墙测量放线的基本任务,是根据甲方提供的建筑物标高、结构施工图、幕墙施工图,通过施工放线的方法,确定钢结构支撑所在线位和幕墙平面所在的确切位置。有关放线的一般工艺流程,可参见建筑结构施工方面的有关参考资料。对于点支承玻璃幕墙的测量放线,有以下几点应该注意。

①点支承玻璃幕墙不仅在设计中存在设计院和幕墙生产厂家的交接,在施工时也存在主体结构施工单位和幕墙生产厂家的交接问题。过多的交接,有时会使幕墙预埋件工作得不到严格落实。所以,在测量放线得到幕墙结构实际的确切位置后,应该根据钢结构支撑布置图,校核所有预埋件的位置。如果尺寸有

251

偏离,须进行重新处理后,方可进行钢结构的施工。

②幕墙安装是比较精密的工作,高层建筑幕墙施工时,应采用光学垂准仪或激光垂准仪和经纬仪,进行天顶法垂直测量。

③许多建筑设计为了获得流线形效果,进行幕墙设计时常采用弧形外表面。对于这种弧面幕墙,应采用圆弧的弦上矢高法和拉线画弧法放线。

④幕墙施工往往和其他项目的施工交叉进行,要特别注意测点的保护。测设出的控制点,应射入钢针,用红漆标示,并加以保护。测设出的水平控制点,应设置在永久性的结构上,用红漆清楚注明标高。所有标记要与其他单位的标记区分开来。此外,安装在外墙上挂线用的角钢,不能成为其他单位施工的辅助用品,要时常查看钢丝是否折断,并随时清除上面的建筑垃圾。

4.钢结构安装

钢结构安装是点支承玻璃幕墙施工中最为繁重的一个阶段。为了追求独特的建筑艺术效果,点支承玻璃幕墙支承结构的形式多种多样,这就使得与之相关的钢结构安装工艺复杂而多样。支承钢结构的安装工艺,按结构形式可以分为梁式钢结构安装、钢桁架安装和索桁架安装。

(1)梁式钢结构的安装。

梁式钢结构在幕墙工程中用得很多,其安装工艺也最简单。

梁式钢结构安装之前,首先应该根据施工图,检查钢结构立柱的尺寸及加工孔位是否与图纸一致。安装时,将附件安在立柱上,利用吊车或自制吊装装置,吊起钢立柱并向上提升。提升到位后,用人工方法将立柱的下端引入底部柱脚中,上端则用螺栓和钢支座连接件与主体结构连接。完全到位后,进行临时护紧,临时点焊,并及时进行调整。两立柱间距可用钢卷尺校核;立柱垂直度用2 m卷尺校核;相邻立柱标高偏差及同层立柱的最大标高偏差,用水准仪校核。调整完毕后,立即进行最终固定。

(2)钢桁架的安装。

钢桁架的安装施工比梁式钢结构的安装施工要复杂得多。钢桁架的现场施工步骤主要分为现场拼装焊接、吊装就位、支座与底板焊接、稳定杆安装及驳接系统的安装、幕趾安装等。

①现场拼装焊接。

钢桁架的现场拼装焊接应在专用的平台上进行。拼装时,先将弦杆(主管)用连接钢管点焊连接,再将腹杆与主管点焊;待整体尺寸校核无误后,再分段施焊。施焊时应注意顺序,减少焊接变形及焊接应力。待整个桁架的制作误差控制在设计范围内后,再将连接幕墙附件焊接在主管上。

幕墙厂家有时将钢桁架在工厂内整段制作后运往工地。但对于长度大于12 m 的桁架,为方便运输,应在适当的部位将焊接好的桁架分段,分段点距桁架节点的距离不得小于 200 mm,分段长度不大于 12 m,分段处用定位钢板及连接螺栓连接。分段钢桁架运到工地后,在现场搭设的专用平台上进行拼接,分段处的连接钢板及连接螺栓为定位标准。

钢桁架的拼装和焊接非常重要,应该严把质量关。主管间的焊接应为一级焊接,须经 10% 的超声波无损探伤检测,符合探伤标准,合格级别为 I 级。腹杆及主管间的相贯焊接为角焊缝、全熔透焊缝及半熔透焊缝,焊后也应对焊缝进行超声波无损探伤检测,符合探伤标准,合格级别为 II 级。

点支承玻璃幕墙支承钢桁架,一般都使用焊接组装,焊接质量非常重要。

②吊装就位。

组装完毕后就可以用起重机将每品桁架吊装就位。吊装时桁架两侧要捆绑支杆,以防止侧向失稳。

③支座与底板焊接。

完成好钢桁架的调整后,应立即进行钢桁架支座和预埋件焊接,将桁架固定。

④稳定杆安装。

桁架是平面结构体系,设计时只考虑桁架平面内的受力性能,所以,平面外必须设置稳定杆,以保证桁架的出平面稳定性。桁架吊装、固定好以后,每隔6~8 m 高度,安装一道稳定拉杆。稳定拉杆安装时,先就位,然后逐步、均匀地调节拉杆的张力,使拉杆拉紧,以满足设计要求。

⑤驳接系统安装。

驳接系统的安装,须在钢桁架结构校正、报验合格后进行。安装时,先按爪接件分布图安装、定位爪接件。之后需复核每个控制单元和每块玻璃的定位尺寸,根据测量结果校正爪接件定位。爪接件是连接玻璃面板和支承钢结构的桥梁,爪接件的安装情况,直接关系到玻璃的安装质量。

⑤幕趾安装。

玻璃幕墙的墙趾构造,是将不锈钢 U 形地槽用铆钉固定在地梁预埋件上;地槽内按一定间距设定经防腐处理的垫块,当幕墙玻璃就位,并调整其位置至符合要求后,再在地槽两侧嵌入泡沫棒并注满胶,最后在室外一侧安装不锈钢披水板。

（3）索桁架的安装。

拉索式点支承玻璃幕墙的施工与设计关系十分紧密，设计时必须预先考虑施工的步骤，尤其必须预先规定好预应力的张拉步骤，实际施工时必须严格按照规定的步骤进行。如果稍有改变，就有可能引起很大的内力变化，会使支承结构严重超载。因此，施工人员必须清楚设计人员的意图，设计人员必须做好透彻、细致的技术交底工作，并在关键的施工阶段亲临现场指导。

索桁架的安装过程，包括索桁架的预拉、锚墩安装、施工临时支承结构的搭建、索桁架就位、预应力张拉、索桁架空间整体位置检测与调整、稳定索安装、驳接系统安装、幕趾安装等。

①索桁架的预拉。

索桁架在建设时必须施加预应力。工程经验表明，施工时施加的预应力，在随后的使用中会逐渐消减。研究表明，如果施工时对索桁架的钢索进行几次预拉，就可以解决使用中的预应力松弛现象。具体的做法是，按设计所需预应力的60%～80%张拉索桁架的钢索，然后自然放松钢索一段时间。如是重复几次，即可完成索桁架的预拉工作。

②锚墩的安装。

索桁架是张拉结构，必须在主体结构上设置锚墩以承受索桁架中的拉力。一般的做法是，先在主体结构的悬挑梁或主梁上安装张拉附梁，然后在梁上设计位置处安装悬挂钢索的锚墩，最后根据钢索的空间位置及角度将锚墩梁焊接成整体。地锚则直接安装在地锚的预埋件上。

③施工临时支承结构的搭建。

索桁架作为张拉结构，在施加预应力前一般没有固定的几何形状，所以，安装时必须先架设临时支承结构。临时支承结构的形式，随索桁架的形式不同而异。

④索桁架就位。

借助于临时支承结构，就可以将已经预拉并按准确长度准备好的索桁架就位，再调整到设计规定的初始位置，进行初步固定。这时得到的是索桁架的初始形态。

⑤预应力张拉。

索桁架就位后，即可按设计给定的次序进行预应力张拉。张拉预应力时，一般使用各种专门的千斤顶。此类千斤顶不仅操作方便，而且易于控制张拉力的大小。张拉过程中要随时监测索桁架的位置变化。如果发现索桁架的最终形态可能和设计差别比较大,在征得设计人员同意后需做适当调整,使拉索式点支承玻璃幕墙完成时能达到预定位置。对于双层索(承重索、稳定索),为使预应力均匀分布,要同时进行张拉。较为理想的方案是,全部预应力的施加分三个循环进行:第一个循环完成预应力的 50%,第二、三个循环各完成 25%。

(4)钢结构的表面处理。

钢结构的表面应进行喷砂除锈处理。防腐底漆采用水性无机富锌涂料,操作过程按有关规定进行,要确保底漆防腐年限不低于 15 年,漆膜厚度不少于 80 μm。

钢结构组合件焊接完后,对焊缝要进行打磨以消除毛刺和尖角,达到光滑过渡;焊缝处理完毕后,应立即对钢结构表面进行防腐、防锈处理;然后采用富铝防火漆现场喷涂。这不仅可以解决防火和防腐问题,同时,还能达到美观耐用的效果。

5.玻璃面板安装

玻璃安装的质量直接关系到幕墙建成后的外观效果。所以,玻璃安装也是点支承玻璃幕墙施工过程中最重要的一步。

(1)玻璃安装前的准备。

①包装、运输和贮存。

点支承玻璃幕墙所需的特种玻璃面板,必须在工厂内经过严格的工艺流程加工制作而成。玻璃安装前,须运至玻璃中储区保存,以备安装时取用。鉴于玻璃的材质特性,在玻璃的包装、运输和贮存过程中须注意以下几点。

a.为了某些功能要求,许多幕墙玻璃都经过特殊的表面处理,包装时应使用无腐蚀作用的包装材料,以防损害面板表面。

b.包装箱上应有醒目的"小心轻放""向上"等标志,其图形标志应符合有关规定。

c.包装箱应有足够的牢固程度,应保证产品在运输过程中不会损坏。

d.装入箱内的玻璃应保证不会发生互相碰撞。

e.运输过程中应避免发生碰撞,轻拿轻放,严防野蛮装卸。

f.应放在玻璃中储区内的专用玻璃存储架上保存,并安排专人管理。

②钢结构尺寸校核。

玻璃安装是非常精密的工作,钢结构尺寸偏差过大,会给玻璃安装带来困难。玻璃安装前,需要检查校对钢结构的垂直度、爪接件标高等是否符合图纸要求。

③清理钢结构施工垃圾。

钢结构施工时,不可避免地要在幕墙钢槽中留下许多施工垃圾。玻璃安装前,应用钢刷及布清洁钢槽底部的泥土、灰尘、杂物等。

(2)玻璃的安装。

玻璃安装是一项非常细腻的工作,安装过程中需要注意以下几点。

①开箱时应检查玻璃规格尺寸,有崩边、裂口、明显划伤等问题的玻璃,不允许安装。

②必须清洁玻璃与吸盘上的灰尘,以保证吸盘有足够的吸力。吸盘的个数根据玻璃重量确定,严禁使用吸附力不足的吸盘。

③底部钢槽内装入氯丁橡胶垫块(每块玻璃放两块,对应于玻璃宽度距边1/4处)。

④吊运玻璃时,应匀速将玻璃送到安装位置。当玻璃到位时,脚手架上人员应尽早抓住吸盘,控制稳定玻璃,以免发生碰撞,出现意外事故。

⑤玻璃稳定后,上下人员应注意保护玻璃。当上部有槽时,让上部先入槽;当下部有槽时,应将玻璃慢慢放入槽中,随即用泡沫填充棒固定住玻璃,防止玻璃在槽内摆动造成意外破裂。

⑥中间部位的玻璃预先已锁好安装孔,安装时用扣件将玻璃固定在爪接件上。

⑦玻璃安装好后,应调整玻璃上下、左右、前后缝隙的大小,拧紧平锥扣件,然后将玻璃固定住。

⑧待全部调整完毕后,应进行整体立面平整度的检查,确认无误后,才能进行打胶。

⑨打胶前需要做好以下几项工作:

a.应用二甲苯擦净玻璃及钢槽需打胶的部位;

b.玻璃与钢槽之间的缝隙用泡沫棒塞紧,注意平直,留出净高 6 mm 的打胶厚度;

c.所有需打胶部位应粘贴保护胶纸,注意胶纸与胶缝平行。

⑩打玻璃胶时,先根据胶缝的大小给玻璃胶口切开相应斜口,打胶要保持均匀,操作顺序一般是竖向胶缝,由上向下。

⑪胶注满后,要检查胶缝里面是否有气泡,若有,应及时处理,消除气泡。

⑫表面修饰好后,迅速将粘贴在玻璃上的胶纸撕掉。

⑬待胶固化后,清洁内外玻璃,做好防护标志。

6. 工程质量要求及验收

（1）质量要求。

①点支承玻璃幕墙支承结构的安装应符合下列要求：

a. 钢结构安装过程中，制孔、组装、焊接和涂装等工序均应符合《钢结构工程施工质量验收标准》(GB 50205—2020)的有关规定；

b. 大型钢结构构件应进行吊装设计，并应试吊；

c. 钢结构安装就位、调整后应及时紧固，并应进行隐蔽工程验收；

d. 钢构件在运输、存放和安装过程中损坏的涂层及未涂装的安装连接部位，应按《钢结构工程施工质量验收标准》(GB 50205—2020)的有关规定补涂。

②张拉杆、索体系中，拉杆和拉索预拉力的施加应符合下列要求。

a. 钢拉杆和钢拉索安装时，必须按设计要求施加预拉力，并宜设置预拉力调节装置；预拉力宜采用测力计测定；采用扭力扳手施加预拉力时，应事先进行标定。

b. 施加预拉力应以张拉力为控制量；拉杆、拉索的预拉力应分次、分批对称张拉；在张拉过程中，应对拉杆、拉索的预拉力随时调整。

c. 张拉前必须对构件、锚具等进行全面检查，并应签发张拉通知单。张拉通知单应包括张拉日期、张拉分批次数、每次张拉控制力、张拉用机具、测力仪器及使用安全措施和注意事项。

d. 应建立张拉记录。

e. 拉杆、拉索实际施加的预拉力值应考虑施工温度的影响。

③支承结构构件的安装偏差应符合要求。

④点支承玻璃幕墙爪件安装前，应精确定出其安装位置。爪座安装的允许偏差应符合规定。

⑤点支承玻璃幕墙面板安装质量应符合相应规定。

（2）工程验收。

工程验收是点支承玻璃幕墙交付使用前必不可少的一个交接手续。工程验收标准对于规范市场意义重大：一方面，用户在维护自身利益时有章可循；另一方面，承包商也要注意保存施工过程中的基本工程资料，以备工程验收之用。

点支承玻璃幕墙的工程验收内容包括工程基本资料验收、安装质量实测验收和观感验收三部分。

①工程基本资料验收。

点支承玻璃幕墙工程验收时，承包商应提交下列工程基本资料：

a. 竣工图，设计变更文件；

b.材料和构件的出厂质量合格证书；

c.设计要求的钢结构试验报告和焊接质量检测报告；

d.高强度螺栓抗滑移系数试验报告和检查记录；

e.安装后涂料检测资料；

f.钢拉杆和钢拉索预拉力的记录和检验报告；

g.隐蔽工程验收文件；

h.施工安装自检记录。

②安装质量实测验收。

安装质量验收，包括幕墙立面安装质量验收、钢爪安装验收和钢结构安装验收。玻璃幕墙工程的立面安装质量应符合相关规定。相邻钢爪水平距离和竖向距离的允许偏差为1.5 mm。支承钢结构应符合《钢结构工程施工质量验收标准》(GB 50205—2020)的要求。

③观感验收。

点支承玻璃幕墙的表面应平整，胶缝应横平竖直，缝宽均匀，表面平滑。钢结构应焊缝平滑，防腐涂层应均匀、无破损。不锈钢件光泽度应与设计相符，且无锈斑。

(3)幕墙试验。

点支承玻璃幕墙建筑设计时，通常总是寻求新奇独特的建筑艺术效果，因而许多幕墙属于比较复杂的新型结构范畴。对于此类结构，除了分析计算之外，还须进行一次幕墙试验，以检验设计的可靠性。幕墙试验测试的内容包括如下各项。

①风压变形性能测试。试验时按《建筑幕墙气密、水密、抗风压性能检测方法》(GB/T 15227—2019)的有关规定进行。

②雨水渗漏性能测试。具体细节可参考《建筑幕墙气密、水密、抗风压性能检测方法》(GB/T 15227—2019)。

③空气渗透性能测试。有关细节参考《建筑幕墙气密、水密、抗风压性能检测方法》(GB/T 15227—2019)幕墙抗震性能测试。可以采用实景模拟法，试验中可以同时检测幕墙抗震性能和平面内变形性能。实景模拟法的原理是：利用模拟地震振动台，输入一定波形的地震波，观测幕墙足尺试件在模拟地震作用下各部位的变形和相应反应。模拟振动台可根据需要输出各种模拟地震波。整个试验中要求所有玻璃无破损、螺栓没有大的松动。

④热工性能测试。试验的检测原理是基于稳定传热原理。试件一侧为热室，模拟建筑室内条件；另一侧为冷室，模拟室外气候条件。试件两侧各自保持稳定的空气温度、气流速度和热辐射条件。根据试件的传热量、面积以及两侧温

差,可得试件的传热系数数值。

⑤抗冲击性能测试。试验时将试件垂直支撑起来,用弹击式或摆锤式试验机进行撞击。如果表面材料受损,或发生影响密封性能的变形,则判定试件破坏。此外,还应进行爪件、爪头和吊夹的各项强度试验。

10.2　金属板幕墙施工

金属板幕墙施工是一项细活,工程质量要求高,技术难度也较大。所以,在施工前应认真查阅图纸,领会设计意图,并应详细进行技术交底,使操作者能够主动地做好每一道工序,甚至一些细小的节点也应认真执行。金属板的安装固定方法较多,建筑物的立面也不尽相同,所以,讨论金属板幕墙施工,只能就一些工程中的基本程序及注意事项加以探讨。

10.2.1　施工准备

1. 施工准备

(1)金属板幕墙一般用于高层建筑或裙楼四周以及局部店面,用以围护墙体。施工前应按设计要求准确提出所需材料的规格及各种配件的数量,以便于加工定做。

(2)施工前,对照金属板幕墙的骨架设计,复检主体结构的质量。因为主体结构质量的好坏,对幕墙骨架的排列位置影响较大。特别是墙面垂直度、平整度的偏差,将会影响整个幕墙的水平位置。此外,对主体结构的预留孔洞及表面的缺陷,应做好检查记录,及时提醒有关方面解决。

(3)详细核查施工图纸和现场实测尺寸,以确保设计加工的完善,同时认真与结构图纸及其他专业图纸进行核对,以及时发现不相符部位,尽早采取有效措施修正。

2. 作业条件

(1)现场要单独设置库房,防止进场材料受到损伤。构件进入库房后应按品种和规格堆放在特种架子或垫木上。在室外堆放时,要采取保护措施。构件安装前均应进行检验和校正,构件应平直、规整,不得有变形和刮痕。不合格的构

件不得安装。

（2）金属板幕墙一般都依靠脚手架进行施工,根据幕墙骨架设计图纸规定的高度和宽度,搭设施工双排脚手架。如果利用建筑物结构施工时的脚手架,则应进行检查修整,符合高空作业安全规程的要求。大风、低温及下雨等气候条件下不得进行施工。

（3）安装施工前要安装吊篮,并将金属板及配件用塔吊、外用电梯等垂直运输设备运至各施工面层上。

3. 测量放线

（1）由土建施工单位提供基准线（50线）及轴线控制点。

（2）将所有预埋件打出,并复测其位置尺寸。

（3）根据其准线在底层确定墙的水平宽度和出入尺寸。

（4）经纬仪向上引数条垂线,以确定幕墙转角位和立面尺寸。

（5）根据轴线的中线确定立面的中线。

（6）测量放线时应控制分配误差,不使误差积累。

（7）测量放线时在风力不大于4级的情况下进行。放线后应及时校核,以保证幕墙垂直度及在立柱位置的正确性。

10.2.2 幕墙骨架加工与安装

1. 幕墙型材骨架加工

（1）一般规定。金属板幕墙在制作前应对建筑设计施工图进行核对,最好是参考竣工图,并对已建建筑物进行复测,按实测结果调整幕墙并经设计单位同意后,方可加工组装。金属板幕墙所采用的材料、零附件应符合前面所介绍的规定,并应有出厂合格证。加工幕墙构件所采用的设备、机具应能达到幕墙构件加工精度的要求,其量具应定期进行计量检定。不得使用过期的材料。

（2）加工过程。

①检查所有加工的物件。

②将检查合格后的铝材包好保护胶纸。

③根据施工图按工程进度加工,加工后须除去尖角和毛刺。

④按施工图要求,将所需配件安装于铝（钢）型材上。

⑤检查加工符合图纸要求后,将铝（钢）型材编号分类包装放置。

（3）加工技术要求。

①各种型材下料长度尺寸允许偏差为±1 mm；横梁的允许偏差为±0.5 mm；竖框的允许偏差为±1.0 mm；端头斜度的允许偏差±15 mm。

②各加工面须去毛刺、飞边，截料端头无加工变形，毛刺应不大于0.2 mm。

③螺栓孔应由钻孔和扩孔两道工序完成。

④螺孔尺寸要求：孔位允许偏差±0.5 mm；孔距允许偏差±0.5 mm；累计偏差应不大于±1.0 mm。

⑤彩色钢板型材应在专业工厂加工，并在型材成型、切割、打孔后，依次进行烘干，静电喷涂有机物涂层，高温烤漆等表面处理。此种型材不允许在现场二次加工。

（4）加工质量要求。

①金属板幕墙结构杆件截料之前应进行校直调整。构件的连接要牢固，各构件连接处的缝隙应进行密封处理。金属板幕墙与建筑主体结构连接的固定支座材料宜选用铝合金，不锈钢或表面热镀锌处理的碳素结构钢，并应具备调整范围，其调整尺寸应不小于40 mm。

②非金属材料的加工使用应符合下列要求：幕墙所使用的垫块、垫条的材质应符合《建筑用橡胶结构密封垫》（GB/T 23661—2009）的规定。

③金属板幕墙施工中，对所需注胶部位及其他支撑物的清洁工作应按下列步骤进行。

a.把溶剂倒在一块干净布上，用该布将黏结物表面的尘埃、油渍、霜和其他脏物清除，然后用第二块干净布将两面擦干。

b.清洗后的构件，1 h内进行密封，当再污染时，应重新清洗。

c.清洗一个构件或一段槽口，应更换清洁的干布。

d.清洁中使用溶剂时应符合下列要求：

Ⅰ.不要将擦布放在溶剂里，应将溶剂倾倒在擦布上；

Ⅱ.使用和贮存溶剂，应用干净的容器；

Ⅲ.使用溶剂的场所严禁烟火；

Ⅳ.遵守所用溶剂标签上注意事项。

2.幕墙型材骨架安装

（1）预埋件制作安装。

①金属板幕墙的竖框与混凝土结构宜通过预埋件连接，预埋件应在主体结

构混凝土施工时埋入。当土建工程施工时,金属板幕墙的施工单位应派出专业技术人员和施工人员进驻施工现场,与主建施工单位配合,严格按照预埋施工图安放预埋件,通过放线确定埋件的位置,其允许位置尺寸偏差为 ±20 mm,然后进行埋件施工。

②预埋件通常是由锚板和对称配置的直锚筋组成。受力预埋件的锚板宜采用Ⅰ级或Ⅱ级钢筋,并不得采用冷加工钢筋。预埋件的受力直锚筋宜不少于 4 根,直径宜不小于 8 mm。受剪预埋件的直锚筋可用 2 根,预埋件的锚盘应放在外排主筋的内侧,锚板应与混凝土墙平行且埋板的外表面不要凸出墙外表面,直锚筋与锚板应采用 T 型焊,锚筋直径不大于 20 mm 时宜采用压力埋弧焊。手工焊缝高度宜不小于 6 mm 及 $0.5d$(Ⅰ级钢筋)或 $0.6d$(Ⅱ级钢筋)。充分利用锚筋的受拉强度,锚筋的最小锚固长度在任何情况下应不小于 250 mm。锚筋按构造配置,未充分利用其受拉强度时,锚固长度可适当减少,但应不小于 180 mm。光圆钢筋端部应做弯钩。

③锚板的厚度应大于锚盘直径的 0.6 倍。受拉和受弯预埋件的锚板的厚度尚应大于 $b/8$(b 为锚筋间距)。锚筋中心至锚板距离应不小于 $2d$(d 为锚筋直径)及 20 mm。对于受拉和受弯预埋件,其钢筋间距和锚筋至构件边缘的距离均应不小于 $3d$ 及 45 mm。对受剪预埋件,其锚筋的间距 b_1 及 b 应不大于 300 mm,其中 b_1 应不小于 $6d$ 及 70 mm,锚筋至构件边缘的距离 c_1 应不小于 $6d$ 及 70 mm。b、c 应不小于 $3d$ 及 45 mm。

④当主体结构为混凝土结构时,如果没有条件采取预埋件,应采用其他可靠的连接措施,并应通过试验决定其承载力。这种情况下通常采用膨胀螺栓。膨胀螺栓是后置连接件,工作可靠性较差,只在不得已时采取的辅助、补救措施,不作为连接的常规手段。旧建筑改造后加金属板幕墙,不得已采用膨胀螺栓时,必须确保安全,留有充分余地。有些旧建筑改造,按计算只需一个膨胀螺栓,实际应设置 2~4 个螺栓,这样安全度大一些。

⑤无论是新建筑还是旧建筑,当主体为实心砖墙时,不允许采用膨胀螺栓来固定后置埋板,必须用钢筋穿透墙体,将钢筋的两端分别焊接到墙内和墙外两块钢板上,做成夹墙板的形式,然后将外墙板用膨胀固定到墙体上。钢筋与钢板的焊接,要符合国家焊接施工规范。当主体为轻体墙,如空心砖、加气混凝土砖时,不但不能采用膨胀螺栓固定后置埋件,也不能简单地采用夹墙板形式,要根据实际情况,采取其他加固措施,一定要稳妥,做到万无一失。

（2）铁码安装与防锈处理。

①铁码安装及其技术要求：

a. 铁码须按设计图加工，表面处理按有关规定进行热浸镀锌；

b. 根据图纸检查并调整所放的线；

c. 将铁码焊接固定于预埋件上；

d. 待幕墙校准之后，将组件铝码用螺栓固定在铁码上；

e. 焊接时，应采用对称焊，以控制因焊接产生的变形；

f. 焊缝不得有夹渣和气孔；

g. 敲掉焊渣后，对焊缝涂防锈漆进行防锈处理。

②防锈处理技术要求：

a. 不能于潮湿、多雾及阳光直接暴晒之下涂漆，表面尚未完全干燥或蒙尘表面不能涂漆；

b. 涂第二层漆或以后的涂漆时应确定较早前的涂层已经固化，其表面经砂纸打磨光滑；

c. 涂漆应表面均匀，但勿于角部及接口处涂漆过量；

d. 在涂漆未完全干时，不要在涂漆处进行其他施工。

（3）定位放线。放线是将骨架的位置弹线到主体结构上，以保证骨架安装的准确性。这项工作是金属板幕墙安装的准备工作，只有准确地将设计图纸的要求反映到结构的表面上，才能保证设计意图。所以放线前，现场施工技术员必须与设计员互相沟通，研究好设计图纸。

技术人员应重点注意以下几个问题。

①对照金属板幕墙的框架设计，检查主体结构质量，特别是墙面的垂直度、平整度的偏差。另外，对主体结构的预留孔洞及表面缺陷应做好检查记录，及时与有关单位协商解决。主体结构与金属板幕墙之间，一般要留出一定尺寸的空隙，一方面因为主体结构施工时，现场浇筑混凝土存在一定误差，为了解决安装金属板幕墙精度尺寸允许偏差很小的情况，让幕墙骨架离开主体结构一段距离，以利于骨架的偏差调整，保证安装施工工作的顺利进行；另一方面，金属幕墙与主体结构间需加设保温层，因此要留出一定的空间。如果脱开的距离大小，应通过连接件进行调整。

②放线工作是根据土建图纸提供的中心线及标高进行。因为金属板幕墙的设计一般是以建筑物的轴线为依据的，幕墙骨架的布置与轴线取得一定的关系。所以放线应首先弄清楚建筑物的轴线，对于标高控制点，应进行复核。

③熟悉本工程金属板幕墙的特点,其中包括骨架的设计特点。

对由横竖杆件组成的幕墙,一般先弹出竖向杆件的位置,然后确定竖向杆件的锚固点。横向杆件一般固定在竖向杆件上,与主体结构不直接发生关系,待竖向杆件通长布置完毕,横向料件再弹到竖向杆件上。

放线的具体做法是:根据建筑物的轴线,在适当位置用经纬仪测定一根竖框基准线,从底层到顶层,逐层在主体结构上弹出此竖框骨架的锚固点,弹出一根纵向通长墨线点;然后按建筑物的标高,用水平仪先测定一个楼层的标高点,弹出一根横向水平通线,从而得出竖框基准线与水平线相交的锚固点;再按水平通线以纵向基准线作起点,量出每根竖框的间隔点,通过仪器和尺量,就能依次在主体结构上弹出各层楼所有锚固点的十字中心线,即竖框连接铁件的位置。

在确定竖框锚固点时,应充分考虑土建结构施工时,所预埋的锚固铁件应恰在纵、横线的交叉点上。如果个别预埋铁件不在弹线的位置上,亦应弹好锚固点的位置,以便设置后补埋件。如果预埋铁件埋置在各层楼板上,仍应将纵横线相交的锚固点位置线弹到楼板的预埋铁件上。

(4)型材骨架安装。

①铝合金(钢)型材安装技术要求:

a.检查放线是否正确,并用经纬仪对横梁竖框进行贯通,尤其是对建筑转角、变形缝、沉降缝等部位进行详细测量放线;

b.用不锈钢螺栓把竖框固定在铁码上,在竖框与铁码的接触面上放上1 mm厚绝缘层,以防金属电解腐蚀;校正竖框尺寸后拧紧螺栓;

c.通过铝角将横档固定在竖框上,安装好后用密封胶粘好横挡之间的接缝;

d.检查竖框和横挡的安装尺寸,其允许偏差根据规定确定;

e.将螺栓、垫片焊接固定于铁码上,以防止竖框发生位置偏移;

f.所有不同金属面上应涂上保护层或加上绝缘垫片,以防电解腐蚀;

g.根据技术要求验收铝合金(型钢)框架的安装,验收合格后再进行下一步工序。

②铝合金型材安装施工要点:金属板幕墙骨架的安装,依据放线的具体位置进行。安装工作一般是从底层开始,然后逐层向上推移进行。

a.安装前,首先要清理预埋铁件。在实际施工中,结构上所预埋的铁板,有的位置偏差过大,有的钢板被混凝土淹没,有的甚至漏设,影响连接铁件的安装。因此,测量放线前,应逐个检查预埋铁件的位置,并把铁件上的水泥灰渣剔除,所有锚固点中,不能满足锚固要求的位置,应该把混凝土剔平,以便增设埋件。

b.清理工作完成后,开始安装连接件。金属幕墙所有骨架外立面,要求同在一个垂直平整的立面上。因此,施工时所有连接件与主体结构铁板焊接或膨胀螺栓锚定后,其外伸端面也必须处在同一个垂直平整的立面上才能得到保证。具体做法如下。

　　Ⅰ.以一个平整立面为单元,从单元的顶层两侧竖框锚固点附近,定出主体结构与竖框的适当间距,上下各设置一根悬挑铁桩,用线锤吊垂线,找出同一立面的垂面平整度,调整合格后,各拴一根铁丝绷紧,定出立面单元两侧,各设置悬挑铁桩,并在铁桩上按垂线找出各楼层垂直平整点。

　　Ⅱ.各层设置铁桩时,应在同一水平线上。然后,在各楼层两侧悬挑铁桩所刻垂直点上,拴铁丝绷紧,按线焊接或锚定各条竖框的连接铁件,使其外伸端面做到垂直平整。连接件与埋板焊接时要符合操作规程,电焊所采用的焊条型号、焊缝的高度及长度,均应符合设计要求,并应做好检查记录。

　　Ⅲ.现场焊接或螺栓紧固的构件固定后,应及时进行防锈处理。

　　c.连接件固定好后,开始安装竖框。竖框安装的准确和质量,影响整个金属幕墙的安装质量,因此,竖框的安装是金属幕墙安装施工的关键工序之一。金属幕墙的平面轴线与建筑物外平面轴线距离的允许偏差应控制在 2 mm 以内,特别是建筑物平面呈弧形、圆形和四周封闭的金属幕墙,其内外轴线距离影响到幕墙的周长,应认真对待。

　　Ⅰ.竖框与连接件要用螺栓连接,螺栓要采用不锈钢件,同时要保证足够的长度,螺母紧固后,螺栓要长出螺母 3 mm 以上。螺母与连接件之间要加设足够厚度的不锈钢或镀锌垫片和弹簧垫圈。垫片的强度和尺寸一定要满足设计要求,垫片的宽度要大于连接件螺栓孔竖向直径的1/2,连接件的竖向孔径要小于螺母直径。连接件上的螺栓孔都应是长孔,以利于竖框的前后调整。竖框调整完后,将螺母护紧,垫片与连接件间要进行点焊,以防止竖框的前后移动,同时螺栓与螺母间也要点焊,连接件与竖框接触处要加设尼龙衬垫隔离,防止电位差腐蚀。尼龙垫片的面积不能小于连接件与竖框接触的面积。第一层竖框安装完后,进行上一层竖框的安装。

　　Ⅱ.一般情况下,都以建筑物的一层高为一根竖框。金属幕墙随着温度的变化,材料在不停地伸缩。由于铝板、铝复合板等材料的热胀冷缩系数不同,这些伸缩如被抑制,材料内部将产生很大应力,轻则会使整幅幕墙窸窣作响,重则会导致幕墙变形,因此,框与框及板与板之间都要留有伸缩缝。伸缩缝处要采用特制插件进行连接,即套筒连接法,可适应、消除建筑挠度变形及温度变形的影响。

插件的长度要保证塞入竖框每端 200 mm 以上，插件与竖框间用自攻螺丝或铆钉紧固。伸缩缝的尺寸要按设计而定，待竖框调整完毕后，伸缩缝中要用耐老化的硅酮密封胶进行密封，以防潮气及雨水等腐蚀铝合金框的断面及内部。

Ⅲ.在竖框的安装过程中，应随时检查竖框的中心线。较高的幕墙宜采用经纬仪测定，低幕墙可随时用线锤检查，如有偏差，应立即纠正。竖框的尺寸准确与否，将直接关系到幕墙质量。竖框安装的标高偏差应不大于 3 mm，轴线前后偏差应不大于 2 mm，左右偏差应不大于 3 mm；相邻两根竖框安装的标高偏差应不大于 3 mm；同层竖框的最大标高偏差应不大于 5 mm；相邻两根竖框的距离偏差应不大于 2 mm。竖框调整固定后，就可以进行横梁的安装了。

d.要根据弹线所确定的位置安装横梁。安装横梁时最重要的是要保证横梁与竖框的外表面处于同一立面上。

Ⅰ.横梁竖框间通常采用角码进行连接，角码一般用角铝或镀锌铁件制成。角码的一肢固定在横梁上，另一肢固定在竖框上，固定件及角码的强度应满足设计要求。

Ⅱ.横梁与竖框间也应设有伸缩缝，待横梁固定后，用硅酮密封胶将伸缩缝密封。

Ⅲ.应特别注意，用电钻在铝型材框架上钻孔时，钻头的直径要稍小于自攻螺丝的直径，以保证自攻螺丝连接的牢固性。

Ⅳ.横梁安装时，相邻两根横梁的水平标高偏差应不大于 1 mm。同层标高偏差：当一幅金属板幕墙的宽度小于或等于 35 m 时，应不大于 5 mm；当一幅幕墙的宽度大于 35 m 时，应不大于 7 mm。

Ⅴ.横梁的安装应自下向上进行。当安装完一层高度时，应进行检查、调整、校正，使其符合质量标准。

(5)保温防潮层安装。

如果在金属板幕墙的设计中，既有保温层又有防潮层，那么应先在墙体上安装防潮层，再在防潮层上安装保温层。如果设计中只有保温层，则将保温层直接安装到墙体上。大多数金属板幕墙的设计通常只有保温层而不设置防潮层。

①隔热材料通常使用阻燃型聚苯乙烯、隔热棉等材料。其特点是质量轻，在墙体上安装方法也很简单。隔热材料尺寸根据实墙位（不见光位）铝合金框架的内空尺寸现场裁割。

②将裁好的隔热材料用金属丝固定于铝角上，铝角在铝型材加工时已安装

在竖框或横档上,在重要建筑中,应用镀锌薄钢板或不锈钢板将保温材料封闭,作为一个构件安装在骨架上。

③将带有底盘的钉用建筑胶黏结到墙体上,钉间距应保证在 400 mm 左右,板接缝处应保证有钉,板边缘的钉间距也应不大于 400 mm。保温板间及板与金属板幕墙构件间的接缝要严密。

(6)防火棉安装。

①应采用优质防火棉,耐火极限要达到有关部门要求。

②防火棉用镀锌钢板固定。应使防火棉连续地密封于楼板与金属板之间的空位上,形成一道防火带,中间不得有空隙。

(7)防雷保护设施。

①幕墙设计时,应考虑使整片幕墙框架具有有效的电传导性,并可按设计要求提供足够的防雷保护接合端。

②大厦防雷系统及防雷接地措施一般由其他单位负责,分包单位要提供足够的幕墙防雷保护接合端,以与防雷系统直接连接。一般要求防雷系统直接接地,不能与供电系统合用接地地线。

10.2.3　幕墙金属面板加工与安装

如前所述,金属板幕墙常用金属板品种很多,但用得最多、效果最好的在我国当属复合铝塑板、铝合金蜂巢板及单层铝板等。

1.复合铝塑板的加工

复合铝塑板的加工应在洁净的专门车间中进行,加工的工序主要为复合铝塑板裁切、刨沟和固定。板材储存时应以 10°内倾斜放置,底板需用厚木板垫底,才不致产生弯曲现象。搬运时需两人取放,将板面朝上,切勿推拉,以防擦伤。板材上切勿放置重物或践踏,以防产生弯曲或凹陷的现象。如果手工裁切,在裁切前先将工作台清洁干净,以免板材受损。

(1)复合铝塑板裁切。复合铝塑板加工的第一道工序是板材的裁切。板材的裁切可用剪床、电锯、圆盘锯、手提电锯等工具按照设计要求加工出所需尺寸。

(2)复合铝塑板刨沟。

①复合铝塑板的刨沟机具有两种:一种是带有床体的数控刨沟机,另一种是手动刨沟机。

a.数控刨沟机带有机床,将需刨沟的板材放到机床上,调好刨刀的距离,就

可以准确无误地完成刨沟任务。

b.当使用手动刨沟机时,要使用平整的工作台,操作人员要熟练掌握工具的使用技巧。

通常情况下要尽量少采用手动刨沟机,因为复合铝塑板的刨沟工艺精确度要求很高,手工操作一不小心就会穿透复合铝塑板的塑性材料层,损伤面层铝板,这是复合铝塑板加工不允许的。

②刨沟机上带有不同的刨刀,通过更换刨刀,可在复合铝塑板上刨出不同形状的沟。

a.复合铝塑板的刨沟深度应根据不同板的厚度而定。一般情况下塑性材料层保留的厚度应在1/4左右。

b.不能将塑性材料层全部剖开,以防止面层铝板的内表面长期裸露而受到腐蚀。而且如果只剩下外表一层铝板,弯折后、弯折处板材强度会降低,导致板材使用寿命缩短。

③板材被刨沟以后,再按设计对边角进行剪裁,就可将板弯折成所需的形状。

a.板材在刨沟处进行弯折时,要将碎屑清理干净。

b.弯折时切勿多次反复的弯折和急速弯折,防止铝板受到破损,强度降低。

c.弯折后,板材四角对接处要用密封胶进行密封。

d.对有毛刺的边部可用锉刀修边,修边时,切勿损伤铝板表面。

e.需要钻孔时,可用电钻、线锯等在铝塑板上做出各种圆形、曲线形等多种孔径。

(3)复合铝塑板与副框及加强筋的固定。

①板材边缘弯折以后,就要同副框固定成型,同时根据板材的性质及具体分格尺寸的要求,在板材背面适当的位置设置加强筋。通常采用铝合金方管作为加强筋,加强筋的数量要根据设计而定。

a.一般情况下,当板材的长度小于1 m时可设置一根加强筋。

b.当板材的长度小于2 m时可设置2根加强筋。

c.当板材的长度大于2 m时,应按设计要求增加加强筋的数量。

②副框与板材的侧面可用抽芯铝铆钉紧固,抽芯铝铆钉间距应在200 mm左右。

a.板的正面与副框的接触面间由于不能用铆钉紧固,所以要在副框与板材间用结构胶黏结。

b.转角处要用角码将两根副框连接牢固。

c.加强筋(铝方管)与副框间也要用角码连接紧固,加强筋与板材间要用结构胶黏结牢固。

③副框通常有两种形状,如图 10.1 所示。

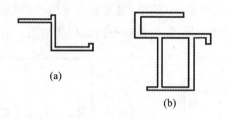

(a)

(b)

图 10.1　副框形状

④这里的复合铝塑板组框中采用双面胶带,只适用于较低建筑的金属板幕墙。对于高层建筑,副框及加强筋与复合铝塑板正面接触处必须采用结构胶黏结,而不能采用双面胶带。

2.金属板安装

(1)安装技术要求。

①金属板须放置于干燥通风处,并避免与电火花、油污及混凝土等腐蚀物质接触,以防板表面受损。

②金属板件搬运时应有保护措施,以免损坏金属板。

③注胶前,一定要用清洁剂将金属板及铝合金(型钢)框表面清洁干净,清洁后的材料须在 1 h 内密封,否则重新清洗。

④密封胶须注满,不能有空隙或气泡。

⑤清洁用擦布须及时更换以保持干净。

⑥应遵守标签上的说明使用溶剂,使用溶剂场所严禁烟火。

⑦注胶之前,应将密封条或防风雨胶条安放于金属板与铝合金(钢)型材之间。

⑧根据密封胶的使用说明,注胶宽度与注胶深度之最合适尺寸比例为 2(宽度):1(深度)。

⑨注密封胶时,应用胶纸保护胶缝两侧的材料,使之不受污染。

⑩金属板安装完毕,在易受污染部位用胶纸贴盖或用塑料薄膜覆盖保护;易被划碰的部位,应设安全护栏保护。

⑪清洁中所使用的清洁剂应对金属板、胶及铝合金（钢）型材料无任何腐蚀作用。

(2)安装施工要点。

①复合铝塑板与副框组合完成后，开始在主体框架上进行安装。

a.金属板幕墙的主体框架（铝框）通常有两种形状，如图 10.2 所示。第一种副框与两种主框都可搭配使用，但第二种副框只能与第二种主框配合使用。

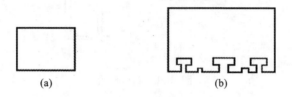

(a)　　　　　　　　　　(b)

图 10.2　主框形状

b.板间接缝宽度按设计而定，安装板前要在竖框上拉出两根通线，定好板间接线的位置，按线的位置安装板材。拉线时要使用弹性小的线，以保证板缝整齐。

c.副框与主框接触处应加设一层胶垫，不允许刚性连接。采用第二种主框是将胶条安装在两边的凹槽内，如果采用方管做主框，则应将胶条黏结到主框上。采用第二种主框时应将压片及螺栓安装到主框上，螺栓的螺母端在主框中间的凹槽里。

d.板材定位以后，将压片的两脚插到板上副框的凹槽里，将压片上的螺栓紧固就可以了。压片的个数及间距要根据设计而定。

e.当第二种副框与方管配合使用时，复合铝塑板定位以后，用自攻螺丝将压片固定到主框上就可以了。当采用第一种副框时，主框必然是方管，副框与副框间采用搭接互压的方式，用自攻螺丝将副框固定到主框上就可以了。

f.金属板与板之间的缝隙一般为 10～20 mm，用硅酮密封胶或橡胶条等弹性材料封堵。在垂直接缝内放置衬垫棒。

②图 10.3 所示的为断面加工成蜂巢腔状的铝合金蜂巢板。铝合金蜂巢板不仅具有良好的装饰效果，而且还具有保温、隔热、隔声、吸声等功能。

a.图 10.3 所示的铝合金蜂巢板，用于某些高层建筑的窗下墙部位。虽然该种板也用螺栓固定，但是在具体构造上与铝合金板条有很大差别。这种幕墙板是用图 10.4 所示的连接件，将铝合金蜂巢板与骨架连成整体。此类连接固定方式构造比较稳妥，在铝合金蜂巢板的四周，均用图 10.4 所示的连接件与骨架固

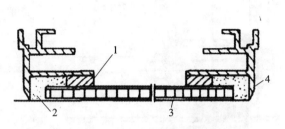

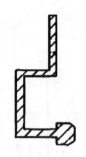

图 10.3　断面加工成蜂巢腔状的铝合金蜂巢板　　　图 10.4　连接件断面

1—蜂巢状泡沫塑料填充,周边用胶密封;

2—密封胶(俗称结构胶);

3—复合铝合金蜂巢板;

4—板框图

定,其固定范围不是某一点,而是板的四周。这种周边固定办法,可以有效地约束板在不同方向的变形。

从图 10.5 构造节点大样可以看出,幕墙板是固定在骨架上的,骨架采用方钢管,通过角钢连接件与结构连成整体。方钢管的间距应根据板的规格确定。其骨架断面尺寸及连接板的尺寸,应进行计算选定。这种固定办法安全系数大,较适宜在高层建筑及超高层建筑中采用。

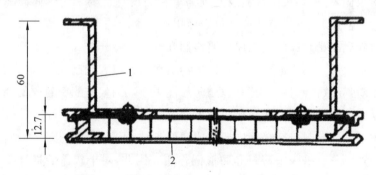

图 10.5　铝合金蜂巢板构造节点大样图(单位:mm)

1—铝合金板边框周边布置;2—铝合金板

b. 图 10.6 所示的铝合金板,也是用于幕墙的铝合金蜂巢板。此种板的特点是固定与连接的连接件,在铝合金蜂巢板制造过程中,同板一起完成。安装时,两块板之间有 20 mm 的间隙,用一条挤压成型的橡胶带进行密封处理。两块板用一块 5 mm 的铝合金板压住连接件的两端,然后用螺丝拧紧。螺丝的间距为300 mm。

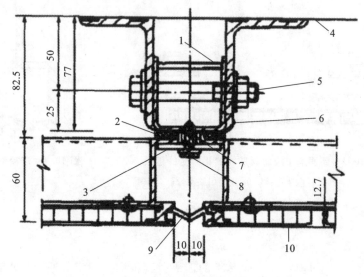

图 10.6   铝合金蜂巢板固定节点大样图(单位:mm)

1—焊接钢板;2—聚氯乙烯泡沫填充;3—45×45×5 铝板;4—结构边线;5—ϕ12×80 镀锌贯穿螺栓,加垫圈;6—L75×50×5 不等肢角钢,长 50;7—ϕ15×30 钢管;8—螺丝带垫圈;9—橡胶带;10—蜂窝铝合金外墙板

(3)注胶封闭。

金属板固定以后,板间接缝及其他需要密封的部位要采用耐候硅酮密封胶进行密封。注胶时,需将该部位基材表面用清洁剂清洗干净后,再注入密封胶。

①耐候硅酮密封胶的施工厚度要控制在 3.5～4.5 mm,如果注胶太薄对保证密封质量及防止雨水渗漏不利。但也不能注胶太厚,当胶受拉力时,太厚的胶容易被拉断,导致密封性能受到破坏,防渗漏失效。耐候硅酮密封胶的施工宽度不小于厚度的两倍或根据实际接缝宽度而定。

②耐候硅酮密封胶在接缝内要形成两面黏结,不要三面黏接。否则,胶在受拉时,容易被撕裂,将失去密封和防渗漏作用。因此,对于较深的板缝要采用聚乙烯泡沫条填塞,以保证耐候硅酮密封胶的设计施工位置和防止形成三面黏结。对于较浅的板缝,在耐候硅酮胶施工前,用胶带施于缝隙底部,将缝底与胶分开。

③注胶前,要将需注胶的部位用丙酮、甲苯等清洁剂清理干净。使用清洁剂时应准备两块抹布,用第一块抹布蘸清洁剂轻抹将污物发泡,用第二块抹布用力拭去污物和溶物。

④注胶工人一定要熟练掌握注胶技巧。注胶时,应从一面向另一面单向注,不能两面同时注胶。垂直注胶时,应自下而上进行。注胶后,在胶固化以前,要

将节点胶层压平,不能有气泡和空洞,以免影响胶和基材的黏结。注胶要连续,胶缝应均匀饱满,不能断断续续。

⑤注胶时,周围环境的湿度及温度等气候条件要符合耐候密封胶的施工条件,方可进行施工。

⑥一般在 20 ℃左右时,耐候密封胶完全固化需要 14~21 d 的时间。待密封胶完全固化后,即可将复合铝塑板表面的保护膜拆下。

10.2.4　节点构造与收口处理

金属板幕墙节点构造设计、水平部位的压顶、端部的收口、伸缩缝的处理、两种不同材料交接部位的处理等不仅对结构安全与使用功能有着较大的影响,而且也关系到建筑物的立面造型和装饰效果。因此,各设计、施工单位及生产厂商应注重节点的构造设计,并相应开发出与之配套的骨架材料和收口部件。现将目前国内常见的几种做法列举如下。

(1)金属幕墙板节点。对于不同的金属幕墙板,其节点处理略有不同。通常在节点的接缝部位易出现上下边不齐或板面不平等问题,故应先将一侧板安装,螺栓不拧紧,用横、竖控制线确定另一侧板安装位置,待两侧板均达到要求后,再依次拧紧螺栓,打密封胶。

(2)幕墙转角部位。幕墙转角部位的处理通常是用一条直角铝合金(型钢、不锈钢)板,与外墙板直接用螺栓连接,或与角位立梃固定。

(3)幕墙交接部位。不同种材料的交接通常处于有横梁、竖框的部位,否则应先固定其骨架,再将定型收口板用螺栓与其连接,且在收口板与上下(或左右)板材交接处加橡胶垫或注密封胶。

(4)幕墙女儿墙上部及窗台。幕墙女儿墙上部及窗台等部位的处理均属水平部位的压顶处理,即用金属板封盖,使之能阻挡风雨浸透。水平盖板的固定,一般先将骨架固定于基层上,再用螺栓将盖板与骨架牢固连接,并适当留缝、打密封胶。

(5)幕墙墙面边缘。幕墙墙面边缘部位的收口,是用金属板或型板将墙板端部及龙骨部位封盖。

(6)幕墙墙面下端。幕墙墙面下端的收口处理,通常用一条特制挡水板将下端封住,同时将板与墙缝隙盖住,防止雨水渗入室内。

(7)幕墙变形缝。幕墙变形缝的处理,原则上应首先满足建筑物伸缩、沉降的需要,同时亦应达到装饰效果。另外,该部位又是防水的薄弱环节,其构造点

应周密考虑。现在有专业厂商生产该种产品,既保证其使用功能,又能满足装饰要求,其通常采用异形金属板与氯丁橡胶带体系。

10.2.5　金属板幕墙特殊部位的处理

1. 防雷系统

金属板幕墙的防雷设计应符合《智能建筑防雷设计规范》(QX/T 331—2016)的有关规定。金属板幕墙应形成自身的防雷体系,并应与主体结构的防雷体系可靠地连接。具体做法是:金属板幕墙的横向每隔 10 m 左右在立柱的腹腔内设镀锌扁铁,与结构防雷系统相连。外测电阻不能大于 10 Ω,如金属板幕墙延伸到建筑物顶部,还应考虑顶部防雷。

2. 防火系统

防火性能是衡量幕墙功能优良与否的一个重要指标。高耐火度的结构件和结构设计是保证建筑在强烈的火灾荷载作用下不受严重损坏的关键。

金属板幕墙与主体结构的墙体间有一间隙,当发生火灾时,很容易产生热对流,使得热烟上窜到顶层,造成火灾蔓延的现象。因此,在设计施工中要中断这一间隙。

具体做法是:在每一层窗台外侧的间隙中,将 L 形镀锌钢板固定到幕墙的框体上,在其上设置不少于两层的防火棉,防火棉的具体厚度与层数应根据防火等级而定,每层防火棉的接缝应错开,并与四周严密接触。面层要求采用 1.2 mm 以上厚度的镀锌钢板封闭,钢板间连接要采用搭接的方式,钢板与四周及钢板间接缝要用管道防火密封胶进行密封。注胶要均匀、饱满,不能留有气泡和间隙。

3. 金属板幕墙的上部封修

金属板幕墙的顶部是雨水易渗漏及风荷载较大的部位。因此,上部封修质量的好坏,是衡量整个金属板幕墙质量及性能好坏的关键。

在金属板幕墙埋件的安装施工过程中,如果没有预埋件,则顶端埋件不可以采用膨胀螺栓固定埋板,而应穿透墙体,做成夹墙板形式,或采用其他比较可靠的固定方式。两块夹墙钢板通过钢筋相连,钢筋及钢板的强度应符合设计要求。钢筋应竖直,其一端与外板焊接(要围弯成 90°直角搭接焊并符合国家焊接规范),在钢筋的另一端上套丝,使其穿过内板上的孔,再用螺母将其紧固。紧固后,将螺母与钢筋间焊死。连接筋及焊缝均应做防锈处理。

对封修板的横向板间接缝及其他接缝处,注胶时,一定要认真仔细,保证注胶质量。

4. 金属板幕墙的下部封修

金属板幕墙的下部封修也很重要,这里是雨水及潮气等易侵入部位,如果封修不严密,时间长久以后,会使幕墙受到腐蚀,从而缩短幕墙的使用寿命。

5. 金属板幕墙的内外转角

金属板幕墙的内转角通常在转角处立一根竖框即可,将两块铝复合板在此对接,而不可以在板的内侧刨沟,将板向外弯折。金属板幕墙的外转角比较简单,在转角两侧分别立两根竖框,在复合板内侧刨沟,向内弯折,两端分别固定到竖框上即可。

6. 复合铝塑板的圆弧及圆柱施工

在复合铝塑板幕墙的施工中,可能会设计有圆弧和圆柱,圆弧的施工较简单,如果是较小直径的圆弧,可通过刨沟的宽度和深度来调节圆弧的大小。对于较大直径的圆弧可用三轴式弯曲机,将其直接弯曲成弧形即可。下面简单介绍复合铝塑板的圆柱施工。

(1)使用一般木工用美工刀,将复合铝塑板的背面以 40～80 mm 间距切割至铝片的深度,并于产品两侧(板正面)用电动刨沟机(平口型刀刃)刨预留间距表面 1.5 mm 左右厚度,以利于施工时的接合。

(2)再用尖嘴钳将铝片一片片地撕下,背面铝片撕下后,产品会徐徐弯曲。

(3)将复合铝塑板的背面及圆柱衬板(通常是胶合板,衬板的制作参考不锈钢包柱施工)刷涂万能胶黏结牢固。

(4)接头处可先用气钉枪打 U 形钉子钉接头沟缝处,以利于固定,然后用耐候硅酮密封胶填平沟缝,即可达到简便的弯曲效果。

7. 复合铝塑板与幕墙框架的其他连接方式

复合铝塑板在加工组装时,其副框还可以采取其他形式,不同形式的副框配以不同形式的压片与主框进行连接。

8. 金属板幕墙的工程验收及质量标准

（1）金属板幕墙工程验收前应将其表面擦洗干净。

（2）金属板幕墙工程验收时应提交下列资料：设计图纸、文件、设计修改和材料代用文件；材料出厂质量证书；隐蔽工程验收文件；预制构件出厂质量证书；金属板幕墙物理性能检验报告；施工安装自检记录。

（3）金属板幕墙安装施工应对下列项目进行隐蔽验收：构件与主体结构的连接节点的安装；幕墙四周、幕墙内表面与主体结构之间间隙节点的安装；幕墙伸缩缝、沉降缝、防震缝及墙面转角节点的安装；幕墙防雷接地节点的安装。

（4）金属板幕墙观感检验应符合下列要求：板间缝宽应均匀，并符合设计要求；整幅幕墙饰面板色泽应均匀；铝合金料不能有脱膜现象；饰面板表面应平整，不能有变形、波纹或局部压砸等缺陷；幕墙的上下边及侧边封口、沉降缝、伸缩缝、防震缝的处理及防雷体系应符合设计要求；幕墙隐蔽节点的遮封装修应整齐美观；幕墙不得渗漏。

（5）金属板幕墙工程抽样检验应符合下列要求：铝合金板料及饰面表面应无铝屑、毛刺、油斑和其他污垢；饰面板安装牢固，橡胶条和密封胶应镶嵌密实、填充平整。

（6）一个分格铝合金框料表面质量应符合规定。

9. 金属板幕墙的安全施工、保养与维修

（1）施工注意事项。

①储运注意事项。

a.金属板（铝合金板和不锈钢板）应倾斜立放，倾角不大于 $10°$，地面上垫厚木质衬板，板材上勿置重物或践踏。

b.搬运时要两人抬起，避免由于扒拉而损伤表面涂层或氧化膜。

c.工作台面应平整清洁，无杂物（尤其是硬物），否则易损伤金属板表面。

（2）现场加工注意事项。

①通常情况下，幕墙金属板均由专业加工厂一次加工成型后，方可运抵现场。但由于工厂实际情况的要求，部分板件需现场加工。

②现场加工应注意使用专业设备工具，由专业人员进行操作，注意确保板件

的加工质量。

③严格按完全固定进行操作,工人应正确熟练地使用设备工具,注意避免因违章操作而造成安全事故。

(3)安全施工。

脚手架搭设应牢固可靠;施工机具在使用前,应进行严格检验,手电钻、电锤、焊钉枪等电动工具应做绝缘电压试验;手持吸盘和吸盘安装机,应进行吸附质量和吸附持续时间试验;施工人员应配备安全帽、安全带、工具袋等;现场焊接时,焊件下方应设防火斗。

安全施工技术措施如下。

①进入施工现场必须佩戴安全帽,高空作业必须系安全带、工具袋。严禁高空坠物。严禁穿拖鞋、凉鞋进入现场。

②在外架施工时,禁止上下攀爬,必须由通道上下,具体参照脚手架施工方案措施执行。

③幕墙安装施工作业面下方,禁止人员通行和施工,必要时要设专人站岗指挥,或设围栏阻止通行。

④电焊铁码部位时,要设"接料",将电焊火花接住,防止火灾。

⑤电动机械须安装漏电保护器,手持电动工具操作人员需戴绝缘手套。

⑥在高层建筑幕墙安装与上部结构施工交叉作业时,结构施工层下方必须架设挑出 3 m 以上防护装置。建筑在地面上 3 m 左右,应设挑出 6 m 水平安全网。如果架设竖向水平安全网有困难,可采取其他有效方法,保证安全施工。

⑦坚持开好"班前会",研究当日安全工作要点,引起大家重视。

⑧加强各级领导和专职安全员跟踪到位的安全监护,发现违章立即制止,杜绝事故的发生。

⑨6 级以上的大风、大雾、大雪严禁高空作业。

⑩职工进场必须搞好安全教育并做好记录,各工序开工前,工长及安全员做好书面安全技术交底工作。

⑪安装幕墙用的施工机具在使用前必须进行严格检查。吊篮须做荷载试验和各种安全保护装置的运转试验;手电钻、电动改锥、焊钉枪等电动工具需做绝缘电压试验。

⑫应注意防止密封材料在使用时发生溶剂中毒,且要保管好溶剂,以免发生火灾。

（4）金属板幕墙的保养与维修。

应根据幕墙外墙面积及灰污染程度，确定清洗幕墙的次数与周期；清洗外墙面的机械设备，操作应灵活方便，以免擦伤幕墙面。幕墙的检查与维修应按下列要求进行。

①发现螺栓松动应拧紧或焊牢；发现焊接件锈蚀应除锈补漆；发现密封胶和密封条脱落或损坏，应及时修补与更换。

②发现幕墙构件及连接件损坏，或连接件与主体结构的锚固松动或脱落，应及时更换或采取措施加固修复。

③定期检查幕墙排水系统，若发现堵塞，应及时疏通；当遇台风、地震、火灾等自然灾害时，灾后应对幕墙进行全面检查，并视损坏程度进行幕墙维修加固。

④不得在 4 级以上风力及大雨天进行幕墙外侧检查、保养及维修工作；检查、清洗、保养维修时所采用的机具设备必须牢固、操作方便、安全可靠。

⑤在金属板幕墙的保养和维修工作中，凡属高处作业者，必须遵守《建筑施工高处作业安全技术规范》(JGJ 80—2016)的有关规定。

10.2.6　质量通病防治

金属板幕墙涉及工种较多，工艺复杂，施工难度大，比较容易出现质量问题。通常表现在以下几个方面。

（1）板面不平整，接缝不平齐。

产生原因如下：

①连接码件固定不牢，产生偏移；

②码件安装不平直；

③金属板本身不平整。

防治措施：确保连接件的固定，应在码件固定时放通线定位，且在上板前严格检查金属板的质量。

（2）密封胶开裂，产生气体渗透或雨水渗漏。

产生原因如下：

①注胶部位不洁净；

②胶缝深度过大，造成三面黏结；

③胶在未完全黏结前受到灰尘沾染或损伤。

278

防治措施：

①充分清洁板材间缝隙（尤其是黏结面），并加以干燥；

②在较深的胶缝中充填聚氯乙烯发泡材料（小圆棒），使胶形成两面黏结，保证其嵌缝深度；

③注胶后认真养护，直至其完全硬化。

（3）预埋件位置不准，致使横、竖料很难与其固定连接。

产生原因如下：

①预埋件安放时偏离安装基准线；

②预埋件与模板、钢筋的连接不牢，使其在浇筑混凝土时位置变动。

防治措施：

①预埋件放置前，认真校核其安装基线，确定其位置准确；

②采取适当方法将预埋件模板、钢筋牢固连接（如绑扎、焊接等）。

补救措施：若结构施工完毕后已出现较大的预埋偏差或个别漏放，则需及时进行补救。其方法为：

①预埋件面内凹入超出允许偏差范围，采用加长铁码补救；

②预埋件向外凸出超出允许偏差范围，采用缩短铁码或剔去原预埋件，改用膨胀螺栓将铁码紧固于混凝土结构上；

③预埋件向上或向下偏移超出允许偏差范围，则修改竖框连接孔或采用膨胀螺栓调整连接位置；

④预埋件漏放，采用膨胀螺栓连接或剔出混凝土后重新埋设。

以上修补方法需经设计部门认可。

（4）胶缝不平滑充实，胶线不平直。

产生原因：打胶时，挤胶用力不匀，胶枪角度不正确，刮胶时不连续。

防治措施：连续均匀挤胶，保持正确的角度，将胶注满后用专用工具将其刮平，表面应光滑无皱纹。

（5）成品污染。

产生原因：金属板安装完毕后，未及时保护，使其发生碰撞变形、变色、污染、排水管堵塞等现象。

防治措施：

①施工过程中要及时清除板面及构件表面的黏附物；

②安装完毕后立即从上向下清扫，并在易受污染破坏的部位贴保护胶纸或覆盖塑料薄膜，易受磕碰的部位设护栏。

10.3 石材板幕墙施工

在我国,石材干挂技术应用起步较晚,下挂花岗石幕墙的施工规范正由有关部门起草。建筑设计部门一般不承担装饰施工设计,目前的干挂花岗石幕墙工程大都由施工单位凭经验完成。

10.3.1 施工工艺流程

干挂花岗石幕墙安装施工工艺流程如图 10.7 所示。

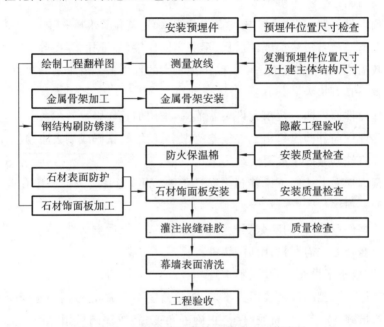

图 10.7 干挂花岗石幕墙安装施工工艺流程

10.3.2 石板材幕墙安装施工

1.预埋件安装

预埋件应在土建施工时埋设,幕墙施工前要根据该工程基准轴线和中线以及基准水平点对预埋件进行检查和校核,一般允许位置尺寸偏差为±20 mm。

如有预埋件位置超差而无法使用或漏放,应根据实际情况提出选用膨胀螺栓的方案,报设计单位审核批准。并应在现场做拉拔试验,做好记录。

2. 测量放线

(1)由于土建施工允许误差较大,幕墙工程施工要求精度很高,所以不能依靠土建水平基准线,必须由基准轴线和水准点重新测量,并校正复核。

(2)按照设计在底层确定幕墙定位线和分格线。

(3)用经纬仪或激光垂直仪将幕墙的阳角和阴角引上,并用固定在钢支架上的钢丝线作标志控制线。

(4)使用水平仪和标准钢卷尺等引出各层标高线。

(5)确定好每个立面的中线。

(6)测量时应控制分配测量误差,不能使误差积累。

(7)测量放线应在风力不大于 4 级的情况下进行,并要采取避风措施。

(8)放线定位后要对控制线定时校核,以确保幕墙垂直度和金属竖框位置的正确。

(9)所有外立面装饰工程应统一放基准线,并注意施工配合。

3. 金属骨架安装

(1)根据施工放样图检查放线位置。

(2)安装固定竖框的铁件。

(3)先安装同立面两端的竖框,然后拉通线顺序安装中间竖框。

(4)将各施工水平控制线引至竖框上,并用水平尺校核。

(5)按照设计尺寸安装金属横梁。横梁一定要与竖框垂直。

(6)如有焊接,应对下方和邻近的已完工装饰面进行成品保护。焊接时要采用对称焊,以减少因焊接产生的变形。检查焊缝质量合格后,所有的焊点、焊缝均需做去焊渣及防锈处理,如刷防锈漆等。

(7)待金属骨架完工后,应通过监理公司对隐蔽工程检查后,方可进行下道工序。

4. 防火、保温材料安装

(1)必须采用合格的材料,即要求有出厂合格证。

(2)在每层楼板与石板幕墙之间不能有空隙,应用镀锌钢板和防火棉形成防火带。

(3)在北方寒冷地区,幕墙保温层施工时,保温层最好应有防水、防潮保护层,在金属骨架内填塞固定,要求严密牢固。

5.石材饰面板安装

(1)将运至工地的石材饰面板按编号分类,检查尺寸是否准确和有无破损、缺楞、掉角,按施工要求分层次将石材饰面板运至施工面附近,并注意摆放可靠。

(2)先按幕墙面基准线仔细安装好底层第一层石材。

(3)注意安放每层金属挂件的标高,金属挂件应紧托上层饰面板,而与下层饰面板之间留有间隙。

(4)安装时,要在饰面板的销钉孔或切槽口内注入石材胶(环氧树脂胶),以保证饰面板与挂件的可靠连接。

(5)安装时,宜先完成窗洞口四周的石材镶边,以免安装发生困难。

(6)安装到每一楼层标高时,要注意调整垂直误差,不积累。

(7)在搬运石材时,要有安全防护措施,摆放时下面要垫木方。

6.嵌胶封缝

石材板间的胶缝是石板幕墙的第一道防水措施,同时也使石板幕墙形成一个整体。

(1)要按设计要求选用合格且未过期的耐候嵌缝胶。最好选用含硅油少的石材专用嵌缝胶,以免硅油渗透污染石材表面。

(2)用带有凸头的刮板填装泡沫塑料圆条,保证胶缝的最小深度和均匀性。选用的泡沫塑料圆条直径应稍大于缝宽。

(3)在胶缝两侧粘贴纸面胶带纸保护,以避免嵌缝胶迹沾染石材板表面。

(4)用专用清洁剂或草酸擦洗缝隙处石材板表面。

(5)派受过训练的工人注胶,注胶应均匀无流淌,边打胶边用专用工具勾缝,使嵌缝胶成型后呈微弧形凹面。

(6)施工中要注意不能有漏胶污染墙面,如墙面上沾有胶液应立即擦去,并用清洁剂及时擦净余胶。

(7)在大风和下雨时不能注胶。

7.清洗和保护

施工完毕后,除去石材板表面的胶带纸,用清水和清洁剂将石材表面擦洗干净,按要求进行打蜡或刷保护剂。

10.3.3　施工注意事项

(1)严格控制石材板质量,材质和加工尺寸都必须合格。

(2)要仔细检查每块石材板有没有裂纹,防止石材在运输和施工时发生断裂。

(3)测量放线要十分精确,各专业施工要组织统一放线、统一测量,避免各专业施工因测量和放线误差发生施工矛盾。

(4)预埋件的设计和放置要合理,位置要准确。

(5)根据现场放线数据绘制施工放样图,落实实际施工和加工尺寸。

(6)安装和调整石材板位置时,可用垫片适当调整缝宽,所用垫片必须与挂件是同质材料。

(7)固定金属挂片的螺栓要加弹簧垫圈,或调平调直拧紧螺栓后,在螺帽上抹少许石材胶固定。

10.3.4　安全施工技术措施

(1)进入现场必须佩戴安全帽,高空作业必须系好安全带,携带工具袋,严禁高空坠物,严禁穿拖鞋、凉鞋进入工地。

(2)禁止在外脚手架上攀爬,必须由通道上下。

(3)幕墙施工下方禁止人员通行和施工。

(4)现场电焊时,在焊接下方应设接火斗,防止电火花溅落引起火灾或烧伤其他建筑成品。

(5)电源箱必须安装漏电保护装置,手持电动工具操作人员戴绝缘手套。

(6)在 6 级以上大风、大雾、雷雨、下雪天气严禁高空作业。

(7)所有施工机具在施工前必须进行严格检查,如手持吸盘须检查吸附质量和持续吸附时间试验,电动工具需作绝缘电压试验。

(8)在高层石材板幕墙安装与上部结构施工交叉作业时,结构施工层下方应架设防护网,在离地面 3 m 高处,应搭设挑出 6 m 的水平安全网。

(9)施工前,项目经理、技术负责人要对工长和安全员进行技术交底,工长和安全员要对全体施工人员进行技术交底和安全教育。每道工序都要做好施工记录和质量自检。

10.3.5　质量要求及通病防治

1.质量要求

日前,我国有关石材板幕墙的设计规范和施工及验收规范均尚未颁布,可参照以下方法执行。

(1)检查数量。

室外,以 4 m 左右高为一检查层,每 20 m 长抽查一处(每处 3 m 长),但不少于 3 处。

室内,按有代表性的自然间抽查 20％,过道按 10 m 延长,礼堂、大堂等大间按两轴线为一间,但不少于 3 间。

(2)保证项目。

①石材板的品种、规格、颜色、图案、花纹、加工几何尺寸偏差、表面缺陷及物理性能必须符合有关现行标准规定。

检验方法:观察、尺量和检查出厂合格证及试验报告。

②所用的型钢骨架、连接件(板)、销钉、胶黏剂、密封胶、防火保温材料等的材质、品种、型号、规格及连接方式必须符合设计要求和有关标准规定。

检验方法:观察、尺量和检查出厂合格证及试验报告。

③连接件与基层,骨架与基层,骨架与连接板的连接,石材板与连接板的连接安装必须牢固可靠、无松动。预埋件尺寸、焊缝的长度和高度、焊条型号必须符合设计要求。

检验方法:观察、尺量和用手扳检查。

④如设计对型钢骨架的挠度、连接件的拉拔力等有测试要求,其测试数据必须满足设计要求。

检验方法:检查试验报告。

⑤主体结构及其预埋件的垂直度、平整度与预留洞均应符合规范或设计要求,其误差应在连接件可调范围内。

检验方法:观察、尺量检查。

⑥采用螺栓、胀管连接处必须加弹簧垫圈并拧紧。

检验方法:观察和用手扳检查。

(3)基本项目。

①金属骨架。

合格:表面洁净、无污染,连接牢固、安全可靠,横平竖直,无明显错台、错位,不得弯曲和扭曲变形。垂直偏差不大于 3 mm,水平偏差不大于 2 mm。

优良:表面洁净,无污染,连接牢固、安全可靠,横平竖直,无明显错台、错位,不得弯曲和扭曲变形。垂直偏差不大于 2 mm,水平偏差不大于 1.5 mm。

检查方法:观察、用 2 m 直尺和托线板及楔形塞尺检查。

②石材板安装后表面。

合格:表面平整、洁净,无污染,颜色基本一致。

优良:表面平整、洁净,无污染、分格均匀,颜色协调一致,无明显色差。

检查方法:观察检查。

③石材板缝隙。

合格:石材板接缝、分格线宽窄均匀,阴阳角板压向正确,套割吻合,板边顺直,无缺棱掉角,无裂纹,凹凸线、花饰出墙厚度一致,上下口平直。

优良:石材板接缝、分格线宽窄一致,阴阳角板压向正确,套割吻合,板边缘整齐,无缺棱掉角,无裂缝,凹凸线、花饰出墙厚度一致,上下口平直。

检验方法:观察检查。

④石材板缝嵌填。

合格:填缝饱满、密实,无遗漏,颜色均匀一致。

优良:填缝饱满、密实,无遗漏,颜色及缝深浅一致,接头无明显痕迹。

检验方法:观察检查。

⑤滴水线,流水坡度。

合格:滴水线顺直,流水坡向正确。

优良:滴水线顺直,美观,流水坡向正确。

检验方法:拉线尺量和用水平尺检查。

⑥压条及嵌缝胶。

合格:压条扣板平直,对口严密,安装牢固。密封条安装嵌塞严密,使用嵌缝胶的部位必须干净,与石材黏结牢固,外表顺直,无明显错台、错位,光滑。胶缝以外无污渍。

优良:压条扣板平直,对口严密,安装牢固,整齐划一,嵌缝条安装嵌塞严密,使用嵌缝胶的部位必须干净,与石材黏结牢固,表面顺直,无明显错台、错位,光滑、严密、美观。胶缝以外无污渍。

检验方法:观察、尺量检查。

2. 质量通病防治

石材板幕墙的质量通病及防治措施如下。

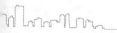

(1)材料。

①质量通病：

a.骨架材料型号、材质不符合设计要求，用料断面偏小，杆件有扭面变形；

b.所采用的锚栓无产品合格证，无物理力学性能测试报告；

c.石材加工尺寸与现场实际尺寸不符，或与其他装饰工程发生矛盾；

d.石材色差大，颜色不均匀。

②防治措施：

a.骨架结构必须由有资质劳动等级证明的设计部门设计，按设计要求选购合格产品；

b.设计要提出锚栓的物理力学性能要求，选择正规厂家牌号产品，施工单位严格采购进货的检测和验货手续；

c.加强现场的统一测量放线，提高测量放线的精度，加工前绘制放样加工图，并严格按放样图加工；

d.要加强到产地选材的工作，不能单凭小块样板确定材种，加工后要进行试铺配色，不要选用含氧化铁成分较多的石板材料。

(2)安装。

①质量通病：

a.骨架竖框的垂直度，横梁的水平度偏差较大；

b.锚栓松动不牢，垫片太厚；

c.石材缺棱掉角；

d.石材安装完成面不平整；

e.防火保温材料接缝不严。

②防治措施：

a.提高测量放线的精度，所用的测量仪器要检验合格，安装时加强检测和自验工作；

b.钻孔时，必须按锚栓产品说明书要求施工，钻孔的孔径、孔深应适合所用锚栓的要求，不能扩孔，不能钻孔过深；

c.挂件尺寸要能适应土建工程误差，垫片太厚会降低锚栓的承载拉力；

d.不选用质地太脆的石材；

e.要用小型机具和工具，解决施工安装时人工扛抬搬运容易造成破损棱角的问题；

f.一定要将挂件调平和用螺栓锁紧后再安装石材；

g. 不能将测量和加工误差积累；

h. 要选用良好的锚钉和胶黏剂，铺放时要仔细。

（3）胶缝。

①质量通病：

a. 密封胶开裂、不严密；

b. 胶中硅油渗出污染板面；

c. 板（销）孔中未注胶。

②防治措施：

a. 必须选用柔软、弹性好、使用寿命长的耐候胶，一般宜用硅酮胶；

b. 施工时要用清洁剂将石材表面的污物擦净；

c. 胶缝宽度和深度不能太小，施工时精心操作，不漏封；

d. 应选用石材专用嵌缝胶；

e. 要严格按设计要求施工。

（4）墙面清洁完整。

①质量通病：

墙表面被油漆、胶污染，有划痕、凹坑。

②防治措施：

a. 上部施工时，必须注意对下部成品的保护；

b. 拆搭脚手架和搬运材料时要注意防止损伤墙面。

10.4　彩色混凝土挂板幕墙施工

10.4.1　彩色混凝土挂板预制加工

混凝土挂板，是采用水泥及普通砂、石配制的混凝土浇筑成型的 PC 预制板，混凝土强度等级为 C25，标准板厚为 6 cm，板内放置直径 5 mm 冷拔镀锌钢丝，间距 10 cm 点焊网片，板的几何尺寸为 1340～1570 mm，大小不等，板的上下端及背面均有安装预留孔及锚栓凹槽，分平板（标准板）、柱板（异形板）两大类。

彩色混凝土挂板生产工艺复杂、工序多、技术难度大，质量标准高，它与普通混凝土的工艺和标准截然不同。预制饰面有两种加工工艺，即"正打"成型工艺和"反打"成型工艺，以后者居多。预制饰面也可以利用不同的面层材料，但以薄

板块和石碴为多。预制彩色混凝土挂板，因施工中水泥砂浆颜色的变化，较不易取得理想的装饰效果，限制了推广使用。按成型工艺不同，预制饰面通常有多种饰面做法。

1."正打"成型工艺

(1)预制干粘石饰面。

①料具准备。

a.材料：材料同干粘石抹灰工程中的干粘石。

b.工具：除模板外还有木抹子、铁抹子、胶漆、刮板、筛子、刷子。

②施工工艺流程。

预制干粘石饰面的施工工艺流程：清模→刷隔离剂→放入钢筋网片→浇筑混凝土→振捣→养护→浇水湿润基层→抹黏结砂浆→均布石碴→滚压拍实→表面清理→脱模。

③注意事项。

a.模板应符合设计尺寸，并且表面平整，不宜过于光洁或粗糙。过于光洁会影响内表面装饰(黏结效果)，过于粗糙既影响板面平整度，也不利于脱模。

b.铺设钢筋网片时，要保证有一定厚度的保护层，以免钢筋或绑丝外露造成锈蚀而影响板的强度和抹灰。

c.预制幕墙挂板应振捣密实。

d.浇灌混凝土后，即可适量干撒 1∶3 水泥砂浆的拌和物，并用木抹子压实搓平，以备黏结层。

e.在墙板养护达到一定强度(设计强度等级的 70％)后才能做饰面层，黏结砂浆可用 1∶1 或 1∶0.5 水泥砂浆加 10％的 107 胶，厚度为 3～5 mm，为保证厚度均匀，宜先将黏结水泥砂浆在挂板面上铺摊开，用刮板刮平。

f.黏结砂浆铺好后即可用双层筛底的筛子均匀筛撒石碴，并滚压拍实。

g.饰面有一定强度后，扫除回收浮动石碴。

④质量要求。

a.石碴粒径均匀，单块壁板石碴色彩统一。

b.壁板板面平整，无大面积脱粒、缺角现象。

c.拍压适应，黏结砂浆不得渗出石子表面。

(2)抹灰饰面。

①料具选择。

a.材料：可选择水泥、白石英砂、各色颜料。

b. 工具：木抹子、钢皮抹子、刮板等。

②施工工艺流程。

抹灰饰面的施工工艺流程如下：清模→刷隔离剂→铺设钢筋网→浇灌混凝土→振捣→抹灰→养护→出池。

③注意事项。

a. 振捣前程序同干粘石饰面做法。

b. 混凝土挂板表面收水后（初凝后），即可抹 5 cm 厚 1∶2.5 水泥石英砂砂浆，也可用 1∶3 水泥砂浆加各色颜料抹灰，或用喷涂、滚涂方法抹灰。其做法基本同现场施工做法，所不同的是改立做为平做。

c. 水泥石英砂砂浆抹面应打毛，使之呈银灰色，有干粘石表面效果。板面装饰毛糙，可避免表面裂缝，又可避免表面不平整对视角的影响。

d. 养护、出池及运输安装时，应注意不要损坏装饰表面。

e. 抹灰类表面因材质较软，在运输过程中易损坏，现场维修费工，且不易与原表面取得相同效果，故应慎重选用。

④质量要求。

a. 抹灰表面颜色应均匀一致。

b. 表面平整，无龟裂、脱皮、起砂现象，无缺棱掉角。

（3）陶瓷锦砖、玻璃锦砖、面砖饰面。

在"正打"成型工艺生产的挂板上，预制陶瓷锦砖、玻璃锦砖的操作方法和使用工具与地面贴锦砖基本一致。面砖与墙面现场粘贴的不同点是将立做改为平做，施工中不会出现面砖下坠影响装饰质量的问题，并可缩短工期，提高质量。为使装饰后的贴面材料不致因磕碰脱落，挂板四周宜留出适当宽度的镜边。

2."反打"成型工艺

由于正向生产脱模时易损坏 45°余边及棱角，而且板面人工抹灰，难以达到平整度要求。经反复研究，采用装配式钢模板进行反打生产，能够获得装饰效果较好的彩色混凝土挂板。

（1）假大理石、抛丸假石、青石板饰面。

①料具准备：假大理石、抛丸假石、青石板饰面板均无特殊使用工具。

②施工工艺流程。

假大理石（花岗石）、抛丸假石、青石板饰面的施工工艺流程如下：饰面板反铺在底模上→放钢筋网片→浇混凝土→振捣→养护→出池→表面清理。

③注意事项。

a.采用装配式钢模,侧模用型钢与底膜钢板拼接。为防止模板变形,使用螺栓与底模固定。模板应具有足够的刚度,为避免底模变形,最好使用冷轧钢板,板面尽量不设拼缝。

b.铺饰面板前应清理模板,使模板底面清洁。铺装时按顺序对齐接缝,使缝隙大小均匀,横平竖直。

c.网片点焊成型后,经镀锌处理,加强筋及构造筋镀锌后再进行绑扎,绑扎用镀锌铅丝。

d.浇灌混凝土时,应注意不使板面错动、叠合。

e.平板式振动器或振捣棒振动时,也应按顺序进行。振捣前混凝土最好基本铺平。

f.其表面清理包括扫清浮灰,清除污物等。

(2)面砖、陶瓷锦砖、玻璃锦砖饰面。

①料具准备。

a.材料:面砖、陶瓷锦砖、玻璃锦砖。

b.工具:上述各种饰面均无特殊使用工具。

②施工工艺流程。

面砖、陶瓷锦砖、玻璃锦砖饰面的施工工艺流程如下:锦砖反铺在底模上→放钢筋网片→预埋件及预留孔洞→浇混凝土→振捣→养护→出池→表面清理。

③注意事项。

a.铺锦砖前应清理模板,使模板底面清洁。铺装时纸面在下,按顺序对齐接缝,使缝隙大小均匀,横平竖直。

b.预埋件不能直接固定在模板上,只能随混凝土于浇筑过程中放置,保证位置准确,固定牢固,这给施工生产带来很大困难。根据各种不同情况采取以下三种安装方法:

Ⅰ.L型不锈钢埋件及防震锚件按图纸要求均绑扎在钢筋骨架上;

Ⅱ.预埋塑料管套在侧模的销子上,拆模时把销子退出;

Ⅲ.预留安装孔及预留孔洞,按预留位置采取不同固定方法。

c.浇灌混凝土时,应注意保护,不得使锦砖错动、叠合。因锦砖较轻,片与片之间缝隙大,极易错动。

d.采用平板式振动器振捣较好,应按顺序进行,振捣前混凝土基本铺平。

e.清理表面污物、浮灰,刷水揭去牛皮纸。

10.4.2　彩色混凝土挂板幕墙安装

1. 施工准备

（1）认真审查设计图纸,若在审图过程中发现设计上的问题,用书面形式提出,及时解决。为了保证挂板图与结构图相吻合,挂板图之间相互交圈,把问题解决在施工之前。重点是校核挂板的型号、数量、挂件规格、数量和预埋件位置、尺寸等,使施工得以顺利进行。

（2）加强材料计划管理。挂件、膨胀螺栓和涂料等供货周期长,若临时发生短缺,空运费用昂贵。必须提出分期分批挂件等品种规格需用计划;进场挂件等应分类堆放、保管,要在施工中实行限额领料,切实做好工厂生产与现场施工的协调计划。

（3）编制挂板生产与安装施工组织设计。外挂板生产、安装是一项新工艺,必须认真研究制订生产工艺方案,安排好吊装顺序和方法,制订挂板与装修施工综合进度计划,处理好玻璃幕墙与彩色混凝土挂板安装交叉施工等主要矛盾。

（4）做好挂板样板定型及全面生产准备。确定彩色混凝土的配合比,颜料来源,钢筋是否镀锌,吊件、预埋件加工,脱模剂等的选型及生产工艺,检查确定挂板控制颜色变化范围的样板。与此同时,对生产场地、机具设施、挂板设计加工做全面规划,安排落实。

（5）吸取和借鉴国外经验。彩色混凝土挂板幕墙在德国应用较多,但单块面积比较小,质量水平并不高。在制订生产工艺方案时,应根据施工技术水平和设备能力,立足于实际,如国内在研究挂板的脱模起吊翻身方法时,未采用德国推荐的施工方法,专门设计制造了卡式夹具,解决了这一关键技术难题。

2. 彩色混凝土挂板幕墙安装施工

（1）挂板吊装程序。通过工程施工实践,经过摸索、改进和总结,选定的工艺流程为:搭设外脚手架→基层修补、放线和钻孔→改装外脚手架用于挂板吊装→贴保温板、安装不锈钢挂件→外挂板安装→外挂板表面处理。

（2）脚手架支搭方案。根据彩色混凝土幕墙挂板吊装工艺特点,经过反复研究对比,采用双排扣件式钢管脚手架。

架子分两次搭设。由于建筑物每个立面的测量放线需上、下、左、右拉通线一次完成,而挂板的安装是由下至上逐层进行的,架子的高度将随挂板高度的增高而逐层搭设,因此,脚手架不得不分两次搭设;脚手架的构造经设计计算确定,若架子高度超过 30 m,下部采用双立杆。

连墙杆是保证架子稳定的关键。工程内外装修同时进行时,连墙杆不允许通过窗洞口进行拉结,只能固定在墙的外表面,而安装挂板后,板与板之间仅有 1 cm 缝隙,按常规施工很难解决。为解决这一矛盾,可参照德国 KORO 连接件进行加工制造,满足室内外同时施工的要求。

(3)干挂法安装。干挂法是挂板通过不锈钢挂件,用不锈钢膨胀螺栓锚固于混凝土梁、柱、墙上,以承受挂板自身质量,挂件与膨胀螺栓的规格是根据它所承受的荷载选定的。

①基层修补、放线、钻孔。放线前,在建筑物的立面弹出控制线,水平方向以每层窗洞口的下口标高为基准线,垂直方向则以轴线为基准线,形成方格网,将测得的误差平均分配到控制方格网所包含的每条板缝中,根据调整过的控制点、线,逐层进行孔眼的弹线,一般钻孔用进口 DOSCH 钻孔,遇到钢筋用 HiLTi 钻机。由于钻孔量大,采用多台钻机同时进行作业。

对于凹凸超过 15 mm 混凝土的表面,均需进行修补或剔凿,凹进部分采用专门的不锈钢垫片(厚度 9 mm、11 mm 两种)进行补垫,必要时边要采取加长、加大的膨胀螺栓,凸出部分剔凿后,用高强度砂浆抹平压实,新、旧混凝土结合处涂一层 AH-04 的界面处理剂。

②贴保温板及挂件安装。在挂板和主体结构墙之间有一层 6 cm 厚的玻璃棉保温板,板的外表面涂有黑色的防水涂料,每块保温板用 5～6 个塑料 DH60 销钉固定在墙上。

③吊装机具选择。根据外挂反吊装工艺和质量荷载,设计、制造专用小吊车,设计荷载为 1 t,小吊车沿在屋面上铺好的槽钢轨道行走,较重的挂板选用塔吊进行安装。

④吊装方法。幕墙挂板安装前,按预先钻好的膨胀螺栓位置,结合规定放置不锈钢挂件,当膨胀螺栓孔与结构钢筋相碰时,应钻断钢筋,而不允许改变螺栓的位置,这一点非常重要。

a.挂板安装是以一个立面为一个施工段,采用由下至上逐层安装的方法,用小吊车将挂板输送到安装部位,将挂板下端预留的安装孔对准不锈钢挂件的销子,摘去吊钩,再安装上端挂件,将挂板临时固定。待这一层调整就位后,拧紧膨胀螺栓,并用砂浆把孔填严、使板完全固定。待砂浆有一定强度,再进行上面一层板的安装。一般是一天安装一层挂板,为加快安装进度,采取将板运送到脚手架上的方法,用手动葫芦协助安装就位,安装孔改用堵漏灵封堵,加速凝固,提高早期强度,达到 1 天可以安装两层挂板的目的。

b.挂板表面刷三遍涂料。前两遍是在联合加工厂预制时涂刷全部面积,第三遍涂料在现场进行,仅涂刷可见表面。外挂板安装完成以后,用清洗剂将板面上的灰尘、脏物清洗干净,再由专门经过培训的工人涂刷挂板的面层涂料。涂刷量控制在 100 mL/m^2,经监理验收合格,即可进行外架的拆除。

3. 技术问题处理

(1)墙面不平、几何尺寸的调整。吊装前应全面测量,从长度、高度的误差中找出调整方案。

①利用 40 mm 的空气层进行调整,选择少剔凿、少抹灰的最佳方案。

②剔凿外露钢筋,抹灰层不超过 20 mm。

③误差的调整在每个柱间消化完毕,在板缝中进行增减调整,不得积累误差。

④抹灰层超过 20 mm 时,一般采用加长膨胀螺栓,或加大一级直径的膨胀螺栓。

(2)挂件下垂设计。要求每块板各自受力,不允许荷载传递,挂板受力后下垂,使下面板受力。处理时可把挂件调高 2～3 mm,或施工时预先把挂件上调。

(3)其他挂件安装孔偏位或极少数遗漏,采取现场补贴方法。

挂件必须固定在 PC 结构上,空心砖墙上应增加圈梁;设计漏掉的混凝土梁,采用柱包角钢方法,做固定挂件的连接点。

10.4.3　质量要求及通病防治

1. 质量要求

(1)彩色混凝土挂板幕墙。

①表面质量。

a.颜色应均匀一致,不得有油漆、龟裂、脱皮、铁锈和起砂等。

b.花纹、线条应清晰、整齐、深浅一致,表面不显接槎。

c.表面平整度的允许偏差不得大于 4 mm,用 2 m 直尺和楔形塞尺检查。

②工程质量。

a.正打印花、压花幕墙挂板,面层涂抹必须平整,边棱整齐,表面不显接搓。

b.反打幕墙挂板的花纹、线条应与挂板一同浇筑成型,其质感清晰,表面不得有酥皮、麻面和缺棱掉角等。

c.外墙挂板外立面凸出的檐口、窗套和腰线,应留有流水坡度和滴水槽,槽的深浅、宽度应一致。

d.正贴、反打带饰面砖的幕墙挂板,饰面砖与板体必须黏结牢固,不得有空鼓现象。饰面砖不得有开裂及缺棱掉角现象,板面平整竖直,接缝尺寸符合设计要求,接缝横平竖直,板面洁净。

e.正贴、反打带饰面砖的幕墙挂板,饰面砖与板体必须黏结牢固,不得有脱层和褶皱现象,缝格平直,不显接槎,表面应清洗干净,不得有胶痕、污物,颜色均匀一致。

③验收标准。反打工艺装饰幕墙挂板的尺寸允许误差应符合规定。

(2)彩色及美术水磨石挂板幕墙。

①表面质量。

a.正打水磨石挂板表面,周边顺直,板块无裂纹、掉角和缺楞等现象。

b.彩色水磨石挂板色泽鲜明,颜色一致,无明显色差,无拆白现象。

c.正打美术水磨石挂板表面平整、光滑,图案清晰,不得有砂眼、磨纹、细毛流和漏磨等缺陷。

d.水磨石挂板预制生产时,各层之间和各层与结构层之间必须黏结牢固,不得有空鼓和裂缝等缺陷。

e.分格条横平竖直,圆弧均匀,角度准确,全部露出,无断裂、弯曲和局部不露等缺陷。

f.水磨石挂板打蜡洒布均匀、无漏底,条缝刮平,厚薄均匀,表面明亮清洁。

②验收标准。

a.幕墙挂板相邻两块板间的高差,普通水磨石板面层应不超过 1.0 mm,高级水磨石板面层应不超过 0.5 mm。

b.挂板本身各层厚度对设计厚度的偏差,仅允许个别地方存在,但不得超过该层厚度的 10%。

c.板块行列(缝隙)对直线的偏差,在 10 m 长度内允许值为 3 mm。

2.质量通病防治

(1)彩色混凝土挂板幕墙。

彩色混凝土挂板幕墙常见质量通病、产生原因及防治措施如下。

质量通病一:表面出现气泡和发丝裂纹(龟裂)。

原因分析如下。

①水泥用量过大,水灰比过高,慢性吸水的轻骨料还会增加这种倾向,这是内因。

②其外因主要是温度变化与干湿交替的循环作用。

③碳化作用引起的收缩也有一定影响,这种现象表明龟裂在开始阶段只是表面现象,但在大气中尘埃积聚因颜色变黑而显现,影响美观。

④振动不密实或振动方式不合理,常使表面产生气泡。

防治措施如下。

①避免气泡的关键在于振捣工艺。平板式振捣器不能消除制品底面(反打工艺)上的气泡,插入式振捣器振捣适度可以做到基本没有或很少有气泡。流水工艺生产时采用振动台振动成型效果最好,因为振源在下方,振波由下而上有利于排除气泡。

②采用低流动性混凝土的配合比,严格控制水泥用量和用水量。如采用轻骨料,搅拌前应吸水充足。

③混凝土成型完毕后,应加强养护。严禁在冬季低温条件下施工,雨天施工应采取必要措施,以防止改变水灰比,使制品表面疏松。

④表面应抹平压实,防止碳化。

⑤表面水泥浆膜被剥离的露骨料装饰混凝土,可使龟裂机会减少。

质量通病二:表面存在锈痕、油污。

原因分析如下。

①钢模板和布置在凹入处的钢筋,特别是绑扎时甩下的铁丝头等,由于防锈保护层可能不够厚,铁锈体积膨胀会使该处混凝土爆裂,锈水挂流会污染立面。铁锈对混凝土的附着力强,不易清除。

②脱模剂多数带油性,油渍会吸附更多的脏物,妨碍涂料正常涂附,甚至渗透至后加的涂层表面上。

防治措施如下。

①钢筋网片设置位置应能保证最凹处保护层的必要厚度。绑扎钢筋时,铁丝头要处理好,并保证足够的保护层厚度。有锈蚀的钢模板,施工前应彻底除锈,并涂上油脂以防生锈。

②涂刷脱模剂应适度,不得太多、太厚,以防止积聚处在混凝土表面造成污

迹,且影响涂料黏结。

③用吸水性低、耐污染性能好的涂料。

④采用彻底的露骨料做法。

质量通病三:表面颜色不均匀。

原因分析如下。

①水泥的白霜特性,特别是表面平滑的混凝土制品,尤其明显。

②原材料质量,特别是水泥、白水泥日久有变黄倾向,颜料会褪色,某些骨料在大气作用下会失去原有色泽。

③大气污染,特别是大气中的含硫物质和雨水中的酸性成分。

防治措施如下。

①水泥必须同厂、同标号,砂、石必须取自同一产地、同一规格,保证材料的均一性和配料,特别是加水量的准确性。

②为防止氢氧化钙析出、产生白霜,可掺一定量氧化钙、三乙醇胺、碳酸铵、丙烯酸钙等。

③施工时振捣密实,拍平压光,以提高表面密实度。

④进行表面处理。刷涂料进行封闭,或采用露骨料做法。

(2)彩色及美术水磨石挂板幕墙。

彩色及美术水磨石挂板幕墙常见质量通病、原因分析及防治措施如下。

质量通病一:水磨石表面色泽不一致。

原因分析如下。

①罩面用的水泥石碴浆所用原材料没有使用同一规格、同一批号和同一配合比,调色灰时没有统一集中配料。

②石子清洗不干净,保管不好。

③色浆颜色与基层颜色不一致,砂眼多。

防治措施如下。

①同一部位、同一类型的饰面所需材料一定要统一,所需数量一次备足。

②按选定的配合比配色灰时,称量要准确,按加料顺序拌和,拌和要均匀,过筛后装袋备用,严禁随配随拌,最好设专人掌握配合比。

③石子按选定规格,筛去粉屑,清洗后按规格堆放,用帆布覆盖,防止混入杂质。

④在同一面层上采用几种图案,操作时应先做深色,后做浅色;先做大面,后

做镶边。待前一种水泥石碴浆初凝后,再抹后一种水泥石碴浆,不要几种不同颜色的水泥石碴浆同时铺设,造成在分格条处深色污染浅色。

质量通病二:水磨石表面不平整。

原因分析如下。

①没有统一引水平线,标高误差较大。

②板面四周水泥石碴颗粒较大,机器磨不到的地方,人工不易磨平。

防治措施如下。

①板面石子采用中、小八厘(粒径 4~6 mm),机器磨不到的地方,人工也可以磨到。

②水磨石挂板面统一引水平线。铺设面层石碴浆时,门口中间可稍高 1~2 mm,使机磨部位与人工磨平的接槎处平整一致。

③挂板面机磨时,铜分格条处应多磨、细磨,使铜条全露出后前进。

质量通病三:水磨石表面石碴疏密分布不均匀。镶条显露不清。

原因分析如下。

①镶条粘贴方法不正确,水磨石表面两边砂浆粘贴高度太高,十字交叉处不留空隙。

②水泥石碴浆拌和不匀,稠度过大,石子比例太多,铺设厚度过高,超出镶条过多。

③所用磨石号数过大,磨光时用水过多,分格条不易磨出或镶条上口面低于水磨石面层水平标高。

④开磨时,面层强度过高。

防治措施如下。

①粘贴镶条时,应注意素水泥浆的粘贴高度,应保证有"粘七露三",分格十字交叉应留出 2~3 cm 的空隙。同时,要进行第二次校正,铜条应事先校直,保持安装后的平直度。

②面层水泥石碴浆以半干硬性为好。铺设水泥石碴浆后,在面层表面再均匀撒上一层干石子,压实压平,然后用滚筒滚压,可使表面更加均匀、密实、美观。

③控制面层水泥石碴浆的铺设厚度,滚筒压实后以高出分格条 1 mm 左右为宜。

④面层铺设速度应与磨光速度相协调,第一遍磨光应采用 60~90 号粗金刚砂磨石,浇水量不宜过大,使面层保持一定浓度的磨浆水。

⑤磨石机应由熟练工人手握打磨,边磨边测定水平度。

10.5　玻璃采光顶施工

10.5.1　概述

玻璃采光顶又名玻璃屋顶,是现代建筑不可缺少的装饰和采光并重的一种屋盖。玻璃采光顶是钠钙玻璃、有机玻璃、聚碳酸酯片等透明材料制作的采光顶的总称。它最早是以房屋采光为目的,主要是为了解决室内的采光问题,后来逐渐发展成为现在的以装饰和采光为目的的一种新的建筑形式。因此对玻璃采光顶的装饰性、艺术性要求愈来愈高,其使用面积也愈来愈大,形状也愈来愈复杂,在建筑上的应用也愈来愈广泛。

在玻璃采光顶工程中,制作与安装占有重要地位,玻璃采光顶能否达到预期的功能,很大程度取决于制作、安装质量。因此,建造一个高性能、高质量的玻璃采光顶首先要出色地完成制作、安装任务。

玻璃采光顶在设计完成后,要经过选料、放样、材料测试、下料、拼装、总装等工序;而每一个工序都可以采用不同的施工方案、不同的施工技术和机械设备、不同的劳动组织和施工组织方法来完成。如何根据工程对象的特点和规模、季节气候、机械设备和材料供应等客观条件,从运用先进技术,提高经济效益出发,做到技术和经济统一,选择最合理的施工方案,是一项系统工程,要运用科学理论与方法加以解决。

玻璃采光顶与幕墙显著不同的特点是玻璃采光顶的造型比幕墙的造型复杂得多,为了满足各种造型玻璃采光顶的构造和结构的需要,就要挤压出几千甚至几万种断面的型材,这在实际上是不可能做到的。目前只能生产几十种,最多上百种典型断面的型材。根据工程需要,在这几十种、上百种型材中选出完全适合某部位的型材比较困难,需要拼(将两根或两根以上的型材拼合,往往是构件断面形式适用而机械性能不足,用另一构件加强以满足性能要求)、切(将构造形式相近的构件的某一部分切去,使其达到需要的构造形式)、垫(常用于某些特殊角度转角料,在定型转角料如 120°,135°,150°的基础上,稍加垫衬,使其达到需要的角度)。而对一些重要的构件料,则要重新设计符合需要的型材,开模定制。

在选定型材后,重要的一步是放样。放样是要处理好构件与构件间连接处的连接角度与形式。单坡、双坡等角度比较简单,而锥体各部分之间角度关系比较复杂,每一参数变动都会使其他参数变化,放样必须掌握其计算方法。

角锥型采光顶是玻璃采光顶的一个重要分支,应用较多,无论从构造设计来看,还是从受力分析来看,都需要对角锥体的几何要素进行计算。我们看到一些角锥型采光顶的设计资料,连必要的几何要素都未给出,杆件交会处的构造设计往往存在问题,力学计算也往往生搬硬套公式,不一定能反映实际受力情况。玻璃顶承受的风荷载,必然与受风面积有关;杆件承受的重力,与面板、杆件的重量有关,同时也与相应角度有关。

计算出各项参数以后,就可以制作样板。对样板进行试拼,调整准确无误后即可按样板画线下料。铝合金杆件下料一般用带精密角度仪的双头切割机,对复杂断面则需用铣床加工成所需形状。

对于使用结构性玻璃装配技术的玻璃采光顶(铝合金隐框玻璃采光顶,玻璃框架玻璃采光顶),在选料同时,必须将选定的材料(铝合金型材、玻璃、玻璃垫条、垫杆等)送胶料供应商进行相容性试验与黏结性试验,此项工作应在注胶前60 d提交样品,并将试验申请单、玻璃采光顶节点图一并提供给胶料供应商。胶料供应商会在约定期间内向生产厂提出相容性试验报告和黏结性试验报告。生产厂收到报告后,应对报告进行分析,对试验报告肯定的结果,应按提供的图纸和材料组织生产;报告中提出的不符技术要求的部分则应重新试验,直到符合要求或者按测试报告中推荐的材料和方法组织生产,同时完善工程设计图纸;若节点设计不合理,选材不当,应及时修改设计,并发出修改命令,在施工中贯彻落实。切忌不按时报送试验样品,因为从收到样品到测试完毕和发送测试报告(收到测试报告)有一定周期,如不及早报送,将影响工期;更不允许在未收到测试报告及复试合格前匆忙投入施工,这样做将使不合要求的材料和做法投入使用,影响质量,如果发生此类现象,应坚决纠正,推倒重来。工厂在接到试验报告前就贸然投产,这些不符合技术要求的材料和做法就无法改正,如果推倒重来,经济损失很大。

杆件下料后进行连接杆件节点加工和连接件制作加工。玻璃也应按设计形状和尺寸在车间划好。对玻璃采光顶用的玻璃,加工要求特别严格,划玻璃时只允许一刀成型,不允许用手敲振落,更不允许用钢丝钳咬边,因为以上两种方法都会使玻璃边上出现垂直于边的裂子。这些裂子在玻璃热胀冷缩过程中会逐步伸长扩展成裂缝,应当避免,因为一旦玻璃开裂,更换玻璃的代价太大。所以,在划玻璃时一旦不能一刀成型,也只有忍痛将这片玻璃舍弃,不用于安装,这样虽然有些损失,总比将来更换玻璃的代价要小得多。

加工完毕后应在车间进行试拼装,经过试拼装证明各部连接与采光顶各部分几何尺寸准确后,装箱运往工地安装。

10.5.2　玻璃采光顶的制作与安装

各种类型的玻璃采光顶由于本身的构造、结构不同,它们的制作安装工艺也各有其特点,必须分别予以研究。

1.铝合金明框玻璃采光顶

铝合金明框玻璃采光顶一般采用元件式,即在工厂将杆件加工好后运往工地再一根根安装。

铝合金明框玻璃采光顶的框格不仅是受力构件,本身还要形成镶嵌槽,用以夹持玻璃。玻璃镶嵌槽的做法有两种:挤压成型镶嵌槽和活动压板镶嵌槽。挤压成型镶嵌槽实质上是用某些门窗(幕墙)料来代用的杆件,这种型材只能用于两边系统,即玻璃镶嵌两边采用挤压成型的固定镶嵌槽,另两边采用活动压板镶嵌槽。活动压板镶嵌槽是用活动压板夹持玻璃后形成镶嵌槽的,这种镶嵌槽先安装玻璃,待玻璃定位后,再固定压板。而挤压成型固定镶嵌槽,安装玻璃时要先将玻璃投入一侧镶嵌槽,再移投另一侧,操作比较困难,而且玻璃嵌入深度只能是槽深的一半。杆件框格镶嵌槽必须做到底平、面平,才能在夹持后不挤压玻璃。

杆件正式安装前第一步要挂线,检查主支承系统与玻璃采光顶配合尺寸以及顶埋件位置偏差,检查结果符合设计要求后才能着手安装。如果偏差超过允许范围,要进行处理,处理合格后再安装。这里必须强调,主支承系统施工时必须按设计预埋好预埋件,而临时打孔用膨胀螺栓固定。一般膨胀螺栓仅能用于临时固定或一般非承重结构施工中,这是因为膨胀螺栓能扩大的部分仅尾部的$1/6\sim1/4$,而且膨胀后呈锥形。同时,用手工打孔不能保证圆孔精度,往往是椭圆或异形,孔壁与膨胀螺栓接触面积更小,而在玻璃采光顶设计使用年限内,玻璃采光顶在各种作用(特别是温度变化)影响下,各部件在不断运动,势必带动膨胀螺栓摇动,在无数次摇动后,膨胀螺栓与孔的接触就会松动,部分会脱落,因此,不应采用膨胀螺栓来安装玻璃采光顶。

杆件与主支承系统预埋件的连接方式有两种:一种是焊接,另一种是螺栓连接。这两种连接的强度都必须进行验算并符合构造要求。焊接或螺栓定位时,一定要挂线,以保证玻璃采光顶杆件安装到位。采取焊接连接时,一般不允许先固定杆件再施焊,因为这样做时电弧和火花会烧坏型材表面,而应该采取固定定位,施焊固定后再安装杆件。

　　杆件全部(或一个单元)安装完成后,下一步是安装玻璃,安装前应在玻璃镶嵌槽底规定部位嵌上密封条。密封条在自然状态下,要比镶嵌槽长 0.5～1 cm,挤紧在镶嵌槽内,以备冷缩时不出现缺口。安放玻璃时,在玻璃底部要加铅或橡胶抗震垫,安放定位后用压板将玻璃固定,并用防风雨密封胶将压板与玻璃间的缝隙密封。

2. 铝合金隐框玻璃采光顶

　　铝合金隐框玻璃采光顶制作,包括杆件制作与注胶。杆件制作与铝合金明框玻璃采光顶是一样的,不再赘述。下面只介绍注胶工艺。

　　(1)准备。

　　①选用垫条。垫条是临时给玻璃与玻璃框固定定位的材料。它将玻璃固定定位后,形成注胶槽,并防止胶非定向流淌。垫条材料必须是开孔性、透气、透水材料,还必须和结构胶相容,用双面不干胶带黏附于型材和玻璃表面。

　　②黏结性与相容性试验。玻璃、铝型材垫条等均必须做结构胶黏结性和相容性试验,如果黏结不稳定,必须使用底胶。

　　③涂胶表面的净化。要使密封胶具有良好的附着力,关键在于材料表面应干净与干燥,只有在清洁的表面上才能获得完美的黏合。在进行清洗工作时,必须把施工部分的尘埃彻底清除,净化剂有二甲苯,异丙醇,甲、乙酮等。油性污渍或塑料薄膜一般应以去脂溶剂(如甲、乙酮,二甲苯)清理;非油性污渍与尘埃用异丙醇及水各 50% 的溶液加以清理。

　　当使用溶剂清理材料表面时,应备两块抹布(干净、柔软、不脱毛、不脱色的棉布),用沾有溶剂的抹布用力擦拭材料表面,在擦拭过程中要随时检查抹布是否已沾上污物,如果已脏,要换一块再擦,直到没有油垢污渍为止。在溶剂蒸发前再用另一块干净抹布擦拭溶剂清理过的表面并把它擦干净。使用前,溶剂要装在塑料挤压瓶(或瓷壶)内,然后倾倒或喷洒在抹布上(千万别用抹布直接浸入溶剂内重复去沾溶剂,因为这样做会把整瓶溶剂污染)。

　　(2)注胶。

　　将已净化的铝型材按设计位置粘贴带双面不干胶的垫条。注意垫条必须一次到位(可用木条或铝条定位,垫条沿木条边安装在铝框上),否则会污染型材表面,再将玻璃按设计位置一次固定在垫条上(不可移位,否则又污染玻璃),这时玻璃与铝框间形成一个符合设计尺寸的胶缝空腔。

然后用手工胶枪或注胶机向空腔内注胶。注胶时要细心操作,保证胶缝饱满,注胶完毕后 10 min 内,用刮勺将胶缝压实,并将表面刮平,压平只能一次完成,不能重复。在注胶过程中要按规定数量与程序留取做剥离试验的样品。

(3)养护固化。

注好胶的组件轻轻移至养护地点堆放养护,使用单组分密封胶的养护环境要保证温度为 21～23 ℃,相对湿度为 50%～70%,在此环境中养护 7～14 d。

铝合金隐框玻璃采光顶结构装配组件在固化 21 d 后即可运往工地安装。安装时应拉线,保证组件外边横平、竖直,表面平齐,对固定固定片的螺栓,一定要逐个拧紧并经检查合格后进行防风雨密封处理。

3. 玻璃框架玻璃采光顶

玻璃框架玻璃采光顶胶接前的准备、注胶均同于铝合金隐框玻璃采光顶。其中上置式玻璃翼可在车间中预先注胶,待固化后运往工地安装,其余均在现场注胶。

玻璃框架玻璃采光顶(除单坡)施工中的关键措施是用水平拉结玻璃作为安装的临时支撑,因此安装的第一步是设置水平拉结玻璃。水平拉结玻璃用吸盘固定在有微调的支架上,并按设置位置高度定位,每隔 300～500 mm 设一塑料垫块(宽 50 mm,厚度同设计胶缝厚度)。这时就可将大片玻璃按设计位置搁在水平拉结玻璃上设置的垫块上,使大片玻璃和拉结玻璃位置完全符合设计位置,并使脊、檐口在一直线上。待玻璃设置完(或一个单元完),采取现场环境保护措施,对注胶处进行二次净化,并在胶缝处玻璃底部粘贴胶带开始注胶。一旦胶缝注胶完毕,立即用刮勺进行压实修平,对拉结玻璃在垫块两侧各 10 mm 以外处注胶,待胶固化后移去垫块,并在移去垫块处的空腔中注满胶,拆除临时支架。

全面和全过程的质量控制是确保玻璃采光顶质量的关键。因此,必须建立健全和完善质量保证体系,把玻璃采光顶工程的各个环节统一规范到科学、正确的轨道上来。

10.5.3　玻璃采光顶质量控制

1. 质量标准

(1)关键项目。

①强度、气密、水密、保温、隔声、抗冲击、抗震性能达到设计规定等级。

②型材、玻璃、结构胶、附件、连接件的品种、规格达到设计要求,质量符合有关标准。

(2)主要项目。

①结构胶相容性试验、黏结性试验、剥离试验结果符合有关标准。

②连接可靠、牢固、不缺件。

③附件安装位置正确,齐全牢固,保证使用要求。

2. 全面质量管理

全面质量管理是现代化企业的一种科学管理方法,是提高企业管理水平的主要内容,也是整个企业经营管理的中心环节。全面质量管理是运用现代管理技术、专业技术和统计方法,事前采取各种保证质量的措施,把可能造成产品质量问题的因素、环节和部位,加以控制和消除,以达到按质、按量、按期完成计划,建造出用户满意的工程的目的。任何产品(工程)质量都有一个逐步产生、逐步形成的过程。这个过程包括许多环节,在这些环节中,每个环节都会影响工程质量,都需要进行质量管理,而质量检查评定仅是其中一个环节。我们可以把每个环节看作一道工序,这些工序之间有相互制约、互相保证的关系,上一道工序必须为下一道工序着想,下一道工序又要对上一道工序的质量做出及时反映。为了在每道工序和每个环节中都能保证质量,必须贯彻"严格把关与积极预防相结合,以预防为主"的质量管理方针,运用科学的方法做好全过程的质量管理工作。

全面质量管理,最明显的标志是突出了"全面管理",实行全过程、全企业和全员的"三全"管理。

(1)全过程管理。

任何产品质量都是经过从设计到生产出成品的全过程形成的。玻璃采光顶工程也是经过设计、原材料和半成品加工、现场施工、竣工交付使用以及日常维修养护等几个阶段形成的。要保证和提高整个工程质量,在质量管理方面就不能只限于施工阶段的管理,而必须对从设计到使用维护的全过程都进行管理。

(2)全企业管理。

玻璃采光顶的施工,在整个工程质量形成的过程中起着极其重要的作用,为了达到按质、按量、按期建造出用户满意的全优工程的目的,企业就需要把工程质量管理工作深入整个施工过程中,对企业各方面的工作都进行质量管理。要

完成这样一个综合任务,绝不单纯是技术部门和质量检验部门独自能够承担的,必须在企业领导的主持下,由企业各部门参加,共同对产品质量做出保证,实行全企业管理。

(3)全员管理。

工程质量是企业各方面的工作质量的集中反映,企业各部门、各个岗位所有人员的工作质量都对工程质量有所影响。质量管理必须动员和组织企业全体人员参加,人人"从我做起",特别强调工人操作班组参加,成立质量管理小组,坚持自检、互检和质量管理小组活动,使质量管理落实到基层,落实到每个人头上,这是搞好全面质量管理的群众基础。

全员管理的几个主要环节的质量控制要求如下。

①建筑师(设计部门):根据建设单位的要求,对玻璃采光顶的形式、风格、类型、性能提出要求,并确定各个工程玻璃采光顶的设计荷载,负责审核制造厂提出的设计图,特别要对结构计算进行全面校核,并对其结果负全面责任。

②总承包商(单位):对中标工程的设计、备料、加工、制作、安装工期和造价向建设单位全面负责,落实各分包环节的工期、质量、造价,并进行全面质量管理。

③制造厂:根据建筑师的初步设计,提出详细施工图,交建筑师审核,并按建筑师的审核意见修改施工图;编制施工组织设计,提交总包单位审核批准后组织实施;按设计图与施工组织设计的要求,组织材料和施工;保证产品(施工)质量达到国家标准要求;对结构性玻璃装配按规定做相容性及黏结性试验。

④胶料供应商:负责对施工图进行审核,提出审核意见,并负责相容性、黏结性试验,保证按订货品种、质量、时间、货架寿命提供产品,出具寿命保险单。

⑤玻璃供应商(型材供应商):按订货要求与国家标准供应产品,并提出质量保证书。

⑥安装承包商:按设计图纸和施工组织设计组织安装,保证安装质量,及时做好各项记录。

3. 工程验收

根据全面质量管理的要求,将质量标准的验收项目分解到每道工序(环节),该道工序完成时,对本工序达到的质量标准进行验收合格后再交下道工序施工,下道工序有权拒绝接收上道工序不合格的半成品。

工程结束后,由总包单位对整个工程进行验收、检查,评定合格后方准交工。

交工时应提交下列资料：

　　①型材、玻璃、结构胶等材料、配件、连接件的产品合格证(质量保证书)；

　　②工程竣工图；

　　③隐蔽工程验收记录；

　　④工程设计修改文件；

　　⑤各项事故处理记录及结论；

　　⑥结构胶相容性、黏结性测试报告,剥离试验结果；

　　⑦用双组分密封胶时还要提供打胶机全程工作记录、逐次蝴蝶试验样本；

　　⑧型式检验报告(强度、气密、水密、保温、隔声、抗震、抗冲击)；

　　⑨施工过程中各部件及安装质量检查记录；

　　⑩胶料供应商、玻璃供应商的寿命保险单及制造厂的寿命保证书。

第 11 章　建筑幕墙施工案例解析——以中英人寿前海项目幕墙工程为例

11.1　工 程 概 况

11.1.1　工程基本介绍

中英人寿前海项目幕墙工程概况见表 11.1。

表 11.1　中英人寿前海项目幕墙工程概况

内容	工程概况		
示意图	塔楼：38F/180m　　　裙楼：3F/16.2m		
塔楼	建筑高度:180 m		
	标准层及避难层层高:4.5 m		
	建筑层数:38层		

续表

内容	工程概况
裙楼	建筑高度:16.2 m
	层高:首层 6 m
	建筑层数:3 层
幕墙形式	塔楼以单元式幕墙为主,裙楼以构件式幕墙为主
幕墙面积	据工程量清单统计,玻璃幕墙占 64%,铝板金板占 24%,铝合金格栅占 12%,幕墙面积合计约 3.98 万平方米

11.1.2　工程量统计

中英人寿前海项目幕墙工程工程量统计见表 11.2。

表 11.2　中英人寿前海项目幕墙工程工程量统计

序号	幕墙类型	工程量/m²
\multicolumn{3}{中英人寿前海项目幕墙工程工程量统计}
1	玻璃幕墙(FT-01 幕墙系统)	17000
2	铝合金格栅(FT-01 幕墙系统)	2000
3	玻璃幕墙(FT-02 幕墙系统)	7000
4	铝合金格栅(FT-02 幕墙系统)	2500
5	铝合金板幕墙(FT-02 幕墙系统)	4280
6	玻璃幕墙(FT-03 幕墙系统)	2500
7	铝合金格栅(FT-03 幕墙系统)	400
8	铝合金板幕墙(FT-03 幕墙系统)	1500
9	玻璃幕墙(FT-04 幕墙系统,于索网幕墙)	1600
10	铝合金板幕墙(FT-04 幕墙系统,于索网幕墙)	130
11	玻璃幕墙(FT-05 幕墙系统)	440
12	铝合金板幕墙(FT-05 幕墙系统)	130
13	玻璃幕墙(FT-10 幕墙系统,于塔冠)	220
14	铝合金板(FT-10 幕墙系统,于塔冠)	100
15	合计	39800

本项目幕墙面积合计约 3.98 万平方米。本工程量根据招标工程量清单统计,仅作为投标阶段施工组织人、材、机的计算依据,具体工程量以建设单位商务标为准。

如图 11.1 所示,玻璃幕墙占 72％,铝板金板占 16％,铝合金格栅占 12％,幕墙面积合计约 3.98 万平方米。

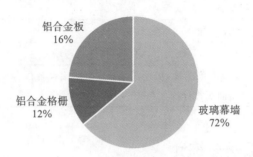

图 11.1　幕墙系统分布占比

11.1.3　主要幕墙系统介绍

主要幕墙系统分布如图 11.2 所示。

图 11.2　主要幕墙系统分布图

项目外幕墙主要由以下 8 个幕墙系统组成,具体如表 11.3 所示。

表 11.3　外幕墙系统

类型	位置分布	示意图
类型 01:塔楼单元式幕墙系统 A,带竖向 500 mm 铝合金格栅	方位:南/东/西/北,四层及以上区域,屋面层以下区域	
类型 02:塔楼单元式幕墙系统 B,带竖向 500 mm 铝合金格栅和铝条	方位:南/西/北,四层及以上区域,屋面层以下区域	

类型	位置分布	示意图
类型 03:塔楼中庭索网幕墙系统 C	方位:塔楼顶部中庭	
类型 04:塔冠平台框架式幕墙系统	方位:塔冠大平台及屋面层	/
类型 05:屋顶金属条	方位:塔冠大平台及屋面层	/
类型 06:裙楼大堂框架幕墙系统	裙楼大堂	/
类型 07:裙房框架幕墙	裙房	/
类型 08:入口雨棚	裙楼主入口	/

11.1.4 单元板块统计

中粮资本前海项目幕墙工程单元板块数量统计见表 11.4。

表 11.4　中粮资本前海项目幕墙工程单元板块数量统计表

楼层	位置				
	W-1～W-3 轴	W-A～W-F 轴	W-3～W-1 轴	W-F～W-A 轴	小计/块
4F	16	40	23	40	119
5F	16	40	23	40	119
6F	16	40	23	40	119
7F	16	40	23	40	119
8F	16	40	23	40	119
9F	16	40	23	40	119
10F	16	40	23	40	119
11F	16	40	23	40	119
12F	16	40	23	40	119
13F	16	40	23	40	119
14F	16	40	23	40	119
15F	16	40	23	40	119
16F	16	40	23	40	119
17F	16	40	23	40	119
18F	16	40	23	40	119
19F	16	40	23	40	119
20F	16	40	23	40	119
21F～30F	160	400	230	400	1190
31F	16	8	23	40	87
32F	16	8	23	40	87
33F	16	8	23	40	87
34F	16	8	23	40	87
35F	16	8	23	40	87
36F	16	8	/	41	65
37F	16	8	/	41	65
38F	16	/	16	33	65
出屋面层	16	/	16	33	65
总计	576	1136	768	1428	3908

11.2　单元式幕墙系统施工

11.2.1　施工程序

单元式幕墙系统施工程序如图 11.3 所示。

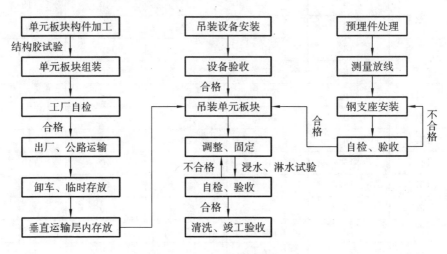

图 11.3　施工程序图

11.2.2　施工顺序

单元式幕墙主要分布于塔楼,类型 1 标准板块尺寸为 1.3/1.0/0.5 m(宽)/4.5 m 高;类型 2 标准板块尺寸为 1.4/0.5 m(宽)/4.5 m 高;塔楼每层约为 119 块/层,合计板块约为 3908 块。计划约 4 天吊装一层。单元式幕墙由下向上依次施工,最后进行单元式幕墙收口安装。单元式幕墙分布如图 11.4 所示。

11.2.3　轨道吊布置

根据单元板块幕墙工程特点,为便于大面板块高效吊装,将在沿楼层外边缘搭设环形轨道;环形轨道加设电动葫芦用于单元板块吊装,同时采用轨道吊与防护棚相结合的方式作为下部施工段交叉作业的安全防护。

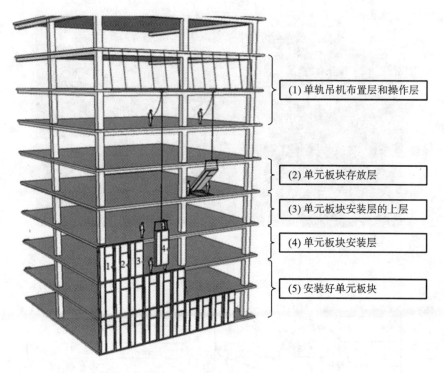

(1) 单轨吊机布置层和操作层

(2) 单元板块存放层

(3) 单元板块安装层的上层

(4) 单元板块安装层

(5) 安装好单元板块

图 11.4 单元式幕墙分布图

轨道吊布置位置考虑的因素:结构有重大变化,不能安装固定轨道吊钢索或钢索固定长度过长;保持轨道吊的连续性;施工流水段的划分及施工进度。

结合以上因素,在塔楼 22F/31F、出屋顶构架层搭设轨道吊进行单元式幕墙的吊装。

11.2.4 测量放线、埋件修补

测量放线示意图 11.5 所示。

(1)基准轴线与标高:采用土建提供的控制轴线和水平基准点。

(2)标准控制层:设置每 5 层为一标准控制层,将一级基准点传递至标准控制层并做好连线工作和检查。

(3)垂直点投点:在各控制层利用激光铅锤仪定位传递层的基准控制点,并做好连线工作。

(4)内控线布置:在控制层内布控内控线,将内控线平移至接近结构边缘并检查;然后进行外围结构的测量,使整个建筑外围尺寸呈封闭状态。

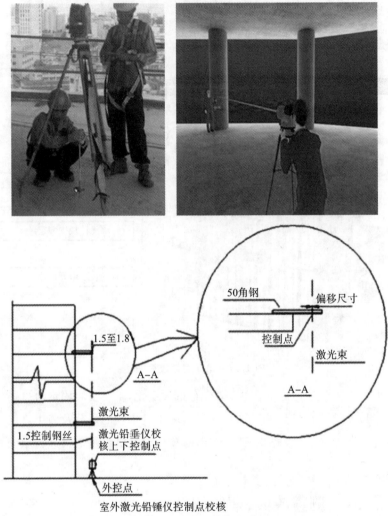

图 11.5 测量放线示意图

(5)竖向钢丝线:在各控制层的控制点位置用膨胀螺栓固定角钢,焊接钢丝控制点支架,并在其上钻孔,然后进行上下钢线的连线,用花篮螺栓拉紧。

(6)层间标高及进出位:利用土建结构的标高控制线施放幕墙的定位轴线。

(7)进出位控制:利用土建结构控制线施放单元板块的进出位线。

11.2.5 连接件安装

连接件安装如图 11.6 所示。

（1）安装前检查：检查预埋件进出位置及标高，如安装不合格则应调整到允许范围内。

（2）连接件安装：通过 T 型螺栓组与埋件固定于主体结构上。

（3）调整：利用调节系统将连接件调节到精确位置。

图 11.6　连接件安装图

11.2.6　单元板块吊装

1. 吊装方案图解

吊装安装如图 11.7 所示。

2. 单元板块吊装过程（以往工程为例）

（1）将单元板从货架取出；（2）用小推车移动单元板块；（3）单元板移动到楼层；（4）连接吊钩，发出起吊指令；（5）开始起吊，推至楼层边缘；（6）单元板起吊；（7）单元板与小推车分离；（8）单元板翻转，正面朝外；（9）通过环形轨道，移动至待安装位；（10）单元板就位，与码件连接；（11）单元板就位，公母料插接；（12）单元板标高检查；（13）单元板水槽位初步清洁；（14）酒精二次清洁；（15）刷附着剂；（16）注硅硐密封胶；（17）防水板安装；（18）防水板固定；（19）水槽浸水实验；（20）清洁。

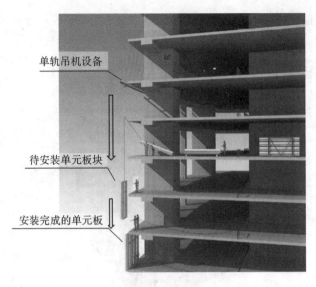

单轨吊机设备

待安装单元板块

安装完成的单元板

图 11.7　吊装安装图

11.2.7　十字位置的装配

十字位置的具体装配流程:待装板块左右插接就位→上下插接就位固定→交接位注胶→上一层单元板块安装。

施工过程中应把十字交汇位置的装配作为重点,也就是单元板先下行左右插接,然后上下插接过程中注意工序不能乱,不碰损和破坏板块交接位置的胶条,横料插接口交界处还应涂密封胶。

11.2.8　电梯位收口安装

电梯位收口安装见表 11.5。

表 11.5　电梯位收口安装

项次	项目	注意要点
1	收口方法	采用"二加一"收口法施工,即两边单元板块平推进入空位,再从上向下插入最后一单元板块
2	位置选择	收口处单元板块为特殊结构形式,收口部位以三个单元板块作为收口处理,中间板块两侧边均为母料,两侧板块对应为公料 用吊机先吊装两侧边板块,与已安装的单元板块插接就位,留出最后收口板块位

项次	项目	注意要点
3	收口安装	两侧板块安装到位后,利用吊机吊装最后的收口板块,先与两侧板块插接好,然后板块下行至底安装部位与下层板块的上端插接就位。将收口板就位后,调整三个板块至定位线位置安装完毕。收口的单元板块应从安装层的上一层起吊落板 类似工程收口位两侧面板块先安装

电梯补缺处单元板采用活动小吊车进行安装。

11.2.9　防雷防火安装

(1)防雷安装:采用直径为 12 mm 圆钢将铝合金立柱通过不锈钢片与均压环相连,焊接时采用对面焊,圆钢搭接长度不小于 100 mm,焊缝高不小于 6 mm,外露表面二道防锈漆处理。

采用直径为 12 mm 圆钢将均压环与主体结构引下线的接头处可靠连接,焊接时采用对面焊,圆钢搭接长度不小于 100 mm,焊缝高不小于 6 mm,外露表面二道防锈漆处理;钢立柱之间采用 2 mm×40 mm 防雷连接线导通,接触面积不小于 150 mm^2。

(2)防火安装:安装需在没有雨水的天气情况下进行,并立即进行封闭。超高层幕墙施工时,最重要的一点就是层间防火封堵。层间防火封堵随着单元板块的吊装及时进行,并在板块、主体结构交接部位注入防火密封胶,可有效防止发生火灾时火势的蔓延和层间窜烟。

11.2.10　单元式幕墙闭水试验

根据招标文件要求,工程施工时必须进行闭水测试,检验每一层的幕墙排水沟和排水槽。现场闭水试验见表 11.6。

表 11.6　现场闭水试验

序号	内容
1	单元式幕墙的施工主要是两个单元板块交接部位的排水槽的正确安装,安装时必须在底部及侧面涂上密封胶 严把封边的施工质量,施工安装时,做好每层防水处理,安装完成一层后按每 5～10 块板依次做闭水试验。直至完成整层楼的试验,检验是否有漏水的地方 水槽内注满水 类似工程闭水试验示意图

续表

序号	内容
2	水槽内注满水,至少维持 30 min,之后再观察是否有漏水现象,如有漏水,则须改善缺失后,再进行测试,直到合格为止
3	测试完成后须将排水孔清除干净,所有排水槽在安装附件材料之前必须将杂物清理干净,以免影响幕墙交付使用后的正常排水功能

11.3　框架玻璃幕墙施工

11.3.1　施工程序

测量放线→埋件修补→连接件安装→龙骨安装→面板安装→注胶密封→装饰扣盖安装→清洁清洗→提请验收。

11.3.2　施工顺序

采用脚手架施工,龙骨从下至上安装,面板可边落架边安装。

11.3.3　测量放线

按土建提供的中心线、水平线、进出位线、50 线,经安装人员复测后,放钢线。为保证不受其他因素影响,上、下钢线每 2 层一个固定支点,水平钢线每 10 m 一个固定支点。

放线从关键点开始,先放吊线(垂线),放线时要注意风力大于 4 级时不宜放线,同时高层建筑一般采用仪器放线而不能采用铁线吊线的方法,然后放水平线,用水准仪(有时也可用水平管)进行水平线的放线,一般的铁线放线采用花篮螺丝收紧。

11.3.4　预埋件调整及补充

主体拆模后,由于主体结构的误差,埋件会出现相应偏差。进行幕墙施工前需对出现偏差的埋件进行处理。埋件的偏差可分为两种情况:一种为局部偏差,另一种为完全偏差。两种偏差的处理方式不同。

319

11.3.5　连接支座安装

工艺流程:熟悉施工现场→寻准预埋件对准立柱线→拉水平线控制水平高度及进深位置→点焊→检查→加焊→防腐→记录。

支座点焊后由水平仪检测,相邻支座水平误差应符合设计标准,焊接时应防止支座的受热变形,其顺序为上、下、左、右,并需清除焊渣和检查焊缝及校核。支座的焊接工作必须在主梁安装和校正后才可进行。

转接件安装效果如图 11.8 所示。

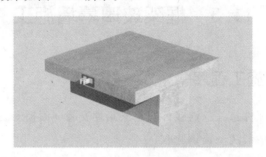

图 11.8　转接件安装效果图

11.3.6　龙骨安装

工艺流程:水准仪抄平→拉水平线控制水平→立柱与连接件临时固定→调整→检查→固定→横梁就位安装→检查→最终固定→玻璃托板安装。

立柱安装就位、调整后应及时紧固。临时螺栓等在构件安装、就位、调整、紧固后应及时拆除。现场焊接或高强螺栓紧固的构件固定后,应及时进行防锈处理。不同金属的接触面应采用垫片做隔离处理。

铝合金立柱和横梁安装效果如图 11.9、图 11.10 所示。

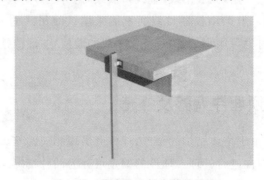

图 11.9　铝合金立柱安装效果图

图 11.10　铝合金横梁安装效果图

11.3.7　面板、竖向装饰条安装

工艺流程:施工准备→检查、验收玻璃板块→将玻璃板块按层次堆放→初安装→调整→固定→验收。

11.3.8　注胶密封

注胶密封是保证防水密封性能的关键工序,应按照如下施工程序:上道工序检查、验收→粘贴美纹纸→填塞泡沫棒→注密封胶→刮胶→撕掉美纹纸→清洁饰面层→检查验收。

11.3.9　幕墙清洁清洗

幕墙清洁清洗方法见表11.7。

表 11.7　幕墙清洁清洗方法

序号		清洁清洗方法
1	清洗对象	幕墙清洗主要包括玻璃、金属板、铝型材装饰面的清洗
		幕墙室内装饰面(玻璃的内装饰面、铝型材的装饰面)的清洗要不定期进行
2	清洗时间及周期	竣工验收及移交前
		竣工验收后,质保期内,清洗周期为每季度一次

续表

序号		清洁清洗方法
3	清洗方式	竣工验收前,利用吊篮进行外墙装饰面的清洗
		竣工验收后,采用蜘蛛人的方式进行清洗
		清洗铝板和配套构件的中性清洁剂应进行腐蚀性检验。中性清洁剂清洗后应及时用清水冲洗干净

11.4　铝板幕墙施工

铝板幕墙施工工艺见表 11.8。

表 11.8　铝板幕墙施工工艺

项目	内容
系统特点	立柱规格——热镀锌钢方管 横梁规格——热镀锌钢方管 面板规格——3 mm 厚铝单板,表面氟碳喷涂处理
施工程序	测量放线→埋件修补→连接件及龙骨安装→面板安装→注胶密封→清洁清洗→提请验收
骨架安装	骨架安装控制分格尺寸、标高、进出位。待安装完成后,经自检合格后填写隐蔽单,报监理验收,验收合格后焊缝涂刷两道防锈漆和面漆,然后进行下道工序施工 
铝板安装	依据编号图的位置,进行铝单板的安装,安装铝单板要拉控制线,因为整个龙骨总有一些不平整的地方,铝单板支承点处需进行调整垫平

11.5　安全文明施工

11.5.1　安全施工措施

1.现场环境的安全风险分析

现场环境的安全风险分析见表 11.9。

表 11.9　现场环境的安全风险分析

项次	内容
1	本项目由裙楼及塔楼组成,建筑幕墙体量大,幕墙系统多,部分幕墙较分散,各自为独立体系,施工安全管理范围广,幕墙焊接量大,需要注意现场防火措施,须特别注意现场施工安全
2	临边作业、露天作业、施工用电等存在一定的安全风险
3	幕墙种类多,作业面广,交叉施工工种多,是安全事故多发区

2.现场安全生产管理措施

现场安全生产管理措施见表 11.10。

表 11.10　现场安全生产管理措施

项次	内容
1	施工人员须规范、安全施工,严格按照《深圳市建设工程施工安全管理条例》《深圳市安全生产监督管理条例》指导安全生产
2	施工人员在进行高处作业吊篮施工时须穿着指定的工作服、安全鞋,操作大型机械设备时必须持有设备操作证
3	施工人员须随身携带卷尺及常用工具。施工人员进入工地施工时须虚心接受工地各方的监督,严禁与总包单位、吊篮承租方、使用方发生争执
4	施工人员进入施工现场须遵守工地各项规定,施工人员施工时须使用安全带,且须将安全带挂扣在比腰身略高的安全处

续表

项次	内容
5	施工人员在高处施工时使用的工具等物品须采取防坠落措施
6	高层作业人员安全防护将做好工人安全教育、安全交底及安全检查,焊工等特种作业人员须持证上岗,做好现场"四口五临边"的安全防护及施工人员劳保用品的配备

3. 工种交叉作业、高空作业安全施工管理的措施

工种交叉作业、高空作业安全施工管理的措施见表 11.11。

表 11.11　工种交叉作业、高空作业安全施工管理的措施

项次	内容
交叉作业安全管理措施	将在塔楼每个施工段上方位置搭设安全防护棚,挑出结构 3 m。防护棚上铺设垫板进行隔离且上不搭设安全防护网。与总包单位充分协调沟通,哪个面结构或砌墙施工,幕墙队伍就撤离至另外一面施工
高空作业安全管理措施	为确保吊装安全,将采用 2 台电动葫芦联合起吊单元板块。一台电动葫芦安装限位器,用于吊装板块,另一台电动葫芦经连接防坠器后再与单元板块连接,目的是在第一台电动葫芦失效(或钢丝绳断裂)时,通过第二个电动葫芦防坠器瞬间拉住板块,保证施工安全
	单元板块的吊装在 6 级以上大风停止吊装作业,平时有微风时,吊装板块必须设置紧线器或者缆风绳,使单元板块处于受拉状态,保证板块不摆动

4. 消防防火措施及安保工作

消防防火措施及安保工作见表 11.12。

表 11.12　消防防火措施及安保工作

项次	内容
1	按照公安消防主管部门要求,根据有关法规,建立健全项目经理部防火保安管理制度,落实公安消防责任制,采取有效措施确保安全
2	严格执行动火令制度、持证上岗制度。配备灭火器,并由专人定时巡查。焊接时采用接火垛,防火员旁站监督。幕墙安装过程中尽快完成防火封堵

续表

项次	内容
3	现场必须有满足消防车出入和行驶的道路,还应按消防规定在路旁适当位置设消防栓。应设置符合要求的消防设施,消防设施应保持完好的备用状态。在火灾易发地区施工或储存、使用易燃、易爆器材时,应当采取特殊的安全措施。 　　在幕墙的楼层布置消火栓、灭火器和安全应急灯等消防器材,焊接时采用接火斗,配备看火人,焊接工人配备焊接的防护工具,并在场地四周预留消防通道及消火栓,做到有效防火
4	防火教育与消防演练:每月对职工进行一次防火教育,定期组织防火检查,建立防火工作档案。定期进行消防演练,熟悉掌握防火、灭火知识和消防器材的使用方法,增强自防、自救能力

11.5.2　文明施工措施

1. 文明施工措施计划

(1)文明施工管理制度。

文明施工管理制度见表11.13。

表 11.13　文明施工管理制度

序号	管理制度
1	成立以项目经理为组长的"文明施工、环境保护管理领导小组",组织施工现场的文明施工、环境保护管理工作。现场环境保护管理遵从 ISO 14000 环境管理体系及公司相关标准执行
2	工程开工前,编制文明施工、环境保护管理方案,依照管理要求,定期进行检查、整改
3	依据施工总平面布置,文明施工、环境保护分区负责,各区域明确具体责任人,实行责任考核奖罚制度
4	组织专家评估施工各阶段对环境的影响,提出建设性意见
5	实行环保专人负责制,凡文明施工、环境保护有潜在隐患或出现问题的,不得评先进项目

(2)现场围挡。

现场围挡要求见表11.14。

表 11.14　现场围挡要求

项次	内容
1	对建筑物外墙施工区域,上至作业面,下至库房,每个工位、仓库、办公室、加工场、堆料场等场区的各个角落进行整理,达到现场无不用之物,道路和信道畅通,人尽其才,物尽其用,工序安排合理,这样既改善和增大了作业与使用面积,易于成品保护,又制止了违章作业,消除了安全隐患,有效地保证了工程质量
2	在楼层施工中,楼层的四周要设置围挡,围挡的设置要连续。围挡的材料要坚固、稳定、整洁、美观,现场的主出入口悬挂安全警示标语
3	按照有关规定、根据工程实际进展情况对施工现场显示存在的人、事、物进行调查分析,按照施工的实际要求区分需要和不需要,合理和不合理,对施工现场不需要和不合理的人、事、物及时进行处理,如已经不需要的劳动力应及时调整到其他需要的工地;现场禁止住职工家属和小孩,非施工人员未经批准不准进入施工现场等

(3)材料堆放。

材料堆放要求见表11.15。

表 11.15　材料堆放要求

材料类型	存放要求
钢材	钢材摆放要减少钢材的变形和锈蚀。按组堆放垫好,使钢材提取方便
	露天堆放时,堆放场地要干爽,四周留有排水沟,堆放时尽量使钢材截面的背面向上或向外,以免积水,能覆盖的尽量盖好
	每堆放好的钢材,要在其端部固定标牌和编号。标牌应表明钢材的规格,钢号数量和材质
型材	立柱摆放:用两支木方垫起不低于 10 cm,两木方间距为立柱长度的 $70\%\sim80\%$,有胶条面向上摆放不超过 8 层,宽度不小于 2.6 m,至少两面有不小于 1.5 m的运输通道
	铝合金横梁摆放:用两支木方垫起不低于 10 cm,两木方间距为铝合金横梁长度 $70\%\sim80\%$,有胶条等面向上摆放,宽度与铝合金横梁等长,两面有不小于 1.2 m 的运输通道

续表

材料类型	存放要求
型材	异型框摆放:用两支木方垫起不低于 10 cm,两木方间距为异型框实体最大长度的 70%~80%,长度相差 25%的框另加两支木方或另行摆放。高度不超过1.2 m,宽度小于 2 m,至少两面有不小于 1.5 m 的运输通道
玻璃	进场的玻璃面板采用木箱包装存放或采用 A 字架进行存放,玻璃与架体之间采用柔性材料缓冲
玻璃	相邻两块玻璃成面对面或背对背摆放形式,只允许单层摆放,严禁上下叠加,每排玻璃不得超过 15 橙,每一排只能摆放同一种规格
泡沫条胶条	要成捆摆放,捆径不超过 2000 mm,每捆中间至少加三道捆绑绳,以牢固、不损伤材料为标准,相同规格、型号可以水平叠放,条件允许的情况下可以成袋包装
小件材料	包括各种螺栓、射钉、射弹、自攻钉、电焊条等体积较小材料。小件材料均上架摆放整齐,并设立标识牌,架子用角钢或用木方制作。架子高不超过 2 m,最低层距地面超 50 mm。电焊条要防潮。小件材料要成盒或成袋包装。两种材料之间要清晰分隔
储存地点环境要求	储存地点应具有一定的面积和空间,满足三维方向的摆放要求。储存环境不可露天,具有防雨防雪功能。应干燥、通风,空气酸碱度为中性,无腐蚀性。储存地点应具有防火、防盗设施

2. 施工场地治安保卫管理计划

(1)封闭管理。

封闭管理内容见表 11.16。

表 11.16　封闭管理内容

序号		封闭管理内容
1	行为管理	现场安装工人,安装队员着装统一,佩戴胸卡,服装由公司统一加工制作,衣着必须整齐,干净,特殊工种必须按要求穿好鞋、帽、手套
1	行为管理	工程施工期间,任何人不得做有损公司形象的不良行为,应严格遵守当地公安机关的治安管理条例和业主及公司一切规章制度
1	行为管理	每天施工前,所有施工人员开班前须由项目经理、安装管理人员进行交底,内容包括安全、质量、进度等重点问题

续表

序号		封闭管理内容
1	行为管理	进现场工人、安装队员必须戴好安全帽,公司管理人员为白色,工人及安装队员为蓝色,项目管理人员为红色,公司领导为黄色
2	现场办公室及加工区规范要求	现场办公室要挂公司的标识牌和项目标识牌,尺寸大小由公司统一制作
		办公室内设办公桌、椅及相应的办公用品,室内四壁及天棚要粉刷如新
		加工区应设有标识牌,摆放在入口醒目位置
		施工焊接区要搭设围栏,其高度为 1.2 m。施工焊接作业时,必须设有灭火器,并设有成品区、半成品区、废料区。标识要明确,并按要求摆放整齐,并在构件上写明尺寸
		施工作业区要整洁,施工后做到地面整洁,下班前清扫干净,施工作业区域内禁止吸烟

(2)现场治安保卫管理。

现场治安保卫管理内容见表 11.17。

表 11.17 现场治安保卫管理内容

项次	主要内容
1	聘请专业的保安公司负责施工现场的保安工作,采取相应保卫措施,防止出现财或物被盗现象
2	在施工现场办理胸卡标识,所有人员都必须佩戴好胸卡标识。车辆及施工人员出入大门应该自觉接受保安人员的查询和登记。对每一个施工人员进行安保教育,应讲文明懂礼貌,保证所有人员在工地不得酗酒、赌博和打架斗殴
3	现场办公室、工具房、仓库门窗必须牢固可靠。做到人离灯关,门窗上锁。贵重材料及仪器应有专人看管,以防被盗,加强员工的法律安全教育

3.施工环保措施计划

(1)现场清洁。

施工现场的设备、场地、物品勤加维护打扫,每天打扫现场产生的垃圾,清扫时先洒水湿润。保持现场环境卫生,干净整齐,无垃圾,无污物,并使设备运转正常。

（2）垃圾分类管理。

垃圾存放要求见表11.18。

表11.18　垃圾存放要求

序号	存放要求
1	施工中,做到现场垃圾及时处理,废弃的工程垃圾定点存放。确保垃圾有序处理,可回收与不可回收垃圾进行分类,防止环境污染
2	工人施工作业地点及周边须保持清洁整齐,做到工完料净场地清,不得留余料,施工垃圾集中堆放,及时清理

11.6　特殊季节施工

11.6.1　雨季等气候条件下的施工措施

1.气候影响分析

气候影响分析见表11.19。

表11.19　气候影响分析

项目	内容
项目所在地	深圳市前海深港现代服务业合作区桂湾片区四单元四街坊

329

续表

项目	内容			
施工时间	计划工期总日历天数:397 天 计划开工日期:2019 年 05 月 01 日 计划竣工日期:2020 年 06 月 01 日			
主要环境影响	2—3 月 多雨季节	4—9 月 高温、暴雨、雷击	10—11 月 台风、雷暴	12—1 月 雨雪、冰雹
应对措施	合理安排施工顺序,避免在恶劣气候环境下进行关键工序施工			
	做好雨季、高温、台风气候的施工准备和防范措施			
	做好材料的防腐、防淋等准备工作,做好应急预案等			

2. 季节施工总体部署

(1)季节施工领导小组。

成立季节施工领导小组,以项目经理为组长,技术负责人为副组长,其余各部门经理、各分包单位以及指定工程分包单位负责人为组员,确保现场信息畅通,同时施工现场管理和职工生活管理做到责任到人,认真督促检查,措施得力,切实保证职工健康和工程的顺利进行。季节施工领导小组如图 11.11 所示。

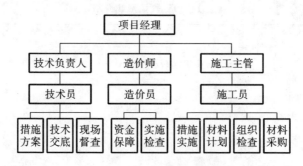

图 11.11 季节施工领导小组

(2)季节施工总体思路。

季节施工的总体思路是计划为先,预防为主,积极准备,措施保证。

①计划为先。

必须认真执行施工组织设计,特别是认真执行原施工进度计划,做到计划在先、预防为主、防患未然。在执行原施工进度计划的同时,根据现场情况,对受气

候影响较大的工序进行适当调整,加大资源投入,加快进度。′

②预防为主。

施工现场建立健全的值班和气象记录制度,及时做好值班和气象记录,并做好交接班工作,发现特殊天气预报应及时通知,以便做好应对安排。

③积极准备。

a.劳动力安排:应对各作业队划定防雨责任区,在遇大雨以上的天气时,不管黑夜白天都应该能调动劳动力到施工现场部位检查看守,出现问题及时排除。

b.物料安排:雨天到来之前,应提前做好物资、材料的准备,包括排水设备、防雨材料及施工应急用电的准备工作。

c.技术准备:提前做好各种预防措施的交底工作,组织相关人员学习。

④措施保证。

幕墙施工受天气影响较大,施工时需要做好相应的施工技术措施,主要包括以下三个方面。

a.确保安全措施:如雨天设置防滑、防坠落设施等。

b.确保质量措施:受雨水潮湿影响大的工序如注胶等应尽量避开雨天施工,或者注胶时搭设防护棚,注胶后采取保护措施。

c.确保工期措施:如暴雨不能施工耽误工期等,可采取加大资源投入或者搭设防护棚等措施来弥补工期损失。

3. 雨季施工措施

(1)雨季施工总体部署。

成立雨季施工(防汛)领导小组,雨季施工领导小组全面领导雨季期间的施工指挥工作,建立健全的值班和气象记录制度,及时做好值班和气象记录,做好交接班工作,发现阴雨天气预报及时通知并做好准备。

(2)雨季施工期间施工安排。

①雨季期间施工总体思路。

必须认真执行施工组织设计,做到计划在先、预防为主、防患未然。在执行原施工进度计划的同时,必须积极配合结构施工,受雨水潮湿影响大的工序,如吊装工程等应尽量赶在雨季施工之前施工或者避开雨天施工。

②提前做好雨季施工安排。

a.劳动力安排:应对各作业队划定防雨责任区,在遇大雨以上的天气时,不

管黑夜白天都应该能调动劳动力到易灌水部位看守,出现问题及时排除。

　　b. 物料安排:雨季到来之前,应提前做好物资、材料的准备,包括排水设备、防雨材料及施工应急用电的准备工作。

　　(3)雨季施工的主要措施。

　　①各种材料应用钢管加塑料布覆面进行临时封堵。

　　②对于地表水,采取"堵"和"疏"结合的办法。场地内应保持向外排水畅通,没有大坑洼或向建筑物一侧倒坡,同时应检查排水路线管道是否畅通。

　　③大雨、强风后对架子等要及时检查:扣件有无松动滑移、架子有无变形。检查完成后要及时修复,确定无安全隐患后方可继续使用。

　　④在雨季到来之前,各专业、各工种必须做一次全面的有针对性的安全技术交底,在交底中必须有防雨、防雷、防触电、防坍塌及紧急遇大暴雨时的人员疏散和抢险措施。

　　⑤临时用电设施的防御安全措施。

　　雨季期间应定期、定人检查临时用电设施的绝缘状况,检查电源线是否有破损现象,发现问题及时处理。

　　室外配电箱内应加工制作成防雨型,电箱设置不规范的应加设防雨罩。

　　配电箱内必须安装合格的漏电保护装置,及时检查漏电保护装置的灵敏性,并随时关好电箱门。

　　从事电气作业的人员必须持证上岗,佩戴好劳动保护用品,并应两人同时作业,一人作业,一人监护。

　　⑥脚手架工程。

　　外架特别是高处的外架已设计并安装了较完善的避雷装置。雨季应做好防滑工作,在工作面等人员通行的地方设必要的防滑设施。

　　大雨期间,不得进行脚手架的搭设和拆除;大雨、强风后应及时对脚手架进行检查修理,有安全隐患的整改合格后方可投入使用。

　　⑦材料的存放及防雨。

　　受潮湿易变质物品必须存放在专用库房内,材料底部应用木板垫起,与地面距离不得小于 300 cm。

　　其他材料如钢材、木料及钢管等,应用塑料布等防雨材料覆盖。

　　(4)雨季施工注意事项。

　　①进出施工现场的车辆,尤其在雨后,必须对车子和轮胎进行清洗后方可

出场。

②施工现场设专人对现场进行清理工作,洒水、扫地,防止尘土飞扬,清除污泥、雨水,保持现场整洁。

③密切注意天气变化,了解近期天气情况,合理安排施工工期。

④上架操作人员注意穿防滑鞋,防止滑倒。

⑤定期检查现场临时用电设施及机械设备,加强雨后检修,防止出现漏电事故。

⑥对任何用电器具,必须严格按有关操作规程进行,具有可靠的接地,操作者必须佩戴必要的劳保用品。作业前必须检查作业设备、工具、防护用品及周围环境,如有不安全因素,应消除或采取措施后再进行工作。

⑦雨季来临前认真对管理人员和操作工人分级进行雨季施工的培训工作,加强个人的安全意识和质量意识。

4.冬季施工措施

(1)冬季施工概述。

①制定专项的施工方案,并严格按照方案执行,确保安全、质量和工期。

②冬季是现场用电高峰期,应定期对电气设备逐台进行全面检查、保养,禁止不规范用电,对职工宿舍的取暖器等用电设备及电线进行定期检查,同时在此阶段开展"安全用电活动"评比活动。

③加强对材料贮存、运输和使用的管理,采取必要的防潮、防雨、防雪、防滑措施,严禁材料露天堆放,做好防锈、除锈等措施。

④人容易在冬季易产生烦躁、散漫心理,项目综合部根据实际情况,定期进行走访、沟通、教育,保证现场施工顺利进行。

(2)冬季施工技术措施。

在总体施工安排上,将受气温影响较大的工序,尽量安排冬季到来以前施工,如根据总体安排,各种幕墙有注胶密封要求的不能在气温寒冷的时候进行。

冬季施工注胶的控制是本工程控制的重点之一。密封胶的注胶不宜在低于5 ℃低温条件下进行,温度太低将延缓固化时间和降低固化质量,甚至会影响拉伸强度。工程施工时可能部分时间的温度是低于5 ℃的,应确保耐候硅酮密封胶的注胶施工温度范围在5~48 ℃内。

因此,应由资料员收集天气预报情况并现场测温,施工现场温度在零度以下

时,原则上不进行注胶工作。一般情况下,注胶选择在中午(11:00—15:00)的时间进行,避免在温度较低的夜间、早晨和傍晚进行注胶。

在温度低于 5 ℃,但又必须进行注胶工作时,现场烧热水,控制温度在 25 ℃左右,将胶管放在热水中进行加热,然后用浸过热水的毛巾对胶管进行保温。注胶之后,用热毛巾、保温棉等对注胶部位进行覆盖保温。

应确保不会因为冬季低温而降低注胶质量和拖延施工工期。

(3)冬季安全文明施工措施。

相关职能部门要定期对全体施工人员进行技术安全教育,结合工程任务在施工前要做好安全技术交底,配备好安全用品。

①对新工人必须进行安全教育和操作规程教育,对变换工种及临时参加生产劳动的人员,也要进行冬期安全教育和安全技术交底。

②特殊工种(电工、架子工、起重工、焊工、机械工及司机等)必须经有关部门专业培训,考核发证后方可操作,并按规范进行复核。

③如采用新设备、新机器、新工艺等应对操作人员进行机械性能培训、操作方法等安全技术交底。

④冬期施工每分项工程均编制分项工程技术交底,否则不许施工。

⑤现场内的各种材料、幕墙面板、铝型材、钢骨架、乙炔瓶、氧气瓶等存放场地要符合安全要求并加强管理。

⑥加强季节性劳动保护工作,做好防滑、防冻工作,脚手架等采取防滑、防冻措施,霜雪天后及时清扫,强风雪后及时检查,架子、马道、平台有松动下沉,应及时处理。

⑦冬期施工要注意防滑,不准在未清理干净积雪的平台、马道上施工。

⑧施工现场要做到文明施工,场地平整整洁,道路畅通,物料分类存放,标识清晰,杂物废料及时清理出场外。

⑨工地生活设施、卫生条件达标,施工现场干净整洁,厕所卫生干净,楼内外无大小便。

⑩坚持做好建筑工地的"四口、五临边"防护,施工作业高度离地面 3 m 以上的周边按要求挂设安全网和立网,安全网下禁止堆放杂物。

⑪高空作业要系安全带,雨、雪和六级以上刮风天气禁止架上作业。现场人员不戴安全帽不准进入施工现场。

⑫提升架设置停靠和限位装置,钢丝绳应加强润滑保养,磨损或断丝超限的

要立即更换,吊篮不许载人,不许超载,吊篮下不准站人。

⑬现场各种电器、电路、闸刀开关及提升设备,应确定专人检查,发现安全因素立即处理。

⑭现场临时电线、照明线路、机具电缆的移动必须避开人员、车辆通道,应挂设牢固,不准随意拖动踏碾。

⑮现场机具设备确定专人使用操作,定期保养检查,卷扬机、起重设备、幕墙吊具等要搭设防护棚,电锯要设防护罩,手持电器要有漏电保护装置。

⑯现场要做好人员、车辆防冻防滑防护,确保冬季安全施工。

11.6.2 台风和夏季高温季节的施工保证措施

1.台风和夏季高温的施工保证措施

为保证工程安全有序地进行,工程项目部成立雨季(防雷电、大风)施工防汛领导小组,具体落实雨季(防雷电、大风)施工前的各项准备工作及解决雨季施工中产生的问题。各项目的管理人员均为季节性施工成员,把季节性施工的措施落到实处,确保幕墙施工在冬、雨季顺利地进行。

(1)强风季节施工保证措施。

①组织一支防强风抢险突击队,准备足够的防强风抢险物质。

②所有临建设施、施工设备都要做好抗强风准备,并及时进行维修加固。

③在强风季节要备足工程材料和生活物资,以免受外界运输的影响而造成生产暂停。

④积极配合运输单位做好材料运输工作,确保工程进度符合要求,不影响本项目的生产。

⑤遇有五级以上强风气候时,施工现场的各露天焊接作业应停止。

⑥各种用电设备、照明设备在露天使用时必须设有防风防雨设施,各种设备的防护罩必须齐全。

⑦在强风期间禁止施工,以免引起人员或物品的损失。

⑧施工中脚手架应安全、稳定,能满足施工应承受的荷载与强风的气候条件,在荷载作用下不变形、倾斜、摇晃,在强风作用下不倒塌。

⑨横杆卡扣要牢固,在强风作用下无松动、脱落、打滑等现象,与楼体拉结点

要牢固。

⑩施工工地材料必须分类堆放整齐,并有相应的标识,且有塑料布等防护用具,安装牢固,在强风作用下不会引起材料的损坏丢失。

⑪施工成品要用塑料布覆盖,以免在强风作用下引起损坏。

(2)高温季节的施工保证措施。

在高温季节施工过程中,为保证现场职工的安全与健康,确保本工程顺利进行,重点做好安全生产、防暑降温和疾病预防等工作。

①组织保证。

在高温季节项目部成立"高温季节工程指挥部",以项目经理为组长,施工主管为副组长,其余各部门经理、各分包单位以及指定工程分包单位负责人为组员,确保现场信息畅通,同时施工现场管理和职工生活管理做到责任到人,认真督促检查,措施得力,确实保证职工健康和工程的顺利进行。

②具体管理措施.

a.在高温季节增加职工食堂、宿舍、办公室、厕所环境卫生检查次数,不合格的饭菜不允许出现在职工的餐桌上,定期喷洒杀虫剂,防止蚊蝇滋生,杜绝常见病的流行。

b.在增加营养的同时向职工(特别是生产第一线和高温岗位职工)提供降温避暑药以及绿豆汤等,以确保职工的安全和健康。

c.对在特殊环境下(如露天、封闭等环境)施工的人员,采取诸如遮阳、通风等措施或调整工作时间,早晚工作,中午休息,防止职工中暑、窒息、中毒和其他事故的发生,炎热时期派医务人员深入工地进行巡回防治观察。一旦发生中暑、窒息、中毒等事故,立即进行紧急抢救或送医院急诊抢救。

d.高温季节是现场用电高峰期,定期对电气设备逐台进行全面检查、保养,禁止不规范用电,对职工宿舍的降温用电设备及电线进行定期检查,同时在此阶段开展"安全用电活动"评比活动。

e.加强对易燃、易爆等危险品的贮存、运输和使用的管理,在露天堆放的危险品采取遮阳降温措施。严禁烈日暴晒,避免发生泄露,杜绝一切自燃、火灾、爆炸事故。

f.人容易在高温季节产生烦躁心理,项目综合部根据周边居民以及相关部门的实际情况,进行定期的走访、沟通,协调好与周边居民以及相关部门的关系,保证现场施工顺利进行。

2. 灾害性天气施工的保证措施

灾害性天气施工的保证措施见表 11.20。

表 11.20 　灾害性天气施工的保证措施

序号	灾害类型	保证措施
1	雨季施工	(1)成立雨季施工(防汛)领导小组,雨季施工领导小组全面领导雨季期间的施工指挥工作; (2)雨季施工将做好各种安全防护措施,包括临时用电的安全防御措施、脚手架及施工机械的大雨防护措施; (3)幕墙施工的各种材料将保证大雨天气的施工安全及防护措施,对于容易受潮的构件应及时覆盖; (4)大雨天气尽量避免施工,保证施工人员的安全
2	高温作业	(1)高温季节是现场用电高峰期,定期对电气设备逐台进行全面检查、保养,禁止不规范用电,对职工宿舍的降温用电设备及电线进行定期检查,同时在此阶段开展"安全用电活动"评比活动; (2)加强对易燃、易爆等危险品的贮存、运输和使用的管理,在露天堆放的危险品采取遮阳降温措施;严禁烈日暴晒,避免发生泄露,杜绝一切自燃、火灾、爆炸事故; (3)夏季高温施工时需要做好人员的防暑措施
3	防洪涝措施	(1)与当地气象水文部门取得联系,随时掌握气象预报,掌握汛情,以便更为合理地安排和指导施工,组建以项目经理为组长的防汛抢险领导小组,制定防洪防汛制度,设专人值班,夜间组建巡逻队进行巡逻,成立防汛突击队应急抢险,全面组织灾情预防抗洪抢险工作; (2)工程开工前,根据现场具体情况,编制实施性的防洪抢险计划,提交甲方、监理工程师审查批准; (3)在抗洪抢险领导小组统一领导下,各施工队选择技术状态良好的机械设备、车辆担负抗洪抢险任务; (4)在抗洪期间,项目部的物资、机械设备、人员将无条件服从建设单位的统一调遣和协调,积极协助地方政府做好防洪抢险工作。出现紧急情况时,及时上报上级主管部门请求支援

337

续表

序号	灾害类型	保证措施
4	大雾天气施工	（1）大雾天气施工领导小组按照职责做好防雾应急工作； （2）大雾天气施工领导小组规定适时采取安全管制措施，当出现大雾橙色预警信号时应停止幕墙的施工作业和塔吊的吊装以及单元板块的吊装工作； （3）幕墙材料运输驾驶人员根据雾天行驶规定，采取雾天预防措施，根据环境条件采取合理行驶方式，并尽快寻找安全停放区域停靠；待大雾预警过后再进行幕墙材料的运输； （4）当出现大雾黄色预警信号时，幕墙的施工作业人员需要配备防雾的口罩以及做好大雾施工的安全措施； （5）幕墙施工作业应进行合理安排，大雾天气过后再进行幕墙的施工作业

3. 施工环境监测设备

幕墙在施工过程中受气候条件影响较大，因此对天气的监测观察非常重要，必须采取有效的监控手段，及时掌握相关信息，确保幕墙施工安装精度和施工安全。

施工环境检测设备见表 11.21。

表 11.21　施工环境检测设备

监测位置与频率	监测内容	监测方法	测量设备
地面、安装工作面各四个点（1次/每天）	温度	温度传感器测量	 xsg-2 数字气象仪 工作环境条件： 测风传感器：−30 ℃～+45 ℃ 测温湿传感器：−30 ℃～+45 ℃ 气压传感器：−10 ℃～+40 ℃

续表

监测位置与频率	监测内容	监测方法	测量设备
地面、安装工作面各四个点（1次/每天）	湿度	湿度传感器测量	JCJ100 N 温湿度传感器 温度准确度：±0.2% 湿度准确度：±2% 或±3% RH（25%～90% RH，25 ℃）
地面至结构顶层、每间隔 50 米标高结构层安装工作面各三个点（1次/每天）	风速	风速仪测量	GW24-WE550 风速传感器 测速范围：0～50 m/s 精度：0.09 m/s（范围 5～25 m/s）
监测目的			及时掌握施工现场的气象情况，可为测量和监测时间的选择提供科学的依据，保证测量的精度。及时掌握施工现场的气象情况，可保证施工生产的顺利进行

11.6.3　雨季施工进度、台风汛期应急预案

1. 雨季施工进度保障措施

（1）下雨天气，严禁进行室外焊接作业。

(2)下雨天气,不能进行耐候硅酮密封胶的室外注胶作业。

(3)下雨天气,尽量避免玻璃板块的室外搬运,同时避免幕墙的现场挂装工作。

(4)进入雨季,应做好材料的防护工作,避免材料直接受到雨水的浇淋。特别是一些吸水的材料,如防火岩棉、泡沫填充棒等,一定要室内存放。

(5)雨季施工,同样应注意室外安装设备的维护工作。应由主管项目经理委派专职机修人员随时掌握设备的正常运行状况,并填写设备运行记录。严格避免事故的发生。

(6)雨季施工,专职电工应做到每天施工前,对所有用电设备,特别是开关、电线、接头等,进行全面的检查,避免漏电事故发生。

(7)雨季施工的时候,要做到雨期前对现场各种机具、电器、工棚都应加强检查,尤其是脚手架、搭吊、井架、吊船、焊机、冲击钻、手电钻等,要采取防倒塌、防雷击、防漏电等一系列技术措施;要认真编制雨期施工的施工安全措施,加强对员工的教育。

(8)保护好露天电气设备,以防雨淋和潮湿,检查漏电保护装置的灵敏度,使用移动式和手持电动设备时,一要有漏电保护装置,二要使用绝缘护具,三要电线绝缘良好。

(9)大雨过后要检查脚手架的下部是否下沉,如有下沉,则应立即加固。

(10)提前准备防雨用品,需要防雨的中间过程部位在雨前应做好防淋准备。

(11)雨后打胶时一定要注意清理、干燥溶胶部位。

(12)雨季焊条注意防潮,使用时一定注意检查是否受潮,若受潮,应烘干后再使用。

2. 应急预案

为预防和减少各类事故灾害的发生,使因事故需要救援或撤离的人员得到及时有效的援助,将事故造成的人员伤害、财产损失减至最小,特制定本措施及预案。

(1)做好日常的组织和准备工作。日常准备工作内容见表11.22。

表 11.22　日常准备工作

编号	内容
1	公司负责组织成立事故现场应急指挥小组,在事故发生时亲临现场指挥抢险救援工作,其他员工分别对应预案的响应负责

续表

编号	内容
2	按国家规定配置应急救援设施和器材,定期检查保养,确保应急救援设施和器材完好、有效
3	组建一支经过应急培训的救援小组,确保应急小组成员熟知各种应急处理方法并能熟练掌握各种应急救援器材的使用方法
4	定期对应急救援小组及全体员工进行应急救援相关知识培训

(2)对发生一般事故的应急处理。

①在发生事故或紧急情况时,在场人员应采取紧急求援、报警。

②发生人员伤害事故时,在场人员应采取如下急救措施。

a.如伤者伤势较轻微,能站立并行走,在场人员应将伤员转移至安全区域,再设法消除或控制现场的险情,然后找车护送伤者到医院做进一步的检查。

b.如伤者行动受到限制,身体被挤、压、卡、夹住无法脱开,在场人员应立即采取措施,尽快将伤者从事故现场转移至安全区域,防止受到二次伤害,然后采取相应的急救措施。

c.若伤者伤势较重,出现全身有多处骨折、心跳、呼吸停止或可能有内脏受伤等症状时,在场人员应立即根据针对伤者的症状,施行人工呼吸、心肺复苏等急救措施,并在施行急救的同时派人联系车辆或拨打医院急救电话(120),以最快速度将伤者送往就近医院治疗。

③发生火灾事故时,在场人员应采取如下急救措施。

a.若现场火势较小,在场人员应立即采用配备的干粉灭火器或消防砂等消防器具进行灭火,并向主管生产的经理报告现场情况。

b.当现场火势较大,在场人员无法控制住火势,有可能发生爆炸危险时,在场人员应立即派人拨打火警电话119,请专业消防队员前往灭火,将上述情况向主管生产的经理报告。

c.事故现场内人员撤离至安全区域,同时将伤员转移至安全区域,并对伤者进行急救。

④发生交通事故,在场人员应采取如下急救措施。

a.发生交通事故,造成人员受伤害时,在场人员应立即将伤员从车内转移至安全区域,并对伤者施行急救,同时通知主管生产的经理前往处理事故。

b.若车辆行驶过程中发生着火,驾驶员应立即停车并将车熄火,并采用随车配备的灭火器进行灭火,当现场火势较大,在场人员无法控制住火势或火场可能有发生爆炸危险时,在场人员应立即拨打火警电话 119,请专业消防队员前往灭火,并同时将上述情况向主管生产的经理报告。

3. 发生一般事故的应急救援程序

(1)撤离、疏散事故可能波及区域内的其他人员,应将事故区域内的危险品、易燃物品及设备等转移至安全区域。

(2)清理路障,并保持场内外的道路畅通,并在路口为救护车或消防车指示最近的路线;若在夜间应在现场设置足够的临时照明。

(3)配合医护人员抢救伤员,将伤员送上救护车;为消防队员指出最近的消防水源。

(4)协助消防队员灭火,阻止事故蔓延扩大,用警戒旗、绳封闭事故可能波及区域,并竖起"此处危险、禁止入内"的警告标志,夜间应使用声光报警设备发出信号,避免无关人员进入此区域。

(5)事故处理结束后,应急救援组对事故区域进行必要的整理,项目经理部按事故调查程序的规定,组织或协同上级主管部门对事故进行调查、处理,并对调查及处理情况做书面记录备案,并向上级主管部门及业主提交事故记录或报告的复印件。

4. 发生盗窃、抢劫案件时的应急处理预案

(1)发生盗窃案件时的应急处理措施见表 11.23。

表 11.23　盗窃案件应急处理

编号	内容
1	保护好现场,立即拨打 110 报警
2	对现场情况进行侦察确认,向主管领导报告
3	配合公安机关进行调查取证工作
4	对现场进行了解和笔录及财物损失预估

(2)发生抢劫案件时的应急处理措施见表 11.24。

表 11.24　抢劫案件应急处理

编号	内容
1	立即拨打 110 报警,同时向主管领导报告

续表

编号	内容
2	犯罪嫌疑人如仍在现场,应组织现场人员,立即实施抓捕
3	追捕犯罪嫌疑人时,遇敌众我寡,敌强我弱时,应采取"敌逃我追,敌强我缠,一边追一边联络"的方法,等待支援的公安人员赶到后一起抓捕犯罪嫌疑人,以免造成不必要的伤害
4	将相关的资料、线索及抓获的犯罪嫌疑人移交公安机关处理,并积极配合公安人员进行侦破工作
5	对现场情况做好记录,并向上级领导汇报

5. 人员意外伤亡应急处理预案

人员意外伤亡应急处理措施见表 11.25。

表 11.25 人员意外伤亡应急处理

编号	内容
1	工作场所内出现人员意外伤亡事件,安全员应立即赶赴现场,查明情况,及时向上级领导汇报
2	若伤者尚未死亡,应在保护现场的同时立即组织抢救,并通知医疗救护中心,对骨折伤员一定要注意尽量不要搬动,防止伤情加重
3	若伤亡事故系由触电引起,应就近切断电源或用绝缘物(如干燥的木杆、竹竿或塑料、橡胶)将电源线等拨离触电者,再实施抢救。严禁在没有切断电源的情况下,用手直接去拉触电者或用金属杆去拨离电源,以防自身触电
4	若伤亡事故系由设备故障或设施损坏引起,应立即通知相关部门管理人员到场,共同制订抢救方案
5	若伤亡事故系由高空坠落物品砸伤引起,在抢救伤员的同时,应保护好现场,摄下照片或录像,留下目击者,同时向警方报警
6	伤者被送往医院抢救时,应记录下救护车号码、送往哪家医院以及了解伤者情况
7	详细记录意外伤亡经过,对由于设备故障或设施损坏引起的伤亡事故,相关部门应在事发 4 h 内写出书面报告,公司视具体情况向主管部门汇报并查找原因,落实责任

6. 车辆意外事故应急处理预案

车辆意外事故应急处理措施见表 11.26。

表 11.26 车辆意外事故应急处理

编号	发生交通事故应急程序
1	驾驶员应立即熄火
2	切断车辆油、电路,防止车辆起火爆炸
3	拨打 122 报警,向保险公司报案,定责定损,并注意保护好事故现场
4	如有人员受伤,首先尽力抢救伤员,立即通知 120 急救中心,拨打 122 报警,同时向部门主管安全的领导汇报
5	协助救援人员组织抢救伤员
6	对于车上装有危险品及易爆品的事故车辆,在报案时一并报告情况,了解基本处置方法,避免再次造成伤害

参 考 文 献

[1] 包世华,张铜生.高层建筑结构设计和计算(下册)[M].2版.北京:清华大学出版社,2013.

[2] 包世华.新编高层建筑结构[M].北京:中国水利水电出版社,2001.

[3] 王新平.高层建筑结构[M].北京:中国建筑工业出版社,2003.

[4] 陈富生,邱国桦,范重.高层建筑钢结构设计[M].2版.北京:中国建筑工业出版社,2004.

[5] 程和平.高层建筑施工[M].北京:机械工业出版社,2015.

[6] 高兵,卞延彬.高层建筑施工[M].北京:机械工业出版社,2013.

[7] 高立人,方鄂华,钱稼茹.高层建筑结构概念设计[M].北京:中国计划出版社,2005.

[8] 郭仕群.高层建筑结构设计[M].成都:西南交通大学出版社,2017.

[9] 江正荣.实用高层建筑施工手册[M].北京:中国建筑工业出版社,2003.

[10] 金波.高层钢结构设计计算实例[M].北京:中国建筑工业出版社,2018.

[11] 雷春浓.高层建筑设计手册[M].北京:中国建筑工业出版社,2002.

[12] 刘俊岩.高层建筑施工[M].2版.上海:同济大学出版社,2014.

[13] 吕少峰.高层建筑施工技术案例精选[M].北京:中国电力出版社,2008.

[14] 吕西林.高层建筑结构[M].2版.武汉:武汉理工大学出版社,2003.

[15] 吕西林.复杂高层建筑结构抗震理论与应用[M].北京:科学出版社,2007.

[16] 彭伟.高层建筑结构设计原理[M].2版.成都:西南交通大学出版社,2010.

[17] 祁佳睿,车文鹏,陈娟浓.高层建筑施工[M].北京:清华大学出版社,2015.

[18] 钱力航.高层建筑箱形与筏形基础的设计计算[M].北京:中国建筑工业出版社,2003.

[19] 沈蒲生.高层建筑结构设计[M].2版.北京:中国建筑工业出版社,2005.

[20] 史佩栋,高大钊,钱力航.21世纪高层建筑基础工程[M].北京:中国建筑工业出版社,2000.

[21] 史佩栋,高大钊,桂业琨.高层建筑基础工程手册[M].北京:中国建筑工业出版社,2000.

[22] 唐兴荣.高层建筑结构设计[M].北京:机械工业出版社,2018.

[23] 徐培福,黄小坤.高层建筑混凝土结构技术规程理解与应用[M].北京:中国建筑工业出版社,2003.

[24] 杨嗣信.高层建筑施工手册(下册)[M].2版.北京:中国建筑工业出版社,2001.

[25] 杨跃.现代高层建筑施工[M].武汉:华中科技大学出版社,2011.

[26] 张厚先,陈德方.高层建筑施工[M].北京:北京大学出版社,2006.

[27] 赵鸣,李国强.高层建筑结构设计[M].北京:中国建筑工业出版社,2017.

[28] 赵志缙,赵帆.高层建筑结构工程施工[M].北京:中国建筑工业出版社,2005.

[29] 中国建设教育协会继续教育委员会.超高层建筑施工新技术[M].北京:中国建筑工业出版社,2015.

[30] 刘建荣.高层建筑设计与技术[M].北京:中国建筑工业出版社,2005.

后 记

　　随着科学技术的不断发展,建筑物的高度和层数不断增加,高层建筑得到了很大的发展。随着高度的增加,高层建筑的设计与施工呈现了许多新的特点,城市中以钢筋混凝土为材料的结构体系越来越多。施工项目不断增多,高层建筑工程的施工质量标准与施工周期也不断有新的要求,高层建筑工程的施工工艺技术水平不断提高。由于建筑形式的多样化、建筑设计理念的多元化等诸多因素,高层建筑形体日趋复杂,给设计和施工增加了一定难度,往往会遇到一些规范未论及的问题。因此,在进行高层建筑结构设计中,作为一名设计或施工人员,不仅要有扎实的理论基础,掌握一定的结构计算方法,还应有准确理解结构受力特征的概念,以便在处理工程技术问题时,有科学分析问题、解决问题的能力。除了对典型的结构体系有较好的理解,还应正确地认识建筑物设计及施工中的全局性问题。在设计施工中应有所创新,培养定性解决各种技术问题的能力。